CHEMIE DES WANDELS

Atome, Elektronen, Reaktionen

P. W. Atkins

Aus dem Englischen übersetzt von Eberhard Kiefer

Spektrum Akademischer Verlag Heidelberg · Berlin · Oxford

Inhalt

Vorwort

Die Natur ist kompliziert. Aber zumindest einzelne Bereiche können wir verstehen. Besonders alle Umwandlungen von Materie, einschließlich der unzähligen Veränderungen, die um uns und in uns ablaufen, wenn wir wachsen und an den Aktivitäten des Lebens teilnehmen, lassen sich als Umlagerungen von Atomen begreifen. Derartige Umwandlungen von Materie sind die Folgen chemischer Reaktionen: Sie bestimmen, daß an einem Ort sich ein Blatt entfaltet, an einem anderen eine Kerze abbrennt, an einem dritten ein Duft (ja selbst ein Gedanke) entsteht. Diese Prozesse *sind* tatsächlich chemische Reaktionen. Wenn wir die Vorgänge verstehen, die sich während einer solchen Reaktion ereignen, begreifen wir auch etwas mehr von der fast überwältigenden Komplexität dieser außergewöhnlichen, komplizierten, in ihren Wurzeln aber einfachen Welt. Wollen wir das Gesamtergebnis jener Änderungen verstehen, die sich aus den Bewegungen der Atome ergeben, kann es natürlich sinnvoll sein, für unsere Beobachtungen einen günstigeren Blickwinkel zu wählen; denn wir sind noch nicht in der Lage, die Entstehung eines Gedankens auf die Umlagerung eines Atoms zurückzuführen. Aber indem wir uns das Wissen über die atomare Basis von chemischen Umsetzungen aneignen, erwerben wir eine tiefere Einsicht, die unsere Wertschätzung der Natur auf eine neue Stufe hebt.

Ich möchte zeigen, wie man die Veränderungen verstehen kann, die durch chemische Reaktionen verursacht werden: nämlich indem man untersucht, wie die Elektronenstruktur eines Atoms dessen chemisches Schicksal bestimmt. Durchdringen wir in Gedanken die Wand eines Reaktionsgefäßes und widmen uns genauer den Vorgängen, die sich in ihm abspielen, so werden wir sehen, wie Atome ihre Partner austauschen, Moleküle nach und nach kompliziertere Strukturen bilden, ein Atom ein anderes angreift, Gruppen von Atomen aus einem Molekül herausgestoßen werden und sich Ketten von Atomen zu Ringen schließen. Verstehen wir erst, wie ein Atom von einem Ort an einen anderen bewegt werden kann, so wird uns langsam die atomare Struktur dieses Netzwerkes von Umwandlungen klar. Dann werden wir — wenn nicht bis in die Einzelheiten, so doch ganz allgemein — die Welt um uns nach feineren Kriterien als nach ihrer äußeren Erscheinung beurteilen können.

Weil eine Beschreibung *aller* chemischen Reaktionen eine Beschreibung der ganzen Chemie bedeuten und Bände füllen würde, sollten Sie nicht erwarten, hier sämtliche möglichen chemischen Umwandlungen beschrieben zu finden. Ich mußte sehr streng auswählen und habe mich dafür entschieden, eine Reihe von Themen vorzustellen, die untereinander in Beziehung stehen und verschiedene Aspekte chemischer Reaktionen beleuchten. Mit ihnen möchte ich ein Bild davon vermitteln, wie Chemiker über diese unterschiedlichen Aspekte denken — etwa über die Klassifizierung von Reaktionen, über ihre Antriebskräfte, ihre Geschwindigkeiten und Mechanismen. Besondere Aufmerksamkeit habe ich dem Kohlenstoff gewidmet: Zum einen ist er von entscheidender Bedeutung für das Leben, zum anderen zeigt er zahlreiche Facetten chemischer Reaktionen.

Den Ausgangspunkt meiner Ausführungen bilden Michael Faradays Vorlesungen, die unter dem Titel *Chemical history of a candle* („Chemische Geschichte einer Kerze") erschienen sind. Faraday besaß ein außergewöhnliches Talent, einem Laien die Natur chemischer Reaktionen zu erklären. In seiner berühmten Vorlesungsreihe ging er vom Alltäglichen aus und zeigte, daß sich hier ein Mikrokosmos chemischer Umwandlungen verbarg. Faraday lebte vor 150 Jahren, und es ist überaus interessant zu sehen, wie weit wir über sein Verständnis hinausgekommen sind – diese Betrachtung bildet auch den Rahmen meiner Darstellung.

Faradays Ansichten wurzelten in der Chemie des frühen 19. Jahrhunderts. Damals war diese Wissenschaft erst schwach ausgebildet, und viele ihrer grundlegenden Vorstellungen warteten noch auf ihre Entdeckung. Faraday hatte genügend alltägliche Erfahrungen mit den Umsetzungen von Materie gesammelt, um daraus eine fesselnde Geschichte zu machen; er war ein scharfsinniger Kritiker dieser Erscheinungen und ein kleines Lexikon gesunden Menschenverstandes. Heute jedoch wissen wir, daß uns der ungeschulte gesunde Menschenverstand in die Irre führen kann, denn wenn wir uns mit den Atomen beschäftigen, müssen wir Vorstellungen zu Hilfe nehmen, die Faradays Welt völlig fremd waren: Wir müssen die Quantenmechanik benutzen. Es wird sich zeigen: Je genauer wir Faradays Kerze mit modernen Augen betrachten, desto mehr schmelzen die klassischen Konzepte wie Kerzenwachs dahin, und die eben erst flüchtig aufflackernde Quantenmechanik wird unabdingbar für die Erklärung.

Die Spannweite der Vorstellungen, in die eine Kerze heutzutage einführen kann, ist so groß, daß ich dieses Buch nicht ohne weitreichende Hilfe hätte schreiben können. Sehr dankbar bin ich Robert Crabtree in Yale und Maitland Jones in Princeton, die mir Fachfragen beantworteten, wertvolle Ratschläge gaben und mich immer wieder an die Grundfrage erinnerten: *Worüber* und *für wen* schreibe ich dieses Buch? Ich danke Gary Carlson, dessen phantasievolle Auffassung von Chemie eine Quelle der Inspiration ist und der mir als erster vorgeschlagen hat, mich auf diese Folter einzulassen. Am Rad meiner Folterbank drehte Susan Moran, die professionellste Lektorin, die ich kenne. Heute möchte ich mich lieber nicht mehr daran erinnern, wie oft sie mich in die Kammer zurückgeschickt hat. Leider werde ich es wohl nie vergessen können. Ebenso gilt mein Dank Travis Amos, von dem ich schon zuvor so viel gelernt habe und der einmal mehr sein unerreichtes Gespür für Bilder bei der Auswahl der Photographien zur Geltung brachte. Ganz besonders danke ich Diane Maass, die mit Sorgfalt und großem Verständnis das Buch durch alle Schwierigkeiten der Produktion begleitete.

P. W. A.
Oxford, im Februar 1991

Die Flamme entzünden

1

Ich möchte Ihnen im Verlauf dieser Vorlesung die chemische Geschichte einer Kerze vorstellen ... Es gibt kein bequemeres, weiter geöffnetes Tor, durch das Sie in das Studium der Naturphilosophie eintreten können ...

MICHAEL FARADAY, 1. Vorlesung

1.1 Die zerstörerische Gewalt eines Waldbrandes, mit seinen zunächst tragischen Folgen, setzt Kohlendioxid frei, das schon bald wieder in lebende Pflanzen eingebaut wird. Faradays Kerze stellt eine Verbrennung in kleinerem Maßstab dar, die ebenfalls Kohlenstoffatome (als Kohlendioxid) in die Atmosphäre freisetzt, wenn auch auf eine weniger dramatische Weise. Auf den nächsten Seiten werden wir das Schicksal dieser Atome verfolgen.

Stellen Sie sich vor, Sie haben soeben am Picadilly Circus die Kutsche verlassen und eilen nun in Richtung Westen über den frischen, aber bereits zertretenen und überfrierenden Schnee. Das Geklapper von Pferdewagen erfüllt die kalte Luft. Trotz des unwirtlichen Wetters schlägt eine beachtliche Anzahl von Menschen gemeinsam mit Ihnen den Weg nach rechts in die Abbemarle Street ein, an deren Ende sich die Royal Institution befindet, und weitere Zuhörer verlassen dort auf der Straße ihre Kutschen. Am Eingang des Gebäudes staut sich die Menge, denn heute hält Mr. Faraday wieder eine seiner Weihnachtsvorlesungen für junge Leute.

Diese Weihnachtsvorlesungen dienten unter anderem dem Zweck, der Institution, die einige Jahre zuvor ohne finanzielle Mittel von Benjamin Thompson gegründet worden war, zu Geldeinnahmen zu verhelfen. Thompson war 1776 nach London geflohen, als seine Tätigkeit als britischer Spion sein Leben in Massachusetts unsicher gemacht hatte. Bald nach seiner Ankunft versuchte er, in England einen Tempel zur Verbreitung der Naturwissenschaft zu gründen (der gleichzeitig auch als Bühne für seine eigenen Erfindungen dienen sollte). Eine weitere Zielsetzung der Royal Institution war es, die interessierte Öffentlichkeit mit einigen der Fortschritte vertraut zu machen, die sich damals in ungekannten Ausmaßen und immer rascher bei einer Handvoll Laboratorien einstellten. Beteiligt war daran auch das Laboratorium der Royal Institution selbst, das als eines der wenigen im Jahre 1799 ausdrücklich als eine Stätte errichtet worden war, an der Wissenschaftler einträchtig zusammenarbeiten konnten. Einer der ersten Direktoren war Sir Humphry Davy; nun, in den fünfziger Jahren des 19. Jahrhunderts, hatte sein ehemaliger Assistent, Michael Faraday, die Leitung inne. Er war der Sohn eines verarmten Hufschmieds, der sein Wissen größtenteils autodidaktisch erworben hatte.

1.2 Michael Faraday (1791 – 1867).

Faradays Absicht

Als Faraday lebte und lehrte, gab es die Unterscheidung zwischen verschiedenen Wissenschaftszweigen zwar schon, jedoch erst in Ansätzen. Obwohl man sich an Faraday vor allem wegen seiner Erfolge in der Physik erinnert, besonders durch seine Untersuchung der Elektrizität und des Magnetismus, hat er auch beträchtlich zur Chemie beigetragen. Er wählte für seinen Vortrag zu dieser Gelegenheit einen Gegenstand, der die Grundzüge eben dieser Wissenschaft illustrierte. In der Tat machte Faraday seine Zuhörerschaft mit den chemischen Reaktionen bekannt, obwohl er seine Vorlesungen nicht mit diesen Worten ankündigte. Er suchte eine Kerze als Gegenstand seiner sechs Vorlesungen aus, weil er wußte: Der sicherste Weg, das Interesse seines Auditoriums zu wecken, liegt darin, die Tiefen zu enthüllen, die unter dem Vertrauten und Selbstverständlichen liegen.

Als Faraday zum ersten Mal die Kerzenflamme anzündete, steckte die Chemie noch in den Kinderschuhen. Sie unterteilte sich bereits in die klassischen Bereiche der organischen und der anorganischen Chemie, jedoch war die physikalische Chemie, die den theoretischen Rahmen für die beiden anderen Bereiche bildet, noch kaum eigenständig.

Die organischen Verbindungen umfassen alle Verbindungen des Kohlenstoffes außer seinen Oxiden (Kohlenmonoxid und Kohlendioxid) und Carbonaten, wie etwa dem Calciumcarbonat des Kalksteins. Eine weitere Ausnahme bilden einige kleine, kohlenstoffhaltige Anionen, deren Verbindungen schon lange bekannt sind und die sich wie anorganische Salze verhalten. Alle anderen Verbindungen der Elemente, einschließlich der Oxide des Kohlenstoffes, der Carbonate und dieser kohlenstoffhaltigen Salze, werden als anorganisch bezeichnet. Diese Unterteilung leitete sich ursprünglich von der Gewinnung der organischen Verbindungen aus Organismen her, denn man dachte, daß Lebewesen für ihre Bildung nötig seien.

Diese Ansicht herrschte in den frühen Jahren Faradays. Erst als der deutsche Chemiker Friedrich Wöhler zeigte, daß eine typische organische Verbindung – der Harnstoff, den man im Urin von Säugetieren findet – durch Erhitzen der einfachen anorganischen Verbindung Ammoniumcyanat hergestellt werden kann, wurde allgemein akzeptiert, daß eine „Lebens-" oder „Vitalkraft" (*vis vitalis*) nicht unabdingbar für die Herstellung organischer Verbindungen ist. Dieser Beweis wurde 1828 geführt, und die Entdeckung veranlaßte Wöhler dazu, dem einflußreichen schwedischen Chemiker J. J. Berzelius voller Enthusiasmus zu schreiben: »Ich kann Ihnen mitteilen, daß ich Harnstoff herstellen kann, ohne die Niere eines Lebewesens zu benötigen, weder die eines Menschen noch die eines Hundes.« So fand der Vitalismus sein Ende, und die Chemie wurde zu einer umfassenden Wissenschaft.

Auch die chemische Industrie steckte noch in den Anfängen. Heute sind es Milliarden Tonnen von Stoffen, welche die chemische Industrie von einer Form in die andere umwandelt. Eine der bedeutendsten Anwendungen der Chemie, die Gewinnung von Verbindungen aus Steinkohlenteer, wurde erst zu der Zeit möglich, als Faraday seine Vorlesungen hielt. Denn der erste synthetische Farbstoff, das Mauvein, wurde von W. H. Perkin 1856 hergestellt. Faraday stand auf dem Gipfel seines Einflusses in den zwanziger und dreißiger Jahren des 19. Jahrhunderts, als sich das Wissensgebiet der Chemie zu etablieren begann, unmittelbar vor dem hellen Aufleuchten des Wissens, das den Fortschritt dieser Disziplin in unserem Jahrhundert begleitet hat. Chemische Reaktionen waren sicherlich schon über Jahrtausende vor dem 19. Jahrhundert bekannt, denn durch sie beschritt die Menschheit den Weg der Zivilisation: Die Umwandlung der Erze in Bronze und Eisen sind chemische Reaktionen; das Brennen von Töpferwaren, eine der Hauptformen, in der die antike Kunst überlebt hat und uns überliefert wurde, ist ein anderes Beispiel. Die Entdeckung von Reaktionen, mit denen sich Keramik und Glas erzeugen lassen, begleitete die Entwicklung der Menschheit. Das Pantheon in Rom zum

1.3 Bis Perkin den Farbstoff Mauvein aus Steinkohlenteer gewann, isolierte man Farbstoffe aus natürlichen Quellen wie Insekten, Pflanzen und Weichtieren. Perkin machte seine Entdeckung zufällig, als er erfolglos versuchte, Chinin zu synthetisieren.

13

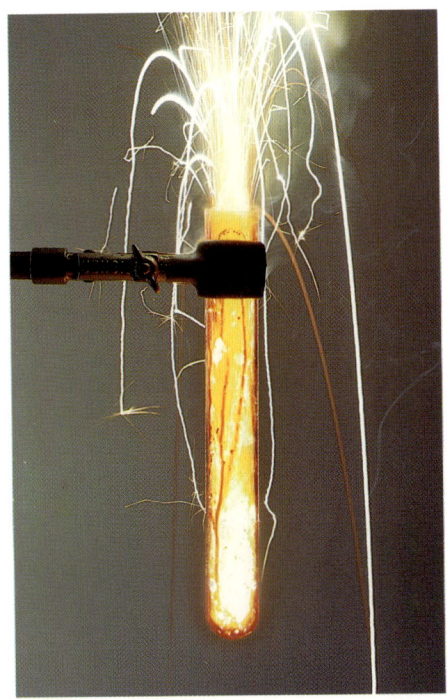

1.4 Unter einer chemischen Reaktion versteht man die Bildung eines neuen Stoffes, wenn ein Ausgangsmaterial auf die Gegenwart eines anderen Stoffes oder eine Änderung der Umgebungsbedingungen reagiert. In dieser Reaktion setzt sich das Element Aluminium heftig mit dem Element Brom um. Es entsteht Aluminiumbromid.

Beispiel ist auch ein sehr beständiges Dokument der Bauchemie seiner Zeit, denn der Mörtel, mit dem es erbaut wurde, verfestigte sich durch eine chemische Reaktion, die von seinen römischen Baumeistern entdeckt worden war. Faraday starb jedoch, bevor die gegenwärtige Flut in Produktion und Anwendung die Küsten des 20. Jahrhunderts erreichte.

Faraday wußte, daß eine chemische Reaktion die Umwandlung der Materie einer Substanz – also einer bestimmten Form von Materie – in eine andere ist. Eine chemische Reaktion ist nichts anderes als die Reaktion (im Sinne des alltäglichen Sprachgebrauchs) einer Substanz auf die Gegenwart einer anderen oder die Reaktion einer allein vorliegenden Substanz auf Änderungen der Temperatur oder des Druckes. Faradays Vorlesungen verfolgten im wesentlichen diejenigen Reaktionen, die sein Kerzenwachs beim Verbrennen eingehen konnte. Bevor es brannte, war das Kerzenwachs eine beständige Substanz.

Wenn es aber brannte, reagierte es mit dem Sauerstoff der Luft und bildete eine andere Substanz, das Gas Kohlendioxid, das wiederum eine andere Substanz bilden konnte, den Feststoff Calciumcarbonat. Faraday benutzte seine Kerze und die Reaktionen, die sein Brennmaterial durchlief, als einen Mikrokosmos der Chemie, um in einer einfühlsamen Weise die große Vielfalt an Umwandlungen aufzuzeigen, die eine bloße Handvoll Substanzen eingehen kann.

Der Erfolg von Faradays Vorlesungen beruhte auf der Auswahl, die er traf. Das Gebiet der Chemie ist grenzenlos, und in weniger meisterhaften Händen hätte sich sein Auditorium bald in dem Dschungel der Vielfalt verloren. Chemische Reaktionen umfassen die offensichtlich zerstörerischen Vorgänge der Verbrennung: Substanzen wie Erdgas, Benzin, Heizöl oder Holz reagieren mit dem Sauerstoff der Luft und setzen Energie frei, die wir zum Heizen, zur Fortbewegung oder zur Zerstörung nutzen können. Sie umfassen im Gegensatz dazu aber auch die aufbauenden Vorgänge der Natur, wie etwa die Photosynthese, bei der Kohlendioxid, das vielleicht bei einer Verbrennung entstanden ist, durch den größten Energiespender, die Sonne, in die Vegetation eingebaut wird. Chemische Reaktionen umfassen ebenso die Prozesse, mit deren Hilfe die Industrie Jahr für Jahr umgewandelte Stoffe produziert: Metalle, die aus ihren Erzen gewonnen werden, Petroleum, das zu Kunststoffen und Arzneimitteln verarbeitet wird, und Düngemittel, die aus den Bestandteilen der Luft hergestellt werden.

Chemische Reaktionen laufen ober- und unterhalb der Erdoberfläche ab, seit Jahrmillionen. Die Umwälzungen in dem sich abkühlenden Erdball, durch die die Elemente zwischen Erdkruste, -mantel und -kern verteilt wurden, sind alle chemischer Natur. Die Bildung des atmosphärischen Sauerstoffs war das Ergebnis einer Abfolge chemischer Reaktionen, nämlich wieder der Photosynthese: Sie wandelte Wasserdampf, der unter der Erdoberfläche erzeugt wurde und aus den Vulkanen austrat, in dieses Gas um, das tierisches Leben ermöglichte. Die Kräfte, die unsere Landschaften formten, sowohl das steinerne Ge-

1.5 Es sind chemische Prozesse, welche die Elemente zwischen den verschiedenen Zonen des Planeten verteilen. Sie sammeln Stoffe wie Eisen im Erdkern und lagern Metallerze in unterschiedlichen Bereichen der Erdkruste ab. Sie erzeugen auch die Gase, die zur Atmosphäre beitragen.

rüst als auch dessen weiche Bedeckung durch Boden und Vegetation, erreichten dies durch das Wirken chemischer Reaktionen. Das Keimen einer Saat ist das Resultat vieler chemischer Reaktionen; das trifft auch zu, wenn sie wächst, reift, sich vermehrt, stirbt und schließlich abgebaut wird. Wenn das Leben in seiner ganzen Vielfalt entsteht, sich entwickelt oder wieder erneuert, so ist dies das komplexe Ergebnis chemischer Reaktionen, die ihm zugrunde liegen. Wo immer wir hinsehen, ja selbst bei dem Prozeß des Sehens, ist eine chemische Reaktion beteiligt.

Daß das ganze Arsenal biologischer und mineralogischer Veränderungen das äußere Erscheinungsbild einer inneren Reaktion darstellt, ist eine Tatsache, die außer Diskussion steht. Manche denken, daß diese Vorstellung allein genügt, das reichhaltige Leben zu erklären. Andere halten sie für notwendig, aber nicht ausreichend. Welchen Standpunkt man auch immer einnimmt, es ist unbestreitbar, daß die Mechanismen des Lebens chemischer Natur sind

15

und daß die biologische Existenz eine äußere Manifestation komplizierter Reaktionen ist. Faraday selbst erkannte dies, denn in seinen Vorlesungen sagte er: »In jedem von uns läuft ein lebendiger Vorgang der Verbrennung ab, der dem der Kerze ganz ähnlich ist, und ich will versuchen, Ihnen das klar zu machen.«

Ein Verständnis entwickelt sich

Faraday war als Wissenschaftler notwendigerweise genauso ein „Früher Meister", wie es unsere Zeitgenossen, die mit ihm verglichen werden können, für die Menschen in 100 Jahren sein werden. Hauptsächlich unter dem Einfluß von Antoine de Lavoisier in Frankreich begann sich die Chemie erst im 19. Jahrhundert zu einer exakten Wissenschaft zu entwickeln. Lavoisier und andere begannen, die Elemente zu identifizieren – die Bausteine der Materie wie Wasserstoff, Kohlenstoff, Stickstoff und Sauerstoff –, und erkannten allmählich die Gesetze, nach denen sich die Elemente verbinden. Sorgfältige quantitative Experimente haben gezeigt, daß jede Verbindung eine charakteristische, unveränderliche Zusammensetzung hat und daß, wenn sich die gleichen Elemente zu mehr als einer einzigen Verbindung zusammenschließen, die Verhältnisse der Elemente einem einfachen Prinzip folgen. Die Gesetze der che-

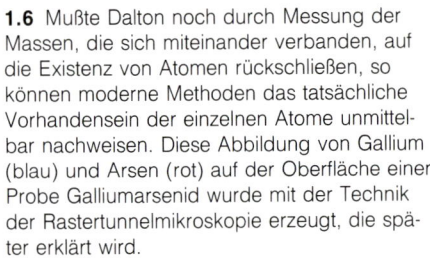

1.6 Mußte Dalton noch durch Messung der Massen, die sich miteinander verbanden, auf die Existenz von Atomen rückschließen, so können moderne Methoden das tatsächliche Vorhandensein der einzelnen Atome unmittelbar nachweisen. Diese Abbildung von Gallium (blau) und Arsen (rot) auf der Oberfläche einer Probe Galliumarsenid wurde mit der Technik der Rastertunnelmikroskopie erzeugt, die später erklärt wird.

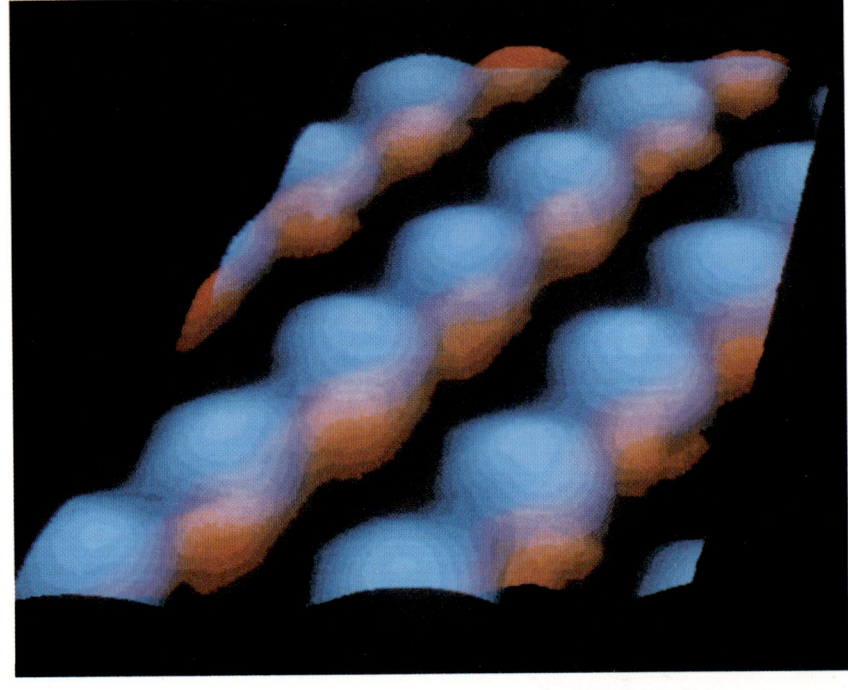

mischen Verbindungsbildung sollten die Grundlage sein für einen der großen evolutionären Sprünge der Wissenschaft: John Dalton legte 1807 dar, daß die Gesetze der chemischen Verbindungsbildung auf die Existenz von Atomen hinweisen, den kleinsten, als unteilbar angenommenen Einheiten der Elemente, die es geben kann. Diese Hypothese ist von so überzeugender Kraft, daß Daltons Atome inzwischen zur gängigen Währung im Land der Chemie geworden sind.

Faraday stellte die Reaktion in seinen Vorlesungen als Umwandlung einer Substanz von bestimmter Zusammensetzung in eine Substanz von anderer Zusammensetzung dar, aber nicht als Umwandlung der inneren Struktur, wie wir das heute tun würden. Teilweise tat er das zweifellos mit Rücksicht auf das Alter seiner jungen Zuhörer. Aber zum Teil lag der Grund auch darin, daß einige der damaligen Chemiker die Atome als bloße Recheneinheiten ansahen und nicht als tatsächlich vorhandene Teilchen. Obwohl Faraday wußte, daß sich die Substanzen in der Anzahl der Atome jedes beteiligten Elements unterscheiden (er war einer der besten chemischen Analytiker seiner Zeit), hatte er wohl nur eine schwache Vorstellung von der Art, wie die Atome miteinander verkettet sind, um die Molekülstruktur einer Verbindung zu bilden. Wir wissen heute, daß diese Struktur oft ausschlaggebend ist für die Unterscheidung einer Substanz von einer anderen. Das Konzept der Molekülstruktur entstand erst 1858, also kurz vor Faradays letzten Vorlesungen 1860. Heute wissen wir: Zwei Verbindungen können Atome derselben Elemente in denselben Mengenverhältnissen enthalten; da aber die Atome unterschiedlich miteinander verknüpft sind, handelt es sich um unterschiedliche Substanzen.

Die Unkenntnis der molekularen Struktur hätte den Versuch Faradays, jene Vorgänge zu erklären, die er anhand seiner Kerze zu demonstrieren pflegte, zum Scheitern verurteilt. Ein wesentlicher Unterschied zwischen seinem Verständnis von Reaktionen und unserem besteht darin, daß wir Reaktionen als Umlagerungen von Atomen betrachten, während er eine Reaktion als Änderung in Erscheinung, Eigenschaften und Zusammensetzung ansah (obwohl zu Faradays Zeit selbst die Zusammensetzung schwierig zu bestimmen und oft unbekannt war). In der Tat wird in manchen Reaktionen eine Substanz nicht durch Veränderung der Zusammensetzung umgewandelt, sondern durch eine Änderung des Bauplans, nach dem die Atome verbunden sind. Faraday wußte, daß die Verbrennung eine Substanz in eine andere umwandelt: Er konnte überzeugend argumentieren, daß der Kohlenstoff und der Wasserstoff des Kerzenwachses sich mit dem Sauerstoff der Luft zu Substanzen verbinden, die er als Kohlendioxid und Wasser identifizieren konnte. Aber er war nicht in der Lage, die Reaktionen in ihren Einzelheiten bildlich vor Augen zu führen: Der einen Verbindung werden Atome entrissen, die zum Wiederaufbau einer anderen verwendet werden. Heute wissen wir, daß ein Kohlenstoffatom (mit C bezeichnet und in den von uns benutzten Modellen als schwarze Kugel dargestellt) mit dem Sauerstoff (O, als rote Kugel dargestellt) der Luft als Kohlendioxidmolekül (CO_2) und daß Wasserstoff (H, die kleinen, weißen Kugeln) als Wassermolekül (H_2O) die Kerzenflamme verläßt. Später, wenn

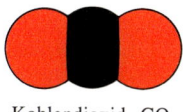

Kohlendioxid, CO_2

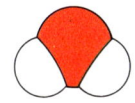

Wasser, H_2O

17

wir komplizierteren Molekülen begegnen, werden wir Stickstoffatome (in den Formeln mit N bezeichnet) als blaue Kugeln darstellen. Weitere Elemente, die wir benötigen, werden wir jeweils an der entsprechenden Stelle einführen.

Kohlendioxid und Wasser gehören zu den einfachsten Molekülen, und man erfährt nicht viel Neues über ihre Eigenschaften und ihr Verhalten, wenn man ihre Struktur kennt. Einige Moleküle jedoch sind komplizierte Gebilde aus Atomen, und die Kenntnis ihrer Strukturen ist unabdingbar für eine Deutung ihrer Eigenschaften. Das bemerkenswerte Zusammenspiel von Physik und Chemie, das durch das ganze 20. Jahrhundert so fruchtbar war, hat uns die Röntgenbeugung beschert. Sie läßt uns die detaillierten Strukturen der großen, für die Biologie so charakteristischen Moleküle erkennen. Mit der Technik der Röntgenbeugung können wir die genaue Atomanordnung in einem Molekül aufspüren, das aus Tausenden, manchmal Zehntausenden von Atomen besteht. Durch diese Kenntnis der Struktur verstehen wir allmählich, wie das betreffende Molekül seine Rolle in einer lebenden Zelle spielen kann.

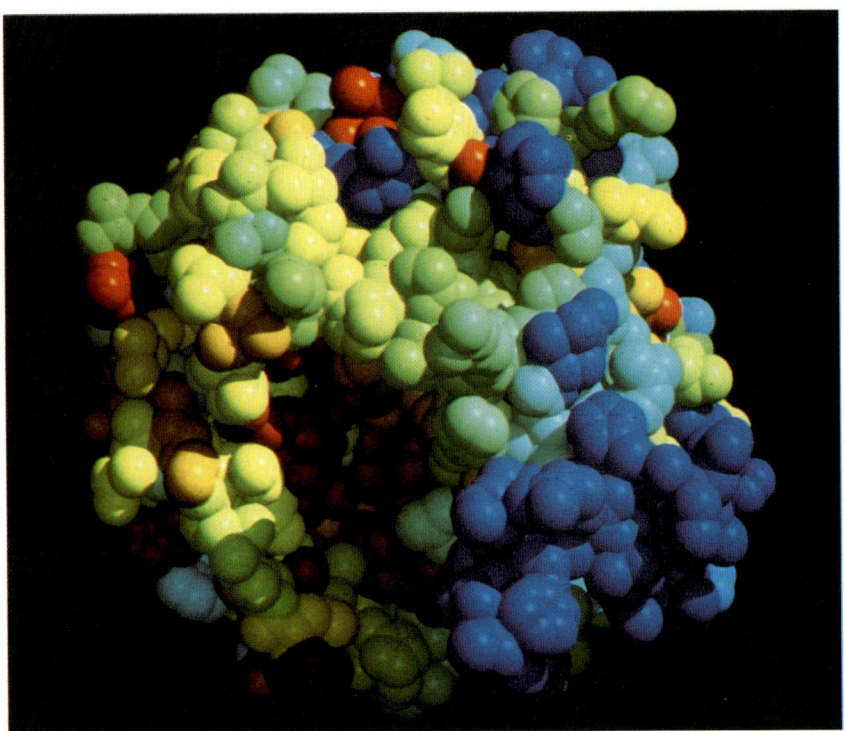

1.7 Die chemischen Reaktionen, die biologische Moleküle ausführen, hängen im allgemeinen entscheidend von deren Struktur ab, und zwar sowohl von den Verknüpfungen der Atome untereinander als auch von deren Anordnung im Raum. Einige Krankheiten und Vergiftungen sind die Folge einer geringfügigen Formänderung, die das Molekül lahmlegt. Dieses computererzeugte Bild zeigt die Thymidilat-Synthetase. Die verschiedenfarbigen Teile markieren die Bereiche unterschiedlicher Funktion. Dieses Enzym ist an einer der Reaktionen beteiligt, die Bauteile für die DNA in lebenden Zellen bereitstellen.

Man kann zu Recht einwenden, daß Faradays Unkenntnis der Molekülstruktur auf der atomaren und der subatomaren Ebene zugleich seine Stärke war, denn sie gab ihm die Freiheit für seine beachtliche Originalität. Darüber hinaus wandten sich seine Vorführungen unmittelbar an die Erkenntnisfähigkeit sei-

1.8 Wenn Kohlendioxid durch Kalkwasser (eine verdünnte Lösung von Calciumhydroxid in Wasser) strömt, bildet sich das unlösliche weiße Calciumcarbonat, das aus der Lösung ausfällt. Dies ist eines der Experimente, die Faraday seinen Zuhörern vorführte.

ner Zuhörer, da sie direkt ihre Sinne ansprachen. Die Anwesenden konnten das Verschwinden des Kerzenwachses und die Bildung eines Gases an dessen Stelle sehen. Sie konnten die Bildung von Wolken eines weißen Feststoffes sehen, wenn die Verbrennungsgase durch Kalkwasser (eine Lösung von Calciumhydroxid – gelöschter Kalk – in Wasser) geleitet wurden. Wenn wir uns eineinhalb Jahrhunderte später gezwungen sehen, Reaktionen mit Hilfe von Atomen zu erklären, haben wir uns vom Greifbaren weit entfernt. Aber diese Verschiebung unseres Blickwinkels von der sichtbaren Realität zur Unsichtbarkeit der Atome ist der unvermeidliche Preis, den wir zahlen müssen, um die Oberfläche der Umwandlungen zu durchstoßen. Wir müssen durch sie hindurch, wenn wir die Ebene des Verhaltens der Atome, die für eine detaillierte Erklärung ergiebiger ist, erreichen wollen. Durch die Atome und die subatomare Ebene darunter wird das Sinnfällige erst begreiflich.

Unser Wissen um das Atom als harte Währung wissenschaftlicher Deutung ist nur die eine Hälfte der Errungenschaften seit jener Zeit, als Faraday auszog, die Vorstellungswelt seiner Hörer zu erobern. Ebenso wichtig für das grundlegende Verständnis der Umwandlungen, die im Verlauf von Reaktionen stattfinden, ist jene fundamentale Änderung ihrer Deutung, die den Übergang von der klassischen Newtonschen Physik des 17. Jahrhunderts zur Quantenmechanik Erwin Schrödingers und Werner Heisenbergs aus dem Jahre 1926 kennzeichnete. In der Quantenmechanik wird die Unterscheidung zwischen Wellen und Teilchen auf der Ebene der Atome bedeutungslos, und Wahrscheinlichkeiten treten an die Stelle von genauen Ortsangaben und Flugbahnen.

Die Prinzipien der Quantenmechanik sind für ein Verständnis der Einzelheiten von Reaktionen wesentlich. Obwohl es weitgehend wahr ist, daß die schönste Chemie zum Großteil in Unkenntnis der Quantentheorie durchgeführt werden kann, gilt: Sobald wir versuchen, die Mechanismen der chemischen Umwandlung zu ergründen, werden die Prinzipien dieser Theorie unerläßlich, denn Materie ist in ihrem inneren Aufbau quantenmechanisch. Wenn Chemiker reaktionsfähige Moleküle durch Mischen und Rühren zusammenbringen, ordnen sich die Atome gemäß der Quantenmechanik neu, denn ihre Prinzipien beeinflussen sowohl Ort wie Stärke der neuen Bindungen, die sich zwischen den Atomen ausbilden. Wenn Chemiker eine Reaktionsmischung erhitzen, wollen sie die Reaktionspartner über eine energetische Barriere heben, die eine unmittelbare Reaktion verhindert. Solche Schwellen ergeben sich aus der Quantenmechanik. Je genauer wir die Einzelheiten von Reaktionen, selbst der gewöhnlichsten Sorte, unter die Lupe nehmen, desto deutlicher werden wir sehen, daß die Umwandlungen der Substanzen materielle Realisierungen von Quantenphänomenen sind.

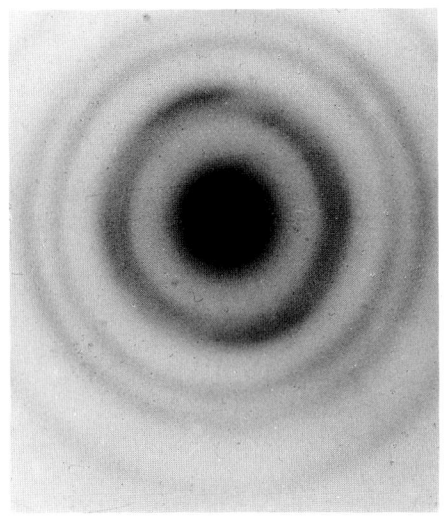

1.9 Die Quantenmechanik beruht auf der experimentellen Beobachtung, daß Teilchen die Eigenschaften von Wellen aufweisen können: Elektronen, die als Teilchen angesehen wurden, können Beugungsmuster zeigen, wie sie für Wellen charakteristisch sind. Die Abbildung gibt ein Beugungsmuster wieder, das G. P. Thomson erhielt, als er einen Elektronenstrahl durch eine dünne Goldfolie schickte.

Die Methoden entwickeln sich

Die konzeptionelle Unzulänglichkeit, mit der Faraday sowohl in seiner eigenen Forschung wie auch in seinen populären Darstellungen arbeiten mußte, war nur eine der Fesseln für sein Können. Eine andere war die Grobschlächtigkeit, mit der er und seine Zeitgenossen mit der Materie umgingen. Sie waren auf Versuche mit größeren Mengen angewiesen, die sie mischten, rührten und erhitzten — so konnten sie nur hoffen, die richtige Wirkung zu erzielen, während sie wenig darüber wußten, was diese Maßnahmen auf der Ebene der Atome bewirkten. Dies steht im krassen Gegensatz zu der Präzision, derer die Natur, wie wir jetzt wissen, fähig ist und der die Chemiker gegenwärtig nacheifern. Diese Präzision läßt sich nirgends deutlicher ablesen als aus den Schritten, in denen die Reaktionen in biologischen Zellen ablaufen. Eine biochemische Reaktion kann aufgrund der *Präzision* verstanden werden, mit der ihre einzelnen Schritte aufeinander folgen. Das ist nicht nur die Präzision eines modernen Labors, wo der Erfolg eines Experiments von der Zugabe eines Mikroliters einer Lösung zu einem bestimmten Zeitpunkt der Reaktion abhängt, sondern es ist eine Präzision in Raum und Zeit, die sich nach Atomen und Atomschwingungen bemißt. So mag es nötig sein, daß in einer Reaktion ein einziges Elektron — ein subatomares Teilchen, das, wie wir sehen werden, den Schlüssel zu einem Großteil der Chemie darstellt — von einem Molekül weggerissen werden muß, bevor dieses Molekül Zeit hat, in einer ungeeigneten Weise zu reagieren. Das unerwünschte Produkt würde eine

Krankheit verursachen, wenn es entstehen könnte. So mag es nötig sein, daß ein bestimmtes Atom von einer bestimmten Stelle eines Moleküls eine Milliardstelsekunde früher entfernt werden muß, als ein anderes angefügt wird, sofern die Reaktion einen bestimmten Verlauf nehmen und die Zelle nicht sterben soll. Die Natur ist höchst versiert in der Organisation solcher Spezifität in Zeit und Raum, denn sie kann bestimmte Moleküle benutzen, als seien sie Kupferdrähte, um Elektronen genau rechtzeitig an den richtigen Ort zu leiten. Sie findet Wege, Moleküle in eine bestimmte Verkrümmung zu zwingen, bevor sie diese Verformung in einem dauerhaften Ring versiegelt. Wir werden etwas von dieser Präzision kennenlernen, wenn wir am Ende unserer Reise das gegenwärtige Verständnis der Photosynthese besprechen, einer der perfekt abgestimmten Reaktionsfolgen, die in biologischen Zellen ablaufen.

Chemiker streben gegenwärtig danach, eine so feine Kontrolle zu erzielen, wie sie die Natur ausübt. Heute rühren, mischen, erhitzen und destillieren sie zwar noch immer, um dieses Ziel zu erreichen – gerade so wie früher, als ihre geistigen Vorfahren vergeblich eine Reaktion suchten, mit der man Gold aus Blei gewinnen könne. Diese groben Prozesse scheinen Wege darzustellen, um die Materie unserem Willen gefügig zu machen und sie zu zwingen, eine bestimmte Veränderung einzugehen. Aber heutige Chemiker benutzen diese Techniken und Reaktionen viel genauer und können sie durchdachter lenken, als die Alchimisten, Köche und Faradays Zeitgenossen. Möchten sie ein kompliziertes Molekül aufbauen, gehen sie zu diesem Zweck mit Umsicht und Scharfsinn zu Werke. Chemiker haben Wege gefunden, um an ein bereits vorhandenes Molekül ein Atom anzufügen, Ketten von Atomen zu Ringen zu schließen, andere Ringe zu öffnen und Schritt für Schritt die Struktur des Moleküls zu verändern, bis das gewünschte Produkt entstanden ist. Sie haben Wege gefunden, die Natur durch Mischen, Rühren und Erhitzen nachzuahmen (und sie manchmal zu übertreffen), und zwar so, daß nicht gerade das abgetrennt wird, was sie eben angefügt haben – und das alles, ohne einen direkten Zugriff auf die Atome zu besitzen.

Weil die Struktur für die Identität einer Substanz ebenso entscheidend ist wie deren elementare Zusammensetzung, muß sich die Natur ebenso wie der Chemiker bemühen, eine Reaktion zu benützen, die die genaue Anordnung der Atome liefert – nicht nur eine zufällige Anhäufung der Atome in den richtigen Mengenverhältnissen der Elemente. Deshalb muß der Aufbau nach und nach erfolgen, so daß jedes Atom an der richtigen Stelle an ein vorhandenes Molekülgerüst angehängt wird. Danach wird ein weiteres Atom an dieses Atom gebunden, damit das Molekül Atom um Atom zu seiner endgültigen Form heranwächst.

Wärme ist eine mächtige Waffe im Arsenal des Chemikers. Die Wärme schüttelt die Moleküle durcheinander, und die Gewalt der Bewegung bricht sie in Stücke oder läßt sie kräftig aufeinanderprallen. Moleküle des Gases Ethylen beispielsweise erhält man, indem man die schwereren Kohlenwasser-

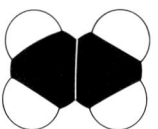

Ethylen, C_2H_4

21

stoffe des Petroleums — Verbindungen, die nur aus Kohlenstoff und Wasserstoff bestehen — in kleinere Molekülstücke zerbricht. Dieses sogenannte Cracking wird durch Erhitzen bewirkt. Wärme allein ist jedoch nach heutigen Maßstäben oft ein zu stumpfes Instrument, denn sie führt zu übermäßig vielen Nebenprodukten und verschwendet so das wertvolle Ausgangsmaterial. Deshalb wird in der Industrie die Wärme oft zusammen mit sorgfältig ausgewählten Katalysatoren benutzt: Substanzen, üblicherweise Feststoffe, aber mehr und mehr auch Flüssigkeiten, welche die erwünschten Reaktionen erleichtern. Die eigentliche Grundlage der industriellen Chemie bildet nicht so sehr der Markt, die Produktionsanlage oder die Investition, sondern die Entwicklung

1.10 In einem „katalytischen Cracker" werden lange Kohlenwasserstoffmoleküle aus Erdöl in Gegenwart eines Katalysators erhitzt und so in Bruchstücke gespalten. Es entstehen Gase wie Ethylen (C_2H_6) und Propylen (C_3H_6), die zur Herstellung der Kunststoffe Polyethylen und Polypropylen dienen. Die abgebildete Anlage „crackt" Erdöl zu Propan.

und Auswahl der Katalysatoren. Sie stellen den gegenwärtigen Stein der Weisen unserer Wissenschaft dar – denn die Entwicklung eines Katalysators legt den Grundstein zu einer neuen Industrie. Die Natur hatte – wie nicht anders zu erwarten – schon längst auf Katalysatoren gesetzt, bevor Chemiker an sie denken konnten. Lebende Zellen enthalten nämlich „Enzyme", die als biologische Katalysatoren wirken, und jeweils eine bestimmte Reaktion beschleunigen. In einer Chemievorlesung begegnet uns das Leben als ein symphonisches Werk mit der Katalyse als Leitmotiv.

Ammoniak, NH$_3$

Zum Beispiel liegt der Produktion von Ammoniak (NH$_3$), der Königin der synthetischen Substanzen, die Entdeckung eines geeigneten und wirkungsvollen Katalysators zugrunde. Ammoniak wird fast ausschließlich nach einem einzigen Verfahren, dem Haber-Bosch-Verfahren, hergestellt. Dieses entzieht der Atmosphäre Stickstoff und verbindet ihn mit Wasserstoff, der aus Erdöl und Erdgas gewonnen wird. Dieses Verfahren wurde kurz vor dem Zweiten Weltkrieg entwickelt. In einer fruchtbaren Zusammenarbeit steuerte der deutsche Chemiker Fritz Haber den Katalysator (eine Form von Eisen) bei, und sein Kollege Carl Bosch, ein Chemieingenieur, konzipierte die Hochtemperatur- und Hochdruckanlage, die für die Anwendung von Habers Verfahren nötig war. Die Konstruktion der Produktionsanlage war eine schwierige Aufgabe, denn nie zuvor war eine Industrieanlage unter solch anspruchsvollen Bedingungen betrieben worden. Eine frühe Anwendung fand der Prozess in der Produktion von Sprengstoffen. Sie ist immer noch eines seiner Ziele, aber er wird heute hauptsächlich für die Herstellung von Düngemitteln und einer Unzahl von stickstoffhaltigen Molekülen, einschließlich Nylon, genutzt. Ammoniak öffnete dem Stickstoff das Tor zum Jahrmarkt der Eitelkeit in der Chemie: Denn der ruhige, chemisch eigenbrötlerische und reaktionsträge elementare Stickstoff der Atmosphäre wird durch seine Verbindung mit dem Wasserstoff in den Trubel der Reaktionen hineingezogen – Stickstoff wird „fixiert", besser wäre *freigesetzt*, wenn er Ammoniak bildet, denn damit wird er zugänglich für die problemlose Umwandlung in eine Vielzahl von Verbindungen.

1.11 Stickstoff wird auch in der Natur „fixiert" – durch Bakterien, wie sie in den sogenannten Knöllchen an der Wurzel einer Erbsenpflanze leben. Chemiker suchen gegenwärtig nach Katalysatoren, die die Wirkung solcher Bakterien nachahmen, so daß der kostspielige Hochtemperatur- und Hochdruckprozeß der Haber-Bosch-Synthese vermieden werden kann. Möglicherweise müssen sie zu gentechnischen Verfahren statt zu klassischen chemischen Methoden greifen, um ihr Ziel zu erreichen.

Katalysatoren werden in großem Maßstab in der Industrie genutzt, um chemische Reaktionen zu ermöglichen, die Polymere, Brennstoffe und all die anderen Folgeprodukte des Erdöls liefern. Obwohl Faraday das Prinzip der Katalyse kannte, befand sich die chemische Industrie seiner Zeit in den Anfängen und hatte noch nicht begriffen, welch zentrale Bedeutung darin liegt, die Türen zu einer chemischen Reaktion durch die Zugabe kleiner Mengen Materials zu öffnen, das scheinbar in keinem Zusammenhang zu den Reaktionen steht – so wie das Eisen, das Haber in der Ammoniaksynthese benutzte. Für Faraday bestand die chemische Industrie noch in der vergleichsweise unvollkommenen Ausnutzung der Umwandlungen, zum Beispiel bei der Herstellung von Seife, Eisen und Glas. Der gewaltige Beitrag der Katalyse zu unserer Lebensqualität ist überwiegend ein Phänomen des 20. Jahrhunderts, denn sie ermöglichte den Herstellern, ökonomisch, systematisch und in einem riesigen Maßstab zu arbeiten.

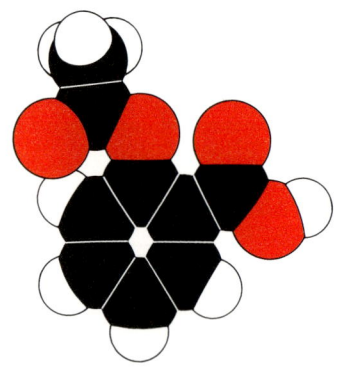

Acetylsalicylsäure, $C_9H_8O_4$

Phenol, C_6H_5OH

Aber nicht alle Reaktionen werden in einem riesigen Maßstab ausgeführt. Chemiker entwickeln in ihren Laboratorien neue Formen der Materie — Substanzen, die vielleicht nirgendwo anders im Universum existieren — durch die *Synthese*verfahren, bei denen größere Moleküle aus kleinen aufgebaut werden. Wir werden viel von diesem entscheidend wichtigen Ansatz auf den späteren Seiten sehen. Aber ein Beispiel, das die Präzision beim Molekülaufbau verdeutlicht, die ein Chemiker erreichen muß, wollen wir hier betrachten: das Aspirin, die Acetylsalicylsäure. Sie besitzt die nebenstehend gezeigte Struktur. (Der Sechsring aus Kohlenstoffatomen im Molekül ist ein wiederkehrendes Motiv in der organischen Chemie: Der Sechsring selbst (C_6H_6) ist der Kohlenwasserstoff Benzol.) Die *Strategie* für die Synthese des Aspirins aus der bekannten Substanz Phenol, die in der darunter stehenden Molekülformel zu sehen ist, besteht darin, daß man eine —COOH-Gruppe an das Kohlenstoffatom des Ringes anfügt, das demjenigen benachbart ist, welches die —OH-Gruppe trägt (damit erhält man die Salicylsäure), und anschließend die —OH-Gruppe zum Endprodukt modifiziert. Es erhebt sich sofort die Frage, wie man die nötige Zielgenauigkeit erreicht. Wie kann man bei einem Ring, dessen Druchmesser nicht einmal ein millionstel Millimeter beträgt, die zweite Gruppe dazu veranlassen, sich an der richtigen Position in bezug auf die —OH-Gruppe im Phenolring anzulagern und nicht an einer anderen Stelle im Ring?

Wir werden sehen, daß die Chemiker diese feine Kontrolle ausüben, indem sie die Eigenschaften der Moleküle selbst nutzen und die Reagentien (das sind die Chemikalien, die benutzt werden, um die Strukturen des Ausgangsmaterials zu verändern) sowie die Bedingungen, unter denen die Reaktion abläuft, geschickt auswählen. In der ersten Stufe dieser Aspirinsynthese zum Beispiel wird die erwünschte Zielgenauigkeit dadurch erreicht, daß Kohlendioxid durch das Natriumsalz des Phenols geleitet wird. Aus Gründen, die wir später erkunden werden, sucht sich der Kohlenstoff des CO_2 die richtige Verknüpfungsposition automatisch. Chemiker gehen im allgemeinen nicht so vor, daß sie lediglich ein Sammelsurium von Reagentien mischen, in der Hoffnung, in den Trümmern der anschließenden Reaktion die gesuchten Moleküle — wie ein paar Goldstücke zwischen den Kieseln eines Bachbettes — aufzufinden. Ganz im Gegenteil: Sie entwerfen die Abfolge der Verknüpfungsschritte von Atomgruppen und lenken die Reaktion derart, daß sie in jeder Stufe ein wohldefiniertes Produkt erhalten. Dann können sie destillieren oder filtrieren, um das erwünschte Zwischenprodukt aus einer Reihe anderer abzutrennen, die möglicherweise ebenfalls entstanden sind; dieses Zwischenprodukt setzen sie wieder ein und arbeiten sich so einen weiteren Schritt voran. Das wird fortgesetzt, bis das Endprodukt erreicht ist.

Einige Reaktionen lassen sich sehr leicht planen und erfordern nur wenig Geschick und Verständnis. So erfolgt die Reaktion sofort, wenn wir wie Faraday durch Kalkwasser ausatmen, und ein weißer Feststoff aus der Lösung ausfällt. Wenn wir eine Flamme anzünden, setzt die Verbrennungsreaktion augenblicklich ein.

Unter diesen spontan ablaufenden Reaktionen finden wir jedoch auch einige, die wir besser verhindern sollten. Eine sanftere Reaktion als die Verbrennung, aber eine, die unaufhörlich an den tragenden Teilen der Zivilisation nagt, ist die schädliche Reaktion der Korrosion. Bei der Korrosion brennt nicht Wachs, sondern Eisen, und wir sehen keine Flamme bei der langsamen „Verbrennung" einer Stahlbrücke. Dennoch ist der Vorgang unter einem Tropfen Wasser auf der Metalloberfläche mit der Verbrennung verwandt. Die Erkenntnis, daß die Korrosion und die Verbrennung zur selben Familie gehören (diese enge Verwandtschaft ist ein Punkt, den wir später herausstellen werden), gibt Anlaß zu der Hoffnung, daß wir vielleicht, da wir einen Brand löschen können, auch seinen Bruder, den Rost, eines Tages stoppen werden. Solcherart ist die Macht über die Materie, die mit dem chemischen Wissen in unsere Hände gelangt. Durch die Beobachtung von Ähnlichkeiten bei scheinbar unabhängigen Reaktionen und — noch tiefer gehend — durch die Erkenntnis der Gleichartigkeit der ablaufenden Reaktionen auf der Ebene der Atome und ihrer Bestandteile können wir womöglich die ansteigende Flut der Korrosion eindämmen — und natürlich weitere positive Ziele erreichen.

1.12 Die Korrosion von Stahlteilen zu Rost macht in den meisten Ländern einen bedeutenden Anteil am Bruttosozialprodukt aus.

Manche Reaktionen erfordern eine ausgefeilte Folge von Schritten und müssen mit höchster Präzision geplant werden. Der Computer erweist sich als sehr hilfreich für diese Auswahl der Routen von den Ausgangsstoffen zu den Produkten. Vor 1960 zum Beispiel wurde die Synthese von Naturstoffen — die höchsten Gipfel der Erfolge der synthetischen Chemie, da diese Verbindungen so kompliziert sind — meist unsystematisch angegangen. Um diese Zeit jedoch entwickelte der amerikanische Chemiker Elias Corey einen allgemeinen strategischen Ansatz für die Syntheseplanung, „retrosynthetische Analyse" genannt. Dieses Verfahren geht so vor, daß es die Zielstruktur betrachtet und dann (mit einem Computer) eine Folge einfacherer Vorgängermoleküle erzeugt, bis eines erreicht wird, das man kaufen kann. Die Synthese wird durchgeführt, indem man mit dieser einfachen Verbindung beginnt und sie

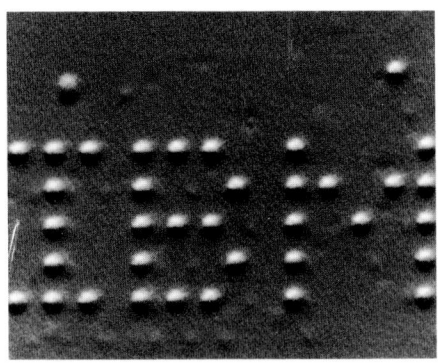

1.13 Dieses Bild von Xenonatomen, die auf einer Nickeloberfläche angeordnet wurden, illustriert die Möglichkeit, mit dem Rastertunnelmikroskop Atome einzeln an bestimmte Zielorte zu bringen.

einer Folge von Umwandlungen unterzieht, die zum Zielmolekül führen. Corey erhielt, als dieses Buch in seiner ersten, englischen Fassung geschrieben wurde, den Nobelpreis für Chemie des Jahres 1990 für seine Arbeit.

Am Ende des 20. Jahrhunderts sehen wir die ersten Anzeichen dafür, daß wir eines Tages Reaktionen durch direkte Manipulation von Atomen erreichen können. In jüngster Zeit hat uns der Fortschritt der Technologie die Rastertunnelmikroskopie ermöglicht. Bei dieser Technik wird eine Nadel, deren Spitze zu einem einzigen Atom ausgezogen ist, in parallelen Bahnen, wie ein Pflug über das Feld, und in geringem Abstand über die Oberfläche eines Festkörpers bewegt. Dabei kann die Nadel einzelne Atome und selbst die Umrisse von Molekülen, die auf der Oberfläche liegen, fast im wörtlichen Sinne durch Abtasten erkennen (in Wirklichkeit durch Aufzeichnen der Änderung des Stroms, der durch die Spitze fließt, wenn diese sich über die Oberfläche bewegt). Ein Ergebnis dieser Technik ist, daß man jedes weitere Zögern, den Gegenstand unserer Abhandlung als reell zu akzeptieren, aufgeben kann: Diese moderne Technik bildet Einzelatome und -moleküle so scharf ab, daß Zweifler jetzt ihr Schäferstündchen halten können. Aber mit dieser Technik können wir noch mehr tun. Denn die Nadelspitze von der Größe eines Atoms braucht nicht nur die passive Rolle des Beobachters der Oberfläche zu spielen — sie kann auch als Schafhirte wirken und die Atome zusammentreiben. Bisher hat es diese Technik zwar nur zu äußerst Bescheidenem gebracht — und das auch nur in der Werbung. Der nächste Schritt — die Auslösung einer erwünschten einzelnen Reaktion — kann jedoch nicht weit sein.

Doch zurück in jenen Winter in den fünfziger Jahren des 19. Jahrhunderts. Wenn wir Faraday beobachten, wie er seine Vorlesung mit dem Wissen, das damals verfügbar war, zu einem Ende bringt, dann könnten wir in ihm auch eine neue Medusa sehen, die das Lebendige in Stein verwandelt: In seinen Händen wurde das ursprüngliche Kerzenwachs zu einem Gas, das sich frei in den Meeren lösen und schließlich zum Gestein der Kalkberge werden kann. Wir wissen auch, daß dem Kohlendioxid eine reichere Zukunft offensteht (obwohl die Einzelheiten noch ein großes Geheimnis sind), denn es kann in die Spaltöffnungen eines grünen Blattes eindringen und so seine Rolle in der organischen Chemie spielen: Eines Tages kann es dann tatsächlich wieder zu einer Kerze und damit zum Brennmaterial eines späteren Faraday werden. Wenn wir auf die Straße treten, werden wir erst einmal erleichtert sein, daß wir an der frischen Luft sind, weg von den immer stechenderen Gerüchen im Hörsaal. Aber der Schock der plötzlichen Kälte schärft unsere Wahrnehmung, und wenn wir auf den Picadilly Circus einbiegen und der Wind uns packt, fragen wir uns für einen Augenblick, was wohl die Chemiker in ein oder zwei Jahrhunderten über eine Kerze und ihren Kohlenstoff wissen werden. Werden sie noch mehr wissen als unserer berühmter, gelehrter, unterhaltender Mr. Faraday?

Die Arena der Reaktionen

2

Es gibt kein im Weltall gültiges Naturgesetz, das bei diesen
Erscheinungen nicht ins Spiel kommt oder zumindest gestreift wird.

MICHAEL FARADAY, Erste Vorlesung

2.1 Die Lichtemission elektronisch angeregter
C_2- und CN-Moleküle verleiht dem Kometenkopf seine Farbe. Im Schweif leuchten CO^+-Io-
nen. In beiden Fällen bewirkt der Aufprall der
Sonnenstrahlung die ursprüngliche Anregung
der Moleküle.

Michael Faraday hat am Beispiel der Kerze eine Welt des Wissens entwickelt. Ich werde dort beginnen, wo er mit der Kerze aufgehört hat, und versuchen, unser heutiges Wissen anhand der möglichen Varianten des Schicksals eines einzelnen Atoms in der Flamme darzulegen. Gehen wir einmal davon aus, daß es in den Turbulenzen eines Verbrennungsvorgangs zumindest einen Augenblick gibt, in dem die Flamme an irgendeiner Stelle durch die Energie der Reaktion ein Kohlenstoffatom aus dem brennenden Wachs freisetzt.

Wie könnte die chemische Geschichte dieses einzelnen Kohlenstoffatoms aussehen? Es mag mit anderen Kohlenstoffatomen eine Bindung eingehen und zumindest eine kurze Episode seines Werdeganges als Rußpartikel durchlaufen. Vielleicht wandelt es sich auch in Kohlendioxid um und schließt sich den Gasen der Atmosphäre an. Dort verleiht ihm seine Beweglichkeit Flügel, und es wird seine Reise in immer neuen Formen fortsetzen: absorbiert in Ozeanen, im Kalkstein buchstäblich versteinert, bis die Erosion es wieder freisetzt und weiterschickt, oder aus der Luft geholt durch die Photosynthese und damit jener dramatischen Wandlung zugeführt, die Anorganisches zu Organischem macht. Ein bestimmtes Atom kann auf seiner Reise Teil des menschlichen Gehirns werden und so zu dessen Bewußtsein über seine Vergangenheit und seine Möglichkeiten in der Zukunft beitragen. Wie kann ein einziges Atom soviel bewirken? Worin liegen seine beeindruckenden Möglichkeiten, und wie lassen sie sich entfalten?

Wir werden dem Atom auf seiner Reise durch die Welt folgen. Es wird sich auf Bündnisse und auf unbewußte Verschwörungen einlassen. Es wird von anderen Atomen angegriffen werden, Verbindungen eingehen, sie wieder lösen und andere Atome aus ihren Bindungen verdrängen. Kurz, wir werden etwas von jenem Beitrag sehen, den das Atom leistet, wenn die Elemente sich an der endlosen Folge der Reaktionen beteiligen, die unsere Welt aufbauen und immer wieder umwandeln. Dieses Kapitel befaßt sich hauptsächlich mit den *Möglichkeiten* des Atoms, mit seinen Eigenschaften, die es zu einem solchen Verwandlungskünstler machen. Wir werden in den nachfolgenden Kapiteln erleben, wie diese Verwandlungen vor sich gehen.

Einzigartig ist die Weise, wie das Atom im Mittelpunkt unseres Interesses, das Kohlenstoffatom, ins Leben „hineingestolpert" ist; in den Reaktionen, die es eingehen, und den Verbindungen, die es bilden kann, zeigt es zwar ein alltägliches Verhalten, das es mit allen anderen Elementen teilt — mit dem einen mehr, mit dem anderen weniger. Doch gerade auf diesem Mittelmaß beruht die Favoritenrolle des Kohlenstoffes: Er macht fast alles mit und treibt nichts bis zum Äußersten, und eben dank dieser Mäßigung beherrscht er und kein anderer die ganze organische Natur. Wenn wir dem Kohlenstoffatom auf seinem Weg folgen, werden wir vielen Reaktionen begegnen, die andere Elemente auch eingehen, aber keines zeigt sich dabei so ausgewogen und so maßvoll wie der Kohlenstoff.

Um die Reaktionen eines Atoms verstehen zu können, müssen wir das Verhalten der Elektronen verstehen, jener kleinen, negativ geladenen Teilchen, die jeden Atomkern umgeben. Das Kohlenstoffatom und die kohlenstoffhaltigen Moleküle passen sich Änderungen der Umgebung durch die Flexibilität ihrer Elektronenverteilung an, insbesondere durch die Art, in der Elektronen von einem Ort zum anderen verlagert oder einfach beiseitegeschoben werden können, um den Atomkern bis auf die Rumpfelektronen freizulegen. Die Elektronen eines Atoms bestimmen seine chemische Persönlichkeit. Eine geringe Verminderung oder Vergrößerung seiner Elektronendichte kann weitreichende Folgen für die Reaktionsfähigkeit haben. Wenn wir verstehen wollen, wie das Kohlenstoffatom Teil eines Rußpartikels oder eines Gehirns wird, müssen wir uns ansehen, wie sich seine Elektronen verteilen und bewegen.

Dieses Verständnis bedeutet Wissen und Macht. Das Wissen läßt uns begreifen, wie ein Kohlenstoffatom sich einen Nachbarn zulegt, sei es nun ein Wasserstoff- oder ein Sauerstoffatom, und dieser Nachbar Elektronen von ihm abziehen oder sie ihm aufladen kann. Die Macht liegt darin, daß ein Enzym oder auch der Chemiker den Nachbarn gezielt aussuchen kann, um eine ganz bestimmte, winzige Modifikation, eine Verschiebung in der Elektrondichte, zu bewerkstelligen und so den Verlauf der Reaktionen eines Atoms zu steuern. Solche winzigen und feinsinnigen Abwandlungen der Elektronenverteilung lassen nicht nur die Natur gedeihen, sondern geben auch der Industrie ihre Macht über die Stoffe. Die komplexen Reaktionen der Photosynthese beruhen auf einer winzigen Verschiebung der Elektronendichte, und jede Industrieanlage, so groß sie auch sein mag, ist nur dazu ausgelegt, bestimmte, winzige Dichteverschiebungen hervorzurufen und deren Auswirkungen freien Lauf zu lassen.

Die Elektronen des Kohlenstoffes

Faraday war imstande, die Rußbildung, das Leuchten der Flamme und die Bildung des Kohlendioxids zu verstehen und dies alles mit Scharfsinn zur Sprache zu bringen; es war ihm jedoch nicht möglich, die Details der Mechanismen zu begreifen, da dies über den Horizont seiner Wissenschaft, der klassischen Physik Newtons, hinausging. Als er einem vermutlich begeisterten Publikum seine Demonstrationsversuche präsentierte, lagen die für ihre Erklärung erforderlichen Konzepte und Grundbegriffe noch in einer 100 Jahre entfernten Zukunft. Die Fortschritte der Naturwissenschaften im 20. Jahrhundert, besonders die Einführung der Quantenmechanik, haben ein detailliertes Verständnis der chemischen Persönlichkeit eines Atoms ermöglicht. Tatsächlich sind alle chemischen Reaktionen, nicht nur die des Kohlenstoffes, materielle Auswirkungen von Quantenphänomenen.

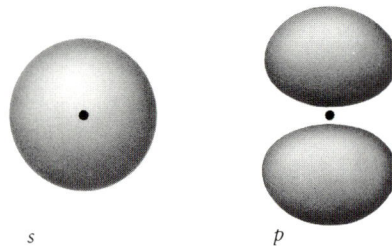

s   *p*

2.2 Atomorbitale lassen sich durch ihre Orbitalgrenzfläche, wie beim *s*-Orbital links und dem *p*-Orbital rechts, darstellen. Diese Fläche umschließt das Volumen, in dem das Elektron mit hoher Wahrscheinlichkeit anzutreffen ist.

Wir werden das Jahrhundert, in dem dieses Verständnis heranwuchs, schnell durchqueren und uns den inneren Aufbau eines Kohlenstoffatoms aus moderner Sicht vor Augen führen; aus jener Sicht, die sich aus Ernest Rutherfords Vorstellung ergab, nach der ein Atom aus Elektronen in konzentrischen Schalen um einen zentralen Kern besteht. Quantitativ überprüfbar wurde dies mit der These von Niels Bohr, nach der nur bestimmte Schalen zulässig sind; sie erlebte Mitte der zwanziger Jahre ihren Aufschwung, als Erwin Schrödinger seine Wellenmechanik formulierte, die das Elektron als Welle behandelt. Die zentrale Theorie der Quantenmechanik, auf der die moderne Beschreibung des Atombaus beruht, besagt, daß die Elektronen „Orbitale" besetzen. Strenggenommen ist das Orbital eine „Wellenfunktion", eine mathematische Funktion, die uns die Wahrscheinlichkeit angibt, mit der ein Elektron an einem beliebigen Punkt des Raumes angetroffen werden kann. Solch ein trockenes, detailliertes Zahlenwerk brauchen wir hier jedoch nicht. Es ist nämlich möglich, ein Orbital bildlich darzustellen. Dazu zeichnen wir eine Oberfläche, eine „Orbitalgrenzfläche", die das Volumen umschließt, in dem sich das Elektron am wahrscheinlichsten aufhält. Das Orbital können wir uns dann als das Volumen vorstellen, das von dieser Oberfläche eingeschlossen wird. Ein Orbital kann zu einem einzelnen Atom gehören („Atomorbital") oder — wie wir genauer sehen werden, wenn Kohlenstoffatome zu Molekülen werden — sich über mehrere Atome ausbreiten („Molekülorbital").

Von den verschiedenen Arten an Orbitalen in Atomen spielen zwei eine wesentliche Rolle bei den chemischen Reaktionen des Kohlenstoffes und der anderen Elemente, mit denen wir uns beschäftigen werden (vor allem Wasserstoff, Sauerstoff, Stickstoff und die Halogene Fluor, Chlor und Brom). Ein „*s*-Orbital" hat eine kugelförmige Orbitalgrenzfläche. Das sagt uns, daß ein Elektron mit dieser Verteilung (ein „*s*-Elektron") sich irgendwo in der Kugel befindet, die von dieser Oberfläche begrenzt wird. Die Hantelform eines „*p*-Orbitals" zeigt, daß ein *p*-Elektron auf beiden Seiten des Kerns zu finden sein kann, aber nicht in der Ebene, die die beiden Keulen der Hantel trennt.

Orbitale haben eine spezielle, quantenmechanische Eigenschaft, die sich als entscheidend für das Verhalten eines Atoms herausstellen wird: Orbitale sind

2.3 Eine Welle durchläuft im Wasser abwechselnd Bereiche positiver und negativer Auslenkung. Analog dazu hat auch das Orbital Bereiche positiven und negativen Vorzeichens. Ab jetzt werden wir die positiven Bereiche rot und die negativen grün darstellen, wie es in der Projektion unten gezeigt ist.

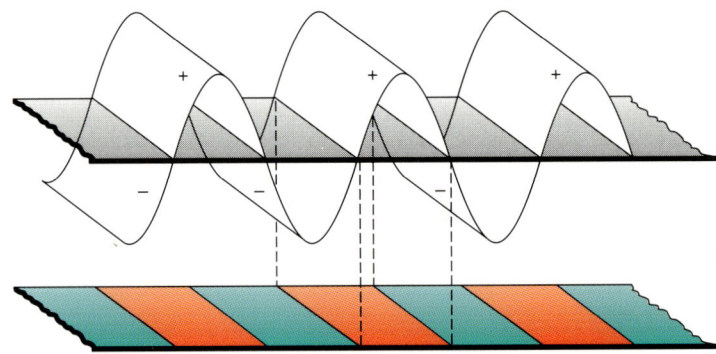

Wellen in dem Sinn, daß sie Bereiche positiven und negativen Vorzeichens besitzen. Es bietet sich die Analogie zur Wasserwelle an, die einen „positiven" Bereich besitzt, wo sie nach oben, und einen „negativen", wo sie nach unten ausgelenkt ist und ein Wellental bildet. Die positiven und negativen Vorzeichen der Bereiche eines Orbitals haben keine unmittelbare physikalische Bedeutung; anders als bei der Welle des Wassers bedeutet das positive Vorzeichen eines Orbitalbereichs *nicht*, daß dort das Elektron mit einer größeren Wahrscheinlichkeit angetroffen werden kann. Wir werden jedoch sehen, daß die Vorzeichen der Orbitalbereiche eine tiefere mittelbare Bedeutung haben und daß wir sie somit berücksichtigen müssen. Vorläufig werden wir das Vorzeichen eines Orbitalbereichs vergleichbar dem Attribut „Farbe" behandeln und werden die Farben Rot für den positiven und Grün für den negativen Orbitalbereich benutzen. Die Erkenntnis der Quantenmechanik, daß eine Elektronenverteilung „farbig" ist, stellt einen der Gründe dar für den Erfolg dieser Theorie bei der Aufklärung chemischer Reaktionen. Die klassische Physik war „farbenblind" und ignorierte, daß die Elektronenverteilung neben ihrer Gestalt auch noch eine „Farbe" besitzt.

2.4 Ein *p*-Orbital, bei dem die Vorzeichen farbig dargestellt sind. Wie in der vorhergehenden Abbildung markiert Rot die positiven und Grün die negativen Bereiche.

Noch eine weitere Eigenart der Faradayischen Kerze sollte uns in Erstaunen versetzen. Warum, so sollten wir uns fragen, existiert die Kerze als erkennbarer Gegenstand? Warum verschmelzen der Ständer, das Wachs, der Docht, die Flamme und die Atome der Luft nicht zu einem einzigen ununterscheidbaren Kontinuum, zu einem einzigen kosmischen Atom? Warum ist das Kohlenstoffatom in unserer Flamme eine Einheit, die sich von ihrer Umgebung unterscheidet? Die Antwort auf solche fundamentalen Fragen des Seins muß, unabhängig vom philosophischen Interesse, einen Bezug zu den chemischen Reaktionen haben, denn Reaktionen bewirken die Umwandlung einer diskreten Variante der Materie in eine andere. Wir könnten nicht von Atomen sprechen, wenn Atome von ihrer Umgebung nicht zu unterscheiden wären.

Unser heutiges Verständnis für die Tatsache, daß unterscheidbare Einheiten existieren und nicht alle Materie einfach in einen kosmischen Klumpen übergeht, basiert auf dem universellen Prinzip, das Wolfgang Pauli 1924 entdeckte, als er sich bemühte, gewisse Eigenschaften von Atomspektren zu deuten. Sein „Ausschlußprinzip" besagt, daß *nicht mehr als zwei Elektronen dasselbe Orbital besetzen können*. Das bedeutet, daß nicht mehr als zwei Elektronen eines der *s*-Orbitale eines Atoms besetzen, nicht mehr als zwei eines der *p*-Orbitale und so weiter. Als Folge des Ausschlußprinzips können Elektronen, die zu benachbarten Atomen gehören, nicht denselben Raum einnehmen, und können die Atome daher nicht ineinander aufgehen. So ist mit Pauli und seinem Prinzip zu erklären, warum Kerzen und Ständer voneinander zu unterscheiden sind. Darüber hinaus erhält das Kohlenstoffatom sein Volumen durch dieses Prinzip, denn seine Elektronen können nicht alle das Orbital niedrigster Energie besetzen, sondern müssen die konzentrischen Schalen der Orbitale auffüllen, die den Kern umgeben. Wir werden sehen, welche Orbitale besetzt sind, und wie die Belegung der einzelnen Orbitale in den Elementen zu deren unterschiedlichen chemischen Eigenschaften führt.

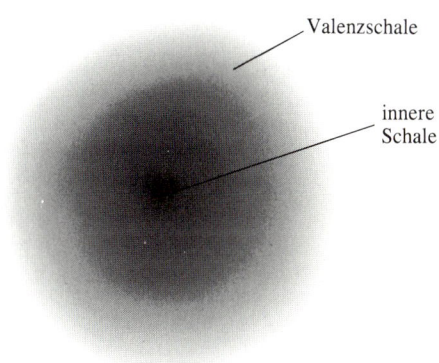

Valenzschale

innere Schale

2.5 Faradays Vorstellung von einem Kohlenstoffatom mag noch die von einer starren Kugel gewesen sein, während wir heute von einem Kern und einer inneren Schale mit zwei Elektronen ausgehen, umgeben von einer mehr oder weniger diffusen äußeren Schale mit vier Elektronen. Die hohe Elektronendichte der inneren Schale (dunkelgrau) nimmt nach außen hin ab (hellgrau).

33

Das Ausschlußprinzip von Pauli bedeutet in der Tat eine noch stärkere Einschränkung für die Elektronen, als wir bisher beschrieben haben, denn es macht auch eine Aussage über zwei Elektronen, die dasselbe Orbital besetzen. Diese Regel ergibt sich aus der Tatsache, daß das Elektron eine Eigenschaft besitzt, die man „Spin" nennt. In diesem Rahmen reicht es aus, sich den Spin als Rotation des Elektrons um die eigene Achse vorzustellen. (Tatsächlich handelt es sich nicht um eine Bewegung im vertrauten Sinne der klassischen Physik, sondern um ein rein quantenmechanisches Phänomen, das gewisse außergewöhnliche – nichtklassische – Eigenschaften aufweist.) Ein Elektron „dreht" sich mit einer bestimmten, unveränderlichen Geschwindigkeit, und alle Elektronen drehen sich mit genau der gleichen Geschwindigkeit. Diese Drehgeschwindigkeit ist genauso eine charakteristische Eigenschaft eines Elektrons wie seine Masse und seine Ladung, die ebenfalls für alle Elektronen gleich sind. Allerdings kann sich ein Elektron gemäß der Quantenmechanik in eine von zwei Richtungen drehen: Es kann einen Spin im Uhrzeigersinn (mit ↑ bezeichnet) oder gegen den Uhrzeigersinn (mit ↓ bezeichnet) besitzen.

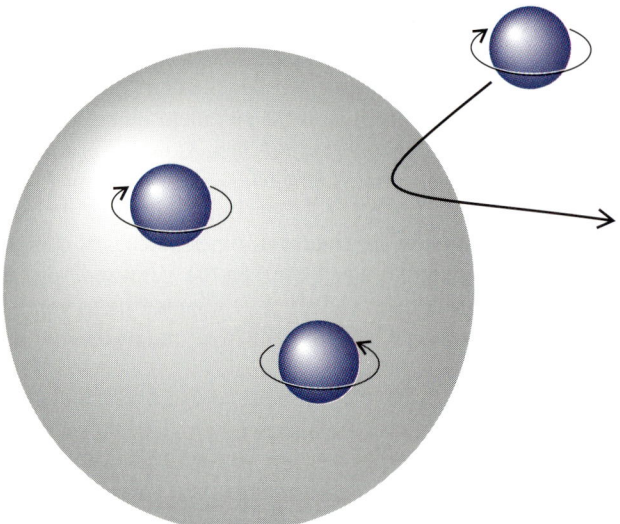

2.6 Nach dem Ausschlußprinzip von Pauli kann ein Orbital höchstens zwei Elektronen enthalten, die entgegengesetzten Spin haben müssen. Das Ausschlußprinzip ist verantwortlich für die räumliche Ausdehnung von Materie, denn es verhindert, daß große Mengen von Elektronen denselben Bereich im Raum einnehmen.

So wie das Ausschlußprinzip von Pauli die Besetzung jedes Orbitals auf zwei Elektronen begrenzt, stellt es auch sicher, daß zwei Elektronen, die ein Atomorbital besetzen, sich in entgegengesetzte Richtungen drehen müssen: Eines muß ↑-Spin haben, das andere ↓-Spin, was einen Gesamt-Spin von Null in jedem Orbital ergibt. Die klassische Mechanik wußte nichts von einem Spin. Wir werden jedoch sehen, daß durch das Paulische Ausschlußprinzip der Spin unabdingbar wird für die chemischen Eigenschaften der Materie. Faraday war hoffnungslos überfordert, denn sein klassisches Instrumentarium war völlig unzureichend, um das chemische Schicksal einer Kerze zu verstehen. (Aber wie gut konnte er die Zusammenhänge auch ohne dieses Verständnis aufzeigen!)

Wenn wir heute durch die Flamme auf das Kohlenstoffatom blicken, können wir es mit viel detaillierterem Verständnis anschauen. Ein Kohlenstoffatom hat sechs Elektronen. Weil nicht mehr als zwei Elektronen irgendein Orbital besetzen können, werden die sechs Elektronen in einer Folge von konzentrischen Schalen angeordnet, ähnlich den Schalen einer Zwiebel. Die innerste Schale des Atoms besteht aus einem einzigen s-Orbital − weil es ein Orbital (in der Tat das einzige Orbital) der ersten Schale ist, wird es als 1s-Orbital bezeichnet − mit seinen zwei Elektronen. Um diese innerste Schale liegt eine zweite Schale, die zwei Elektronen in einem 2s-Orbital enthält. Sie besitzt außerdem noch drei p-Orbitale (die 2p-Orbitale), und die restlichen beiden Elektronen des Kohlenstoffatoms besetzen zwei von ihnen (ein Elektron in jedem Orbital). Die sechs negativen Ladungen der Elektronen gleichen die sechs positiven Ladungen des Kohlenstoffkerns aus, so daß das Atom insgesamt elektrisch neutral ist.

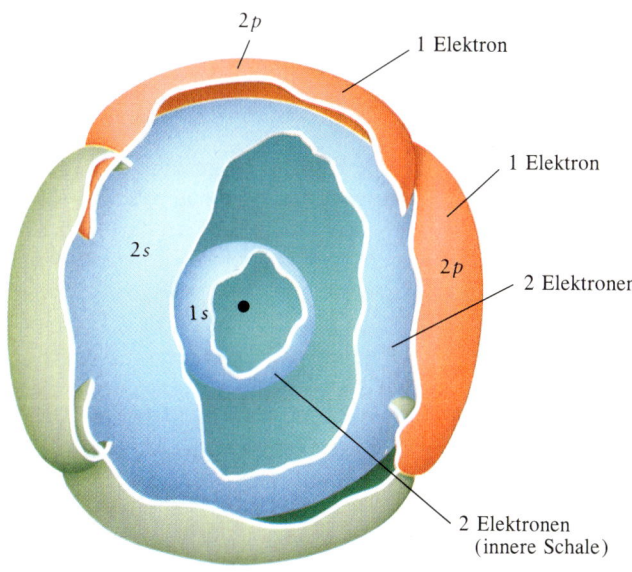

2.7 Ein so detailliertes Bild von der Struktur des Kohlenstoffatoms gab es zu Faradays Zeit noch nicht. Zwei Elektronen besetzen das 1s-Orbital und bilden die innere Schale. Zwei weitere mit gegenläufigem Spin füllen das 2s-Orbital auf. Die restlichen beiden Elektronen besetzen einzeln je ein 2p-Orbital.

Die Fähigkeit der zweiten Orbitalschale, bis zu acht Elektronen aufzunehmen (zwei Elektronen in jedem ihrer vier Orbitale, dem 2s- und den drei 2p-Orbitalen), wird sich als zentrales, verbindendes Prinzip der Chemie herausstellen. Ein typisches Atom − wie der Kohlenstoff − besteht aus einer oder mehreren vollständigen inneren Schalen von Elektronen und einer unvollständigen äußeren Schale mit mehreren Elektronen, die diesen inneren „Rumpf" umgeben. Die Elektronen in der äußersten Schale werden „Valenzelektronen" genannt, weil sie überwiegend für die „Valenz" des Atoms verantwortlich sind, das heißt für seine Fähigkeit, chemische Bindungen auszubilden, die das Atom an andere Atome koppeln, wenn Reaktionen neue Formen der Materie schaffen. „Vale!" („Sei stark") sagten die Römer, wenn sie sich verabschiedeten, und der entscheidende Aspekt einer chemischen Bindung ist ihre Stärke.

Die Valenzelektronen bestimmen, wie stark eine Bindung ist und ob sie sich bildet oder ob sie sich spaltet. In praktisch allen chemischen Umwandlungen ist die Valenzschale eines Atoms das Aktionszentrum einer Reaktion. Beim Kohlenstoffatom in der Flamme sind es die vier Valenzelektronen, die sein Schicksal bestimmen.

Die Bildung von Bindungen

Chemische Reaktionen sind Vorgänge, bei denen alte Bindungen zwischen Atomen gebrochen und durch neue Bindungen zu anderen Atomen ersetzt werden. Faradays Kerzenwachs ist aus Molekülen aufgebaut, die zum größten Teil aus Ketten aneinander gebundener Kohlenstoffatome bestehen, jede ungefähr 30 Atome lang, wobei an jedes Kohlenstoffatom zwei oder drei Wasserstoffatome gebunden sind. Wenn das Wachs im Docht hochsteigt und verbrennt, werden die Bindungen zwischen den Kohlenstoffatomen sowie zwischen Kohlenstoff und Wasserstoff gespalten. Die stürmischen Turbulenzen in dieser Feuersbrunst sind äußerst heftig – vor allem auf der atomaren Ebene, wo selbst für eine sanft flackernde Flamme so gewaltige Kräfte entfesselt werden, daß die Moleküle in Bruchstücke, sogar in einzelne Atome, gespalten werden. Viel später werden wir einige Details dieser Spaltung kennenlernen, aber zunächst wollen wir uns auf zwei mögliche Bruchstücke konzentrieren: das Kohlenstoff- und das Wasserstoffatom. Wir gehen von der Annahme aus, daß diese Atome dazu bestimmt sind, sich miteinander zu verbinden, und erforschen, was es für CH- und C_2-Bruchstücke bedeutet, wenn sie sich in der Flamme bilden.

Atome verbinden sich miteinander, weil entweder ein Atom ein Elektron an das andere abgibt oder weil zwei Atome Elektronen miteinander teilen. Für den Kohlenstoff, den Meister im Schließen von Kompromissen, ist die Hauptbindungsart die letztere. Um zu sehen, warum er diesen Mittelweg beschreitet, wird es hilfreich sein, den ersten Bindungstyp näher zu betrachten, der von chemisch reaktiveren Elementen wie Natrium und Chlor verwirklicht wird.

Ein Atom, das nur ein oder zwei Valenzelektronen besitzt, kann sie leicht abgeben, denn sie werden nur schwach vom Kern festgehalten, der tief im Elektronenrumpf verborgen ist. Sind Elektronen verlorengegangen, wird die posi-

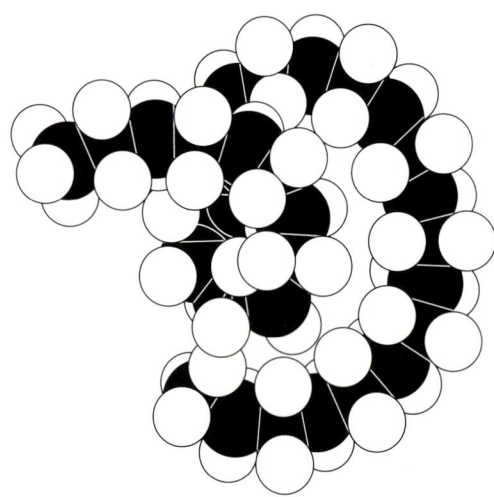

ein wachsartiger Kohlenwasserstoff. $C_{30}H_{62}$

2.8 Zwei Atome (links) können auf zwei verschiedene Weisen miteinander eine Bindung eingehen. Ein Atom kann ein Elektron an das unvollständige Orbital eines anderen Atoms abgeben (Mitte). Das Atom, das ein Elektron abgibt, wird zum Kation (ein Ion mit positiver Ladung) und das Atom, das ein Elektron aufnimmt, wird zum Anion (ein Ion mit negativer Ladung). Beide Ionen ziehen sich durch ihre entgegengesetzte Ladung an. Der andere Weg besteht darin, daß die beiden Atome sich zwei Elektronen teilen (rechts) und so eine kovalente Bindung miteinander eingehen.

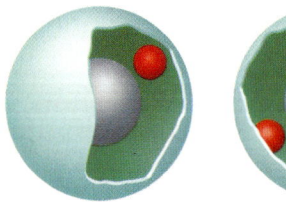

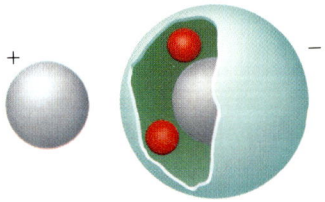
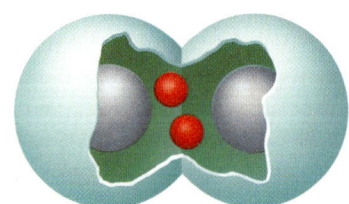

tive Kernladung nicht länger durch die negative Elektronenladung ausgeglichen. Deshalb wird ein Atom, das Elektronen abgibt, zu einem positiv geladenen „Ion“, zu einem „Kation“ (Faradays Bezeichnung). Natrium ist chemisch reaktiv in diesem Sinne und neigt zur Bildung von Kationen, denn es hat nur ein einziges Valenzelektron außerhalb eines Rumpfes von zehn Elektronen; Calcium ist ähnlich reaktiv und hat zwei Elektronen außerhalb eines Rumpfes von 18 Elektronen.

Die Tatsache, daß ein Element leicht seine Elektronen abgeben kann, ist ein Zeichen dafür, daß es metallisch ist. Metalle bestehen aus einem Kationengitter, durchströmt von einer Wolke aus Elektronen, die aus den Valenzschalen ihrer Herkunftsatome stammen. Wenn wir uns selbst in einem Spiegel betrachten, sehen wir die Schwingungen der beweglichen Elektronen in der metallischen Spiegelrückseite. Wenn wir ein Metall in Form hämmern, drücken wir die Kationen durch die nachgebende Elektronenwolke aneinander vorbei. Wenn ein Metall reagiert – wenn zum Beispiel Natrium in Wasser umhersaust oder Eisen still korrodiert – gibt es seine Elektronen ab. Der Verlust eines Elektrons kann den Charakter eines Atoms bis zur Unkenntlichkeit entstellen, denn eine Verbindung wie Natriumchlorid (Tafelsalz), das Natriumionen enthält, ist dem Ursprungsmetall Natrium vollkommen unähnlich. Gerade diese Umwandlung der chemischen Persönlichkeit beim Verlust auch nur eines einzigen Elektrons liegt dem Reichtum der Formen zugrunde, die sich aus den Reaktionen entwickeln können. Denn die Übergabe eines Elektrons kann eine Substanz vollkommen verändern. Die Verwüstungen, die der Rost anrichtet, beruhen auf dem Verlust von nicht mehr als drei Elektronen.

Elektronen, von Atomen wie dem Natrium freigesetzt, können auf ein anderes Atom übertragen werden, wenn dieses Atom die angebotenen Elektronen in einer unvollständigen Valenzschale aufnehmen kann. Das Atom, das die Elektronen aufnimmt, wird zum negativ geladenen Ion, zum „Anion“. Die Aufnahme eines Elektrons verwandelt ebenfalls die chemische Persönlichkeit einer Substanz. Wenn Chlor mit Natrium zu Natriumchlorid reagiert, hat die Aufnahme eines Elektrons die Umwandlung eines giftigen, fahlgrünen Gases in einen farblosen, weißen Festkörper zur Folge, der einen wesentlichen Bestandteil unserer Nahrung darstellt.

Nachdem ein Metallatom ein oder zwei Elektronen an ein anderes Atom abgegeben hat, ziehen sich die entgegengesetzten Ladungen des neu gebildeten Kations und Anions an und halten die beiden Ionen in einer „Ionenbindung“ zusammen. Eine große Anzahl von Ionen kann sich unter dem Einfluß ihrer wechselseitigen Anziehung zusammendrängen. Das Ergebnis der Reaktion zwischen Natrium und Chlor ist ein Natriumchloridkristall, der aus einer Ansammlung riesiger Mengen von Natriumkationen und Chloridanionen besteht.

2.9 Silberglänzendes Natriummetall reagiert mit dem fahlen gelbgrünen Gas Chlor zu einem weißen, kristallinen Festkörper, dem Natriumchlorid. Beide Reaktionspartner sind gefährliche Chemikalien, doch Natriumchlorid ist gewöhnliches Tafelsalz.

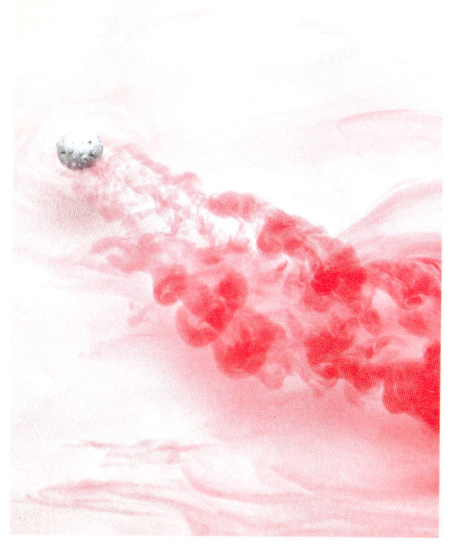

2.10 Natrium hat ein Elektron außerhalb des Rumpfes und gibt es bereitwillig an andere Teilchen ab. Das ist einer der Gründe, warum es so heftig mit Wasser unter Bildung von Wasserstoffgas reagiert.

Die Energie ist das entscheidende Kriterium, ob zwei Elemente eine Ionenbindung bilden können. Energie wird immer benötigt, um ein Elektron zu entfernen und ein Kation zu bilden. Sie wird manchmal auch benötigt, um ein Elektron auf ein Atom zu übertragen und ein Anion zu bilden. Die benötigte Gesamtenergie ist gering, wenn das Elektron von einem chemisch reaktiven Metall entfernt und in eine unvollständige Valenzschale eines anderen Atoms übertragen wird. Eine Bindung bildet sich dann, wenn diese Bindungsbildung letztlich mehr Energie freisetzt, als aufgewendet wurde. Wenn der Bedarf an Gesamtenergie klein ist, kann es sein, daß aus Ionen, die sich gegenseitig stark anziehen, viel mehr Energie gewonnen, als bei der Bildung der Ionen verbraucht wird. Das ist dann der Fall, wenn sie so klein sind, daß ihre Ladungen nicht weit voneinander entfernt sind.

Der Kohlenstoff und andere nichtmetallische Elemente geben anderen Atomen nur widerwillig Elektronen ab, denn sie halten ihre Elektronen durch die hohe Kernladung fest. Obwohl sie nicht leicht Kationen bilden können, sind sie in der Lage, Elektronen mit ihren Partnern zu *teilen* und „kovalente Bindungen" auszubilden. Eine kovalente Bindung besteht aus zwei Elektronen, die sich vorwiegend zwischen den beiden Kernen aufhalten. Die Elektronen wirken als eine Art elektrostatischen Leims, der die Atome zusammenhält. Kovalente Bindungen sind der Zement, der Atome in unterscheidbare Moleküle zusammenbindet. So besteht das Wasserstoffmolekül H_2 aus zwei Protonen – den Kernen der Wasserstoffatome –, die von einem Elektronenpaar zusammengehalten werden, das sich hauptsächlich zwischen ihnen aufhält. Wir können das Wasserstoffmolekül als H—H schreiben, wobei der Strich das gemeinsame Elektronenpaar symbolisiert. Im CH-Fragment, das sich vorübergehend in der Flamme bildet, teilen sich ein Kohlenstoff- und ein Wasserstoffatom das Elektronenpaar, das sie zusammenhält. Die Bindung wird geschrieben als C—H. Nahezu alle Stoffe, denen wir begegnen werden, alle Gewebe, Nahrungsmittel, Gase und Arzneimittel des täglichen Lebens, bestehen aus kovalent verknüpften Molekülen.

In dem kovalent gebundenen C_2-Fragment werden die Elektronen gerecht zwischen den beiden Atomen geteilt, aber im CH-Fragment liegen sie etwas näher am Kohlenstoffatom. Wie gleichmäßig ein Elektronenpaar verteilt ist, hängt von der „Elektronegativität" des jeweiligen Elementes ab. Der amerikanische Chemiker Linus Pauling hat dieses Konzept eingeführt und als die Kraft definiert, mit der ein Atom eines Elementes in einer Verbindung Elektronen zu sich herüberzieht. Große Elektronegativität ergibt sich aus einer hohen Kernladung in Verbindung mit einem kleinen Atomdurchmesser, denn beide Eigenschaften wirken gleichsinnig und verstärken die Anziehungskraft auf Elektronen. Fluor ist das elektronegativste Atom, und im allgemeinen sind die Elemente mit hoher Elektronegativität seine Nachbarn im Periodensystem (besonders Stickstoff, Sauerstoff und Chlor). Verschiebungen in der Elektronendichte, die auf Unterschieden in der Elektronegativität beruhen, sind üblicherweise sehr gering (vor allem im Fall der C—H-Bindungen, denn die Elektronegativitäten dieser beiden Elemente sind nicht stark verschieden).

Trotzdem ergeben sich aus winzigen Erhöhungen oder Erniederungen der Elektronendichte weitreichende Konsequenzen, wie wir noch sehen werden.

Die Elektronegativität von Kohlenstoff ist ein weiteres Maß für die bedeutsame Mittelmäßigkeit des Elements, denn sein Wert liegt etwa in der Mitte zwischen dem des aggressivsten Elektronenfängers (Fluor) und dem des großzügigsten Elektronenspenders (dem extrem reaktionsfreudigen Metall Cäsium). Ein Kohlenstoffatom stellt in bezug auf die Elektronen wenig Ansprüche an seine Nachbarn in einem Molekül: Weder zieht es besonders habgierig Elektronen ab, noch lädt es sie ihnen auf. Kohlenstoff ist ein Atom für das ruhige Leben.

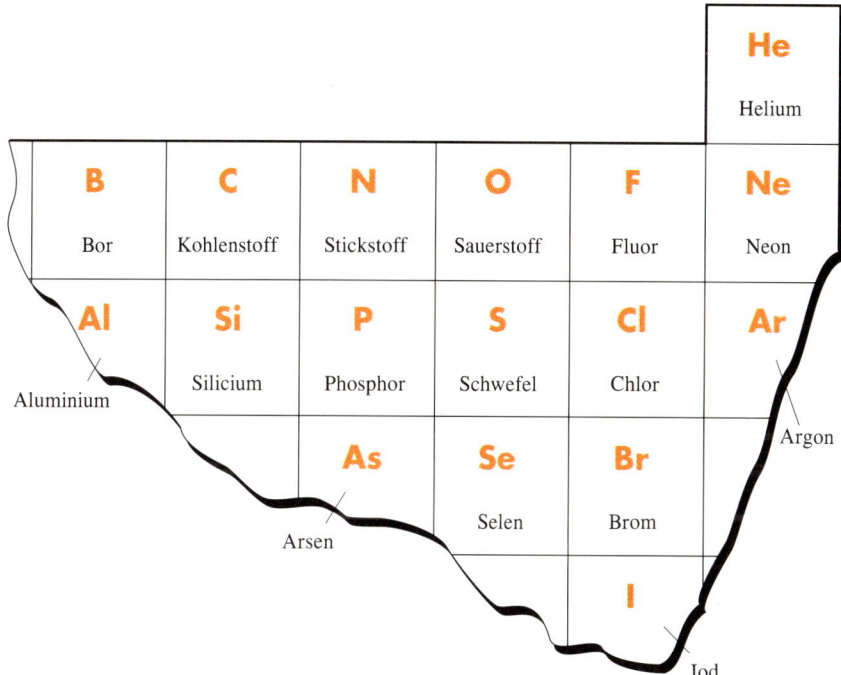

2.11 Ausschnitt des Periodensystems, aus dem sich Ähnlichkeiten und Regeln im Vergleich der Elemente untereinander ergeben. Benachbarte Elemente sind auch in ihren Eigenschaften ähnlich, besonders, wenn sie in einer Spalte stehen. Die meisten der hier behandelten Elemente gehören zu dem Tabellenausschnitt.

Die Anzahl kovalenter Bindungen, die ein Atom ausbilden kann, wird durch die Zahl der Orbitale und Elektronen in seiner Valenzschale beschränkt. Das Wasserstoffatom, das nur das $1s$-Orbital als Valenzschale besitzt, kann höchstens zwei Elektronen unterbringen, bis seine Schale aufgefüllt ist. Es ist daher lediglich in der Lage, eine einzige kovalente Bindung auszubilden. Darum ist ein Kohlenwasserstoffmolekül, wie es im Kerzenwachs vorliegt, gespickt mit Wasserstoffatomen, denn sobald ein Wasserstoffatom sich an ein Kohlenstoffatom der Kette gebunden hat, ist seine Kapazität zur Bindungsbildung erschöpft. Kohlenstoff besitzt (wie auch Stickstoff, Sauerstoff und Fluor) s- und p-Orbitale in seiner Valenzschale. Es hat Platz für acht Elektronen und kann bis zu vier kovalente Bindungen mit anderen Elementen eingehen. Das ermöglicht dem Kohlenstoff, Ketten und Netzwerke zu bilden, wenn sich seine

Atome zu komplexen Mustern verknüpfen. Der Diamant stellt den Idealfall dieser Fähigkeit dar, vier Bindungen einzugehen. Der einzelne Diamant ist wie ein riesiges Molekül, in dem jedes Kohlenstoffatom vier Nachbarn besitzt, die auf den Ecken eines Tetraeders liegen. So hat der Kristall die Struktur eines starren dreidimensionalen Gerüstes. Moleküle, in denen die Kohlenstoffatome kurze Ketten und kleine Ringe bilden, gelten eher als typisch, haben aber auch stets vier Bindungen an jedem Kohlenstoffatom aufzuweisen. Ein weiteres Stadium im Lebenslauf unseres Kohlenstoffatoms könnte die Bindung an Sauerstoff sein. Ein Sauerstoffatom hat sechs Elektronen in seiner Valenzschale und benötigt zwei weitere Elektronen, um seine Schale zu vervollständigen. Es kann diese Elektronen erhalten, indem es an den Elektronen zweier anderer Atome partizipiert, wie bei der Bildung von HOH, dem Wasser, einem Produkt der Verbrennung, der Fall ist. Als zweite Möglichkeit kann es sich die Elektronen mit nur einem anderen Atom teilen. Man beachte wieder, wie die Bildung einer neuen Bindung – die Reorganisation des Musters, nach dem sich Elektronen paarweise arrangieren – den Charakter einer Substanz verwandeln kann; so wie es geschieht, wenn Wasserstoffatome vom Sauerstoff aus dem Kohlenwasserstoff herausgerissen werden und sich Wasser bildet. Wenn wir für diese drastische Änderung eine Erklärung suchen, werden wir sie im Ortswechsel eines Elektrons finden.

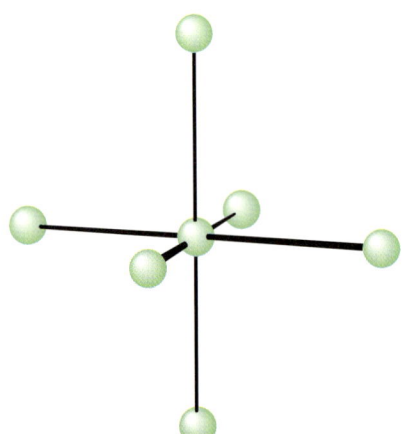

Schwefelhexafluorid, SF_6

Eine allgemeingültige Faustregel der Chemie, die „Oktettregel", besagt, daß Atome so viele Bindungen ausbilden, bis sie ihre Valenzschale mit acht Elektronen (beziehungsweise zwei beim Wasserstoff) aufgefüllt haben. Diese Regel erweist sich bei den Elementen, denen wir demnächst begegnen werden (dazu gehören Kohlenstoff, Stickstoff, Sauerstoff und Fluor), als gut anwendbar. Sie haben vier Orbitale in ihren Valenzschalen und können daher acht Elektronen aufnehmen. Jedoch kann diese Regel bei anderen Elementen in die eine oder in die andere Richtung durchbrochen werden, indem ein Atom seine Valenzschale vergrößert, um mehr Bindungen zu ermöglichen, oder indem ein Atom in einem Molekül die volle Valenzschale nicht erreicht. So sind manche Atome (unter ihnen Silicium, Phosphor und Schwefel) groß genug, um bis zu sechs Atome um sich herum anzuordnen und recht fest zu binden (wie zum Beispiel in der Verbindung Schwefelhexafluorid, SF_6, die so stabil ist, daß man sie als Isoliergas in elektrischen Schaltkästen benutzen kann). Andere Atome sind so klein, daß es nur wenig vorteilhaft für sie ist, acht Elektronen zu erwerben; so geben sie sich mit sechs zufrieden. Deshalb hat das kleine Boratom in der Verbindung Bortrifluorid (BF_3) nur sechs Elektronen in seiner Valenzschale.

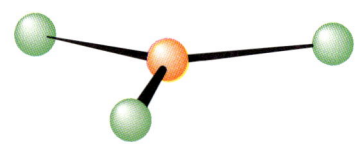

Bortrifluorid, BF_3

Obwohl diese Seitenwege in den Bindungsverhältnissen zu abgelegen erscheinen mögen, um von praktischer Bedeutung zu sein, ist das ganz und gar nicht der Fall. Bortrifluorid zum Beispiel wird in beträchtlichen Mengen von der chemischen Industrie hergestellt. Wie wir noch sehen werden, kann eine Besonderheit der Struktur – wie etwa ein unvollständiges Oktett – von einem Chemiker zu seinem Vorteil verwendet werden; zum Beispiel wenn er versucht, eine ungewöhnliche Modifikation einer Struktur zu erzwingen oder wenn er eine sonst träge Reaktion erleichtern will. Die chemische Attraktivität von Bortrifluorid wird im dritten Kapitel deutlich werden. An dieser Stelle ist wichtiger, daß Kohlenstoff im Periodensystem Bor und Silicium als Nachbarn hat. Kohlenstoff befindet sich an der Schwelle: Er kann wie Silicium elektronenreich oder wie Bor elektronenarm sein.

Wenn sich unser Kohlenstoffatom mit einem anderen verbindet, kann es dies tun, indem es mehr als ein Elektronenpaar teilt und „Mehrfachbindungen" ausbildet. Zwei Atome können sich ein, zwei oder drei Elektronenpaare miteinander teilen und so eine Einfach-, Doppel- oder Dreifachbindung formen. Die C—H-Bindung im CH-Molekül und beide O—H-Bindungen in einem Wassermolekül sind Einfachbindungen; im Kohlendioxid jedoch gibt es Doppelbindungen zwischen dem Kohlenstoffatom und den Sauerstoffatomen, die als $O{=}C{=}O$ geschrieben werden, wenn wir die Bindungsverhältnisse zeigen wollen. Das C_2-Molekül schreiben wir dann als $C{=}C$. Atome werden durch eine Doppelbindung stets fester gebunden als durch eine Einfachbindung. Die Mehrfachbindung des Stickstoffmoleküls $N{\equiv}N$ ist der Hauptgrund für die beachtliche Reaktionsträgheit dieses Elements und für die Tatsache, daß es als reaktionsträges Gas den gefährlichen Sauerstoff der Atmosphäre verdünnen kann.

In diesem Zusammenhang ist eine weitere Besonderheit des Kohlenstoffes erwähnenswert. Dieses scheinbar so unschuldige Atom, das da in der Flamme schwebt, kann einen Trumpf aus dem Ärmel schütteln: eine $C{=}C$-Doppelbindung ist nicht so stark wie zwei C—C-Einfachbindungen. Diese Tatsache ist von grundlegender Bedeutung für das Verständnis vieler Reaktionen organischer Verbindungen, denn es kann sich als vorteilhaft erweisen (in dem Sinne, daß ein energieärmerer Zustand erreicht werden kann), wenn ein organisches Molekül eine seiner Mehrfachbindungen aufbricht und sie durch mehrere Einfachbindungen ersetzt. In der Tat sind $C{=}C$-Mehrfachbindungen sehr empfindliche Stellen organischer Moleküle, und wenn unser Atom über Mehrfachbindung an ein Molekül gebunden ist, liefert es sich jedem chemischen Mißbrauch aus.

Daß Einfach- und Mehrfachbindungen über die theoretischen Betrachtungen eines Chemikers hinaus Bedeutung haben, zeigt sich an dem alltäglichen Vorgang der Verbrennung eines Brennstoffes und insbesondere an Faradays Demonstration mit der Kerze. Die Hitze der Flamme ist Ausdruck einer Umorganisation von Bindungen: Der wilde Wirbel einer Feuersbrunst ist die äußere Wirkung einer bloßen Verschiebung von Elektronen. Einige der Veränderungen verstehen wir dann, wenn wir die Verbrennung von Methan (CH_4) betrachten, dem Hauptbestandteil des Erdgases und einem nahen Verwandten des Kerzenwachses. In dieser Reaktion verbindet sich ein Molekül Methan mit zwei Molekülen Sauerstoff, die aus der umgebenden Luft stammen. Der Nettogewinn an Energie, den diese Reaktion ergibt, kann aus der folgenden Gewinn- und Verlustrechnung abgeleitet werden. Der Gewinn stellt dabei die freigesetzte Energie bei der Ausbildung einer Bindung dar, und der Verlust bezeichnet diejenige Energie, die zur Spaltung einer Bindung aufgewandt werden muß (die Zahlenangaben stammen aus gesonderten Messungen der Bindungsstärken):

	Verlust in Kilojoule		Gewinn in Kilojoule
Spaltung von vier C—H-Bindungen	1648	Bildung von zwei C=O-Doppelbindungen	1486
Spaltung von zwei O=O-Bindungen	992	Bildung von vier H—O-Bindungen	1852
Summe	2640		3338
		Nettogewinn:	698

Die Gesamtreaktion ist energetisch günstig, denn obwohl eine beachtliche Energiemenge in die Abtrennung der Atome von ihren Nachbarn gesteckt werden muß, ist der Gewinn aus dieser Aufwendung beträchtlich, sobald die freigesetzten Atome neue Partnerschaften eingehen. Eine Hauptquelle der Verbrennungsenergie ist die hohe Stabilität der C=O-Doppelbindungen, die sich aus der geringen Größe der beiden Atome ableitet und aus der Fähigkeit der Bindungselektronen, mit beiden Kernen in intensive Wechselwirkung zu treten. Das Licht der Flamme und die Wärme, die Faradays Kerze erzeugten, entstanden aus der Freisetzung von Wärmeenergie als Folge dieser Umordnung der Partnerschaften der Atome. Besonderen Anteil daran hat der Ersatz von C—H- und C—C-Bindungen durch die stärkeren C=O- und O—H-Bindungen.

Einsame Elektronenpaare

Nicht alle Valenzelektronen müssen an der Bindungsbildung teilnehmen. Ein Fluoratom hat sieben Valenzelektronen, aber wenn zwei Fluoratome sich zu dem Fluormolekül F_2 verbinden, werden nur zwei der insgesamt 14 Valenzelektronen eingesetzt, um die Bindung zu bilden. Die übrigen zwölf Valenzelektronen verbleiben als sechs „einsame Elektronenpaare", drei an jedem Atom. Wenn wir die Gegenwart von einsamen Elektronenpaaren besonders herausstellen wollen, schreiben wir die Struktur des Moleküls als $:\ddot{F}—\ddot{F}:$, wobei jeder Punkt für ein nichtbindendes Elektron steht.

Einsame Elektronenpaare in einem Molekül sind alles andere als unbeteiligte Zuschauer. Aus der Gegenwart von einsamen Elektronenpaaren an den Fluoratomen können wir einen der Gründe für die außergewöhnliche Reaktivität von Fluorgas ablesen, eine Reaktivität, die es bis zur Mitte dieses Jahrhunderts zu einer Laboratoriumskuriosität machte, bis schließlich seine Bedeu-

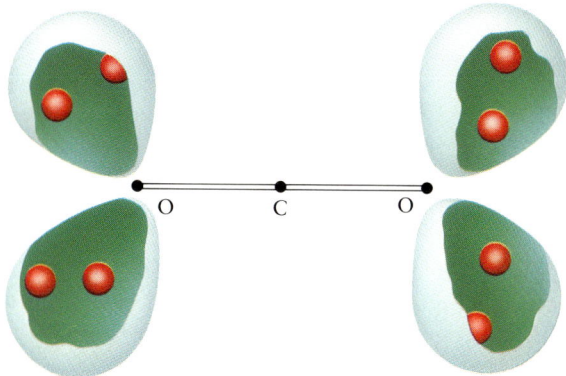

2.12 Jedes Sauerstoffatom ist im CO_2-Molekül über eine Doppelbindung an das zentrale Kohlenstoffatom gebunden und bildet mit seinen restlichen vier Elektronen pro Valenzschale zwei einsame Elektronenpaare, die von den Atomen wegzeigen, wie es hier dargestellt ist. Die kleinen roten Kugeln geben Elektronen wieder und die Orbitalgrenzflächen hüllen das Volumen ein, in dem sich die Elektronenpaare aufhalten.

tung für die Reinigung und Aufbereitung von Uran das Zögern der Chemiker, mit ihm umzugehen, überwand. Ihre wachsende Vertrautheit mit diesem Stoff führte zur Entdeckung mehrerer wichtiger Verbindungsklassen, darunter die im allgemeinen umweltschädlichen Fluorchlorkohlenwasserstoffe, die in Sprühdosen, Kühlschränken und Klimaanlagen eingesetzt werden, und die nützlichen Polytetrafluorethylen-Kunststoffe, die als Antihaftbeschichtung für Küchengeräte dienen.

Warum ein F_2-Molekül so leicht in die hochreaktiven Fluoratome zerfällt, ist leicht zu verstehen: Fluoratome sind klein (sie haben nur jeweils neun Elektronen, die von der Kernladung stark angezogen werden). Deshalb müssen sich die Fluoratome sehr nahekommen, damit überhaupt eine Bindung möglich wird. Diese Nähe der Atome bringt jedoch die einsamen Elektronenpaare der benachbarten Atome so eng zusammen, daß sie sich gegenseitig stark abstoßen. Das Molekül ist aus diesem Grund wie eine Feder gespannt und die Atome fliegen leicht wieder auseinander. Das Chlormolekül Cl_2 besitzt eine ganz ähnliche Struktur, $:\overset{..}{\underset{.}{Cl}}-\overset{..}{\underset{.}{Cl}}:$, mit drei einsamen Elektronenpaaren an jedem Atom, aber es ist viel weniger reaktiv. Da ein Chloratom viel größer als ein Fluoratom ist, wird die Cl—Cl-Bindung bedeutend länger, und die einsamen Elektronenpaare stoßen sich darum weniger stark ab.

Ein einsames Elektronenpaar kann sich direkt an einer chemischen Reaktion beteiligen. Kurz gesagt, stellt ein einsames Elektronenpaar ein Elektronenreservoir dar, das dazu eingesetzt werden kann, an einer Bindung teilzunehmen: Ein einsames Elektronenpaar an einem Atom wirkt wie ein Stoßtrupp, der einen Ort positiver Ladung in einem Molekül ausfindig machen und eine Bindung mit dem Atom eingehen kann, das diese Ladung trägt. Eine Strategie für Reaktionen in der organischen Chemie besteht zum Beispiel darin, Elektronen aus der Nachbarschaft eines bestimmten Kohlenstoffatoms abzuziehen und dann ein einsames Elektronenpaar an einem Atom einer anderen Gruppe zu dieser ungeschützten positiven Ladung zu führen, ganz so, wie man einen Fisch durch einen Köder lockt.

Molekülorbitale

Die Vorstellung von der kovalenten Bindung als einem Elektronenpaar, das sich im Bereich zwischen den Atomen befindet, die es verbindet, ist noch sehr urwüchsig: Der große amerikanische Chemiker G. N. Lewis hat es 1916 vorgeschlagen, lange bevor die Quantenmechanik formuliert wurde. Tatsächlich beschränken sich Elektronen nicht streng auf einzelne Paare von Atomen, sondern besetzen Orbitale, die sich im allgemeinen über das ganze Molekül erstrecken. Wenn wir sagen, daß sich ein Elektronenpaar zwischen zwei Kernen befindet, wie im CH-Fragment, meinen wir eigentlich, daß es über das ganze Molekül verteilt sein kann, sich aber mit großer Wahrscheinlichkeit zwischen den beiden Kernen aufhält.

Als eine wichtige Folge dieser „Delokalisation" von Elektronenpaaren können Einflüsse durch das gesamte Molekül übermittelt werden, und der Ersatz eines Atoms an einem Ort durch ein anderes kann mehrere Bindungslängen entfernt eine Wirkung ausüben. Wieder sehen wir, daß die Chemie Fingerspitzengefühl erfordert, denn die Vorgänge am Reaktionszentrum können von Ereignissen beeinflußt werden, die an einem weit entfernten Teil des Moleküls stattfinden.

Ganz nebenbei (aber es ist von entscheidender Wichtigkeit) begreifen wir jetzt, warum das Elektronenpaar die Konstruktionseinheit der chemischen Bindung darstellt. Wir haben gesehen, daß das Paulische Ausschlußprinzip

2.13 Der amerikanische Chemiker Gilbert Newton Lewis (1875 – 1946).

die Anzahl der Elektronen in einem Orbital auf zwei begrenzt. Dieses Prinzip gilt auch für Molekülorbitale: Höchstens zwei Elektronen können ein Molekülorbital besetzen, gleichgültig, wie weit es delokalisiert ist. Deshalb besteht dieser elektrostatische Leim, der das Molekül zusammenhält, aus zwei Elektronen in einem Orbital. Wie in einem Atomorbital müssen diese beiden Elektronen so gepaart sein, daß sie entgegengesetzten Spin aufweisen. Deshalb hat ein Elektron in der kovalenten Bindung ↑-Spin und das andere ↓-Spin. In den meisten Verbindungen sind alle Elektronen gepaart, so daß sich kein Anzeichen eines Spins zeigt, wenn wir uns lediglich für die äußeren Erscheinungen interessieren (ganz ähnlich der Blindheit der klassischen Mechanik für die „Farbe" einer Elektronenverteilung). Sobald wir aber über die Einzelheiten der Bindungsbildung nachdenken, müssen wir darüber hinaus beachten, daß eine Bindung sich aus zwei Spins zusammensetzt, die sich gegenseitig aufheben.

Wir können Molekülorbitale genauso wie die Atomorbitale durch Orbitalgrenzflächen darstellen. Wollten wir die Molekülorbitale für die CH- und C$_2$-Moleküle konstruieren oder für irgendeines der komplizierteren Moleküle, denen wir später begegnen werden, so müßten wir die Schrödinger-Gleichung lösen. Es ist dieselbe Gleichung, die wir lösen, um die Orbitale der Einzelatome zu finden, jetzt aber aufgeschrieben für alle Elektronen und Kerne, die in einem Molekül vorhanden sind. Weil diese Berechnungen sehr aufwendig sind, haben die Chemiker eine qualitative Vorgehensweise entwickelt, die „LCAO-Methode" (lineare Kombination von Atomorbitalen). Sie erlaubt ihnen, ohne detaillierte Berechnungen hinreichend genaue Näherungen für die Orbitale zu konstruieren. Die Argumente, die sie dabei benutzen, sind wesentlich für ein Verständnis der Molekülstruktur und deshalb auch der chemischen Reaktionen.

Als Faraday so wissensdurstig in seine Kerzenflamme blickte und sich durch sie inspirieren ließ, konnte er sich die Struktur der Einheiten, die er beschrieb, nicht vorstellen — es sei denn als winzige, umhersausende und -springende Kügelchen. Er hätte sich auch, so denke ich, nicht wohlgefühlt mit dem Aufwand an Mathematik, der für die gegenwärtigen detaillierten Beschreibungen der Molekülstruktur getrieben werden muß. Allerdings, so vermute ich, hätte ihm die qualitative Beschreibung von Molekülstrukturen doch gefallen können, die die Chemiker als ein Handwerkszeug für ihr eigenes Verständnis entwickelt haben. Er hätte in seine Kerzenflamme blicken und sich damit die strukturellen Besonderheiten der Moleküle *vorstellen* können, die sich in ihr bildeten und zu ihrer Helligkeit beitrugen.

Faraday hätte mit der Konstruktion von angenäherten Molekülorbitalen unter Zuhilfenahme der LCAO-Methode wenig Schwierigkeiten gehabt, denn diese Methode macht die Molekülorbitale einer bildlichen Darstellung leicht zugänglich. In der LCAO-Näherung werden Molekülorbitale durch Überlagerung der Valenzschalen-Atomorbitale der beteiligten Atome konstruiert. Angenommen, wir sollten das Orbital konstruieren, das an der Bindungsbildung im CH-Fragment beteiligt ist. Wir würden ein $2p$-Orbital des Kohlenstoffatoms und sein einzelnes Elektron zeichnen und das $1s$-Orbital des benachbarten Wasserstoffatoms mit seinem einzelnen Elektron. Wir könnten uns dann vorstellen, daß diese beiden wellenartigen Bereiche sich vermischen – der Fachausdruck ist „überlappen" – und ein zusammengesetztes Orbital bilden, das sich über beide Atome ausdehnt und von einem Elektronenpaar besetzt wird.

Diese Beschreibung des CH ist allerdings unvollständig, weil wir nicht all die anderen Orbitale in Betracht gezogen haben, die durch die Überlappung der Atomorbitale zustande kommen und auch zur Bindung beitragen. Ein allgemeingültiges Merkmal der LCAO-Methode besteht darin, daß aus N Atomorbitalen N Molekülorbitale entstehen. Wir vermissen also ein Orbital, da in CH $N=2$ ist. Um zu verstehen, wie es dazu kommt, müssen wir einen *quantenmechanischen* Gesichtspunkt untersuchen, der sich als Schlüssel für das Verständnis des Verlaufs zahlreicher Reaktionen erweisen wird (nicht aber, zugegeben, unbedingt zu der Einführung in Laboratorien und Küchen geeignet ist, wo werkelnde und arglose Chemiker ohne die zahllosen Instrumente der Quantentheorie trotzdem sehr erfolgreich arbeiten).

Die zwei überlappenden Atomorbitale können sich, wie alle sich überlagernden Wellen, verstärken oder auslöschen, je nachdem ob ein Berg mit einem Berg oder ein Berg mit einem Tal zusammenfällt. Die beiden Überlagerungen bezeichnen wir mit 1σ (dem Ergebnis der konstruktiven Interferenz zwischen Bereichen derselben „Farbe") und 2σ (dem Ergebnis der destruktiven Interferenz zwischen Bereichen verschiedener „Farben"). Das 1σ-Orbital wird durch die quantenmechanische, wellenartige Interferenz im Bereich zwischen den Kernen stark ausgeprägt, so daß seine Elektronen in einer günstigen Position sind, um vorteilhaft mit den beiden Kernen in Wechselwirkung zu treten und zu ihrem Zusammenhalt beizutragen. Das 2σ-Orbital hingegen wird zwischen den Kernen stark geschwächt, weil sich in diesem Bereich die einander überlappenden Wellen auslöschen. Diese Auslöschung ist genau in der Mitte zwischen den beiden Kernen vollständig; bei Wasserwellen entspricht dies der Ruhelage, die wir beobachten, wenn sich ein Wellenberg und ein Wellental treffen. Die Elektronen des 2σ-Orbitals sind weitgehend von dem zwischenatomaren Bereich ausgeschlossen und deshalb kaum in der Lage, mit beiden Kernen in Wechselwirkung zu treten und sie zusammenzuhalten. Die Existenz eines Knotens im 2σ-Orbital – der Fläche, in der das Orbital Null ist – ist ein rein quantenmechanisches Phänomen, weil es von der Auslöschung der Atomorbitale, die Wellencharakter besitzen, abhängt. Daß Bereiche derselben „Farbe" konstruktiv, solche entgegengesetzter „Farben" jedoch destruktiv interferieren und damit zu Knoten führen, stellt den Dreh- und Angelpunkt moderner Erklärungen in der Chemie dar.

Um es noch einmal zusammenzufassen: Die Überlappung von zwei Atomorbitalen führt zur Bildung von zwei Molekülorbitalen des CH, einem mit Knoten zwischen den Kernen und einem zweiten ohne. Die beiden Orbitale unter-

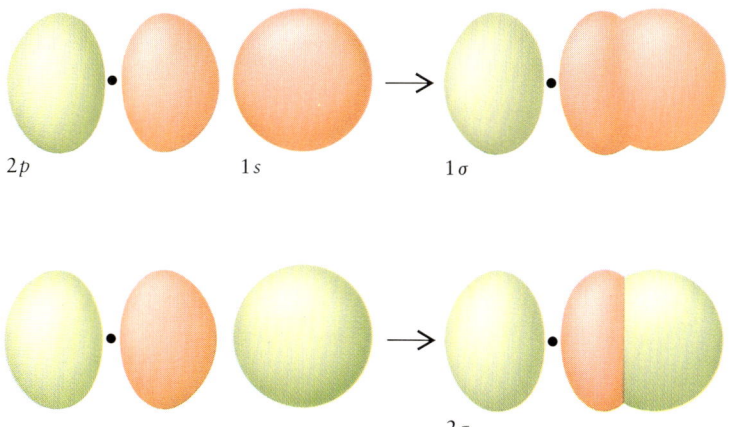

2p   1s   1σ

2σ

2.14 Wenn das 2p-Orbital eines Kohlenstoffatoms mit dem 1s-Orbital eines Wasserstoffatoms überlappt, bilden sich bindende 1σ- oder antibindende 2σ-Molekülorbitale, je nachdem ob die Überlappung konstruktiv (oben) oder destruktiv (unten) erfolgt.

scheiden sich in ihrer Energie; das 1σ-Orbital ohne Knoten hat eine geringere Energie als das 2σ-Orbital. Solange ihre Spins gepaart sind, können die bindenden Elektronen des CH-Moleküls (jeweils eines von jedem Atom) in dem energetisch tieferliegenden 1σ-Orbital untergebracht werden. Die einfachste Erklärung für die Energiedifferenz zwischen den beiden Orbitalen liegt darin, daß ein Elektron im 2σ-Orbital von dem Raum zwischen den Kernen ausgeschlossen ist und deshalb weniger vorteilhaft mit den Kernen in Wechselwirkung treten kann als ein Elektron im 1σ-Orbital, das sich im Raum zwischen den Kernen aufhalten kann. Weil Elektronen zwischen den Kernen Moleküle zusammenhalten und Elektronen, die sich vorzugsweise außerhalb aufhalten, dazu neigen, die Moleküle auseinanderzureißen, wird das energieabsenkende 1σ-Orbital „bindendes Orbital" und das energieanhebende 2σ-Orbital das „antibindende Orbital" genannt.

Ein Faraday unserer Zeit würde in seiner Vorstellung zwei gepaarte Elektronen in einem wurstförmigen 1σ-Orbital sehen, das durch die konstruktive Überlappung der zwei Orbitale der benachbarten Atome zustande kommt. Die zwei Elektronen eines 1σ-Orbitals heißen „σ-Bindung". Das gemeinsame Merkmal von σ-Orbitalen (sowohl bindender wie auch antibindender) ist ihre zylindrische Symmetrie um die Kernverbindungsachse. (Deshalb ähneln sie, entlang dieser Achse gesehen, s-Orbitalen.)

Betrachten wir jetzt das C_2-Molekül, das unser Kohlenstoffatom bilden kann, wenn es mit einem anderen Kohlenstoffatom zusammenstößt, oder das entstehen kann, wenn in dem Flammenwirbel ein Bruchstück der Kohlenwasserstoffkette seiner Wasserstoffatome beraubt wird. Jedes Atom dieser Verbindung hat eine vielfältigere Orbitalstruktur als das Wasserstoffatom. Deshalb können wir erwarten, daß die beiden Atome auch durch ein komplizierteres System von Bindungen verknüpft werden. In der Tat teilen sich die beiden Atome drei Elektronenpaare in drei verschiedenen Orbitalen. Zwei dieser Orbitale weisen Elektronenverteilungen auf, die ganz verschieden von denjeni-

47

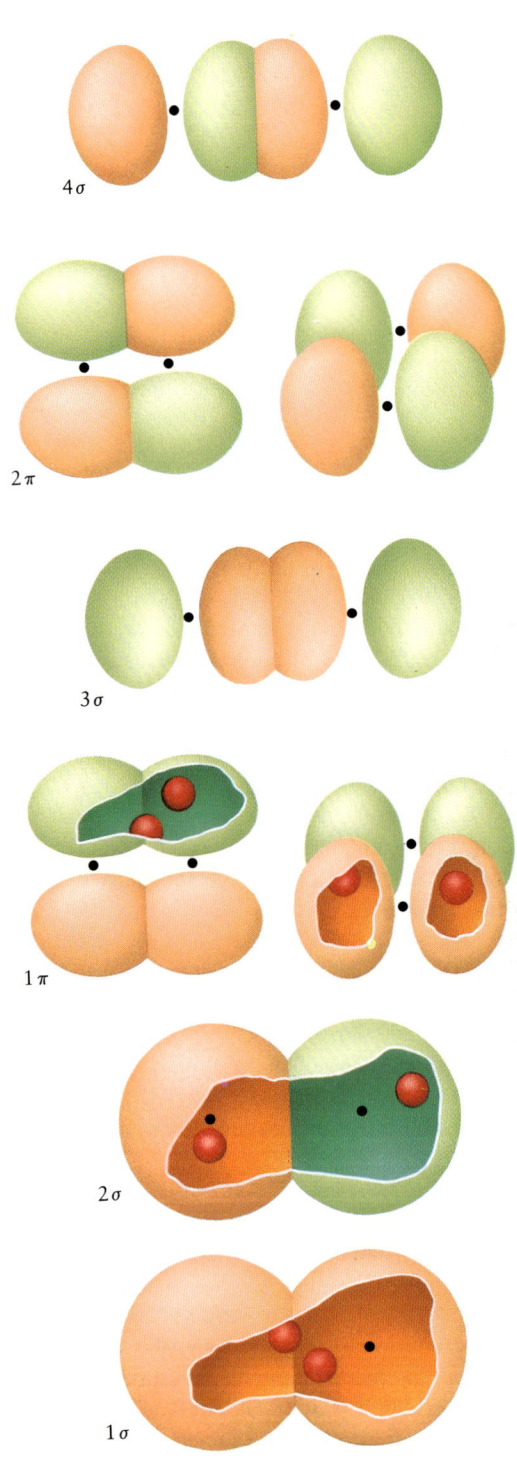

2.15 Acht Molekülorbitale können aus den acht Atomorbitalen der Valenzschalen zweier Kohlenstoffatome gebildet werden. Der Energieinhalt der Orbitale nimmt von unten nach oben zu; das 1σ-Orbital hat die geringste Energie (wirkt am stärksten bindend), das 4σ-Orbital hat die höchste Energie (wirkt am stärksten antibindend). Im Grundzustand des Moleküls werden die 1σ-, 2σ- und die 1π-Orbitale von Elektronenpaaren besetzt.

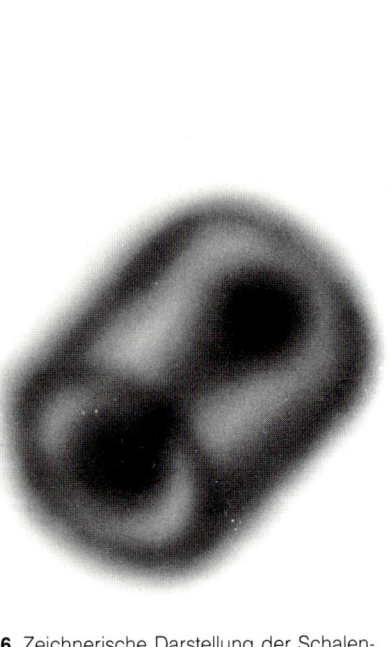

2.16 Zeichnerische Darstellung der Schalenstruktur eines C_2-Moleküls. Die beiden 1π-Orbitale liegen wie ein Zylinder um die Molekülachse. Die Elektronenwolke entlang der Achse gehört zu den Orbitalen 1σ und 2σ, die zusammen nur wenig zur Bindung beitragen.

gen der σ-Bindungen sind. Dieser Ausflug zum C_2 will diese Orbitale einführen, denn vieles wird sich später daraus ergeben.

Wir wissen, daß jedes Kohlenstoffatom über ein $2s$- und drei $2p$-Orbitale in seiner Valenzschale verfügt. Darum müssen wir die Kombinationen untersuchen, die entstehen, wenn diese sich überlagern. Am einfachsten läßt sich die Überlappung ähnlicher Orbitale jedes Atoms beschreiben ($2s$ mit $2s$ und so weiter). Zuerst betrachten wir alle entstehenden Orbitale − sie sind in der Abbildung gezeigt − und schauen dann nach, welche von Elektronen besetzt sind.

Die zwei $2s$-Orbitale überlappen zu den bindenden und antibindenden σ-Orbitalen (1σ und 2σ). Die zwei $2p$-Orbitale, die aufeinander zeigen, überlappen ebenfalls mit der zylindrischen Symmetrie, die charakteristisch ist für σ-Orbitale und bilden eine eigene bindende und antibindende Kombination (3σ und 4σ). Die zwei $2p$-Orbitale jedes Atoms, die senkrecht auf der $C\equiv C$-Achse stehen, überlappen zu Formen, die verschieden von denen sind, die wir bisher gesehen haben. Weil jede Kombination, entlang der Achse gesehen, an ein p-Orbital erinnert, werden die vier Kombinationen, zwei bindende und zwei antibindende, „π-Orbitale" genannt. Jedes π-Orbital kann zwei gepaarte Elektronen unterbringen. Wir bezeichnen die beiden niederenergetischen, bindenden Kombinationen als 1π-Orbitale (sie haben beide die gleiche Energie) und die beiden antibindenden Orbitale als 2π-Orbitale (sie haben auch jeweils die gleiche Energie).

Wir können jetzt die Struktur des C_2-Fragments mit Hilfe der eben beschriebenen Orbitale abbilden. Acht Elektronen müssen wir unterbringen; sie nehmen gemäß der Einschränkung des Paulischen Ausschlußprinzips die Orbitale geringster Energie ein. Zwei von ihnen bilden ein Elektronenpaar und besetzen das 1σ-Orbital, zwei weitere bilden ein Elektronenpaar und besetzen das antibindende 2σ-Orbital. Die nächsten vier bilden zwei Paare und füllen die beiden 1π-Orbitale auf. Die Vision eines modernen Faraday von diesem Molekül entspräche deshalb den Abbildungen 2.16 und 2.18. Das Molekül ähnelt einem in die Länge gezogenen Atom: mit einem Rumpf von Elektronen nahe bei jedem Kern, darauffolgend einem wurstförmigen σ-Orbital mit hoher Elektronendichte zwischen den Kernen und einem weiteren σ-Orbital (antibindend) mit Elektronendichte außerhalb des Raums zwischen den Kernen. Schließlich würde er sich noch zwei π-Orbitale vorstellen, die parallel zur Kernverbindungsachse, aber außerhalb von ihr liegen.

Wenn wir das blaue Glimmen einer Gasflamme sehen, beobachten wir die gerade beschriebenen C_2-Moleküle. Wenn im Sturm der Reaktion ein C_2-Molekül gebildet wird, nehmen seine Elektronen nicht ihre endgültige Verteilung ein, und das Molekül befindet sich in einem energetisch angeregten Zustand. Es geht aber rasch in seinen Zustand geringster Energie, in den Grundzustand, über. Dabei gibt die Umlagerung seiner Elektronen einen Impuls an das elektromagnetische Feld ab. Dieser Anstoß erzeugt ein Photon, das die

2.17 Typisch für Kohlenwasserstoffe, die im Sauerstoffüberschuß brennen (hier ein Erdgas, das hauptsächlich aus Methan besteht), ist diese Farbe der blauen Flamme. Sie entsteht, wenn elektronisch angeregte C_2-Moleküle ihre Energie in Form elektromagnetischer Strahlung abgeben.

2.18 Eine Doppelbindung (links) besteht aus zwei Elekronen in einem σ-Orbital (hier als Linie gezeichnet, die die Kerne verbindet) und zwei weiteren Elektronen in einem π-Orbital. Eine Dreifachbindung (rechts) besteht aus zwei Elektronen in einem σ-Orbital und vier weiteren Elektronen in zwei π-Orbitalen. Die tatsächliche π-Elektronenverteilung ist in einer Dreifachbindung zylindrisch (wie für das C_2-Molekül in Abbildung 2.16 dargestellt).

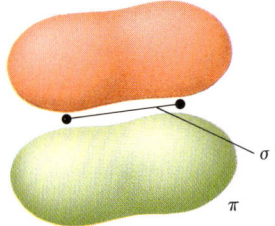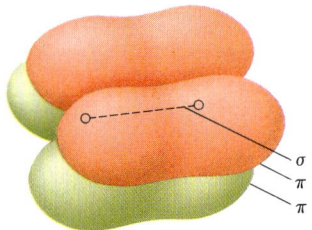

freigewordene Energie abführt. Im Falle des C_2 erzeugt das Molekül ein Photon blauen Lichtes – eben das, was wir sehen können. Wenn wir also eine blaue Gasflamme beobachten, können wir uns vorstellen, daß das Licht von C_2-Molekülen ausgeht, die überschüssige Energie abgeben und in ihren elektronischen Grundzustand übergehen. Dieselbe Strahlung stellt man bei einem Kometenkopf fest. Sie wird von violettem und rotem Licht aus ähnlichen Übergängen in einem CN-Fragment begleitet. (Das Licht im Schweif stammt von CO^+-Ionen.) Ein Komet brennt natürlich nicht. Sein Licht wird von Molekülen emittiert, die durch auftreffende Sonnenstrahlung in die energiereicheren Elektronenzustände angeregt wurden.

Zurück zur Erde, vom Kometen zur Kerze und zur Beschreibung von Molekülstrukturen. An dieser Stelle ist eine Bemerkung angebracht: Was wir zuvor eine „Doppelbindung" genannt haben, zwei gemeinsame Elektronenpaare, können wir jetzt mit Molekülorbitalen als eine σ-Bindung (ein Elektronenpaar in einem bindenden σ-Orbital) und eine π-Bindung (ein Elektronenpaar in einem π-Orbital) beschreiben. Jetzt verstehen wir auch, warum eine Doppelbindung nicht notwendigerweise die Stärke von zwei Einfachbindungen haben muß: Die Verteilung der Elektronen in den σ- und π-Anteilen der Doppelbindung ist ganz verschieden voneinander, und eine $\sigma + \pi$-Kombination ist nicht das gleiche wie zwei σ-Bindungen.

Molekülorbitale von größeren Molekülen

Dieselben Prinzipien der Überlagerung und der konstruktiven und destruktiven Interferenz gelten für größere Moleküle gerade so wie für kleinere. Der einzige Unterschied besteht darin, daß Atomorbitale aller Atome zu jedem Molekülorbital beitragen und daß die resultierenden Orbitale sich über das ganze Molekül erstrecken. Wir können sehen, was es damit auf sich hat, indem wir ein wenig in die Zukunft unseres Kohlenstoffatoms blicken und eine Beschreibung der Molekülorbitale des Carbonations CO_3^{2-} geben, das es eines Tages bilden könnte, wenn es sich in Wasser auflöste. Das Carbonation ist ein ebenes Teilchen, bei dem das Kohlenstoffatom im Zentrum eines gleichseitigen Dreiecks aus Sauerstoffatomen liegt. Wir verwenden die „Lewis-Struktur" des Ions, um die bindenden und einsamen Elektronenpaare zu

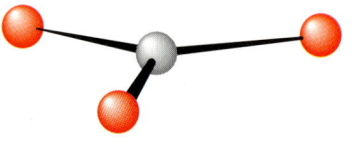

Carbonation, CO_3^{2-}

verdeutlichen. In dieser Schreibweise wird das Ion als Mischung (der Fachausdruck heißt „Resonanzhybrid") von drei Strukturen dargestellt:

Wir erkennen, daß die Sauerstoffatome durch eine Mischung von Einfach- und Doppelbindungen an das zentrale Kohlenstoffatom gebunden sind. Die Klammer mit der Zahl 2− bedeutet, daß die zweifach negative Ladung des Ions über alle vier Atome verteilt ist.

Um die Beschreibung nicht ausufern zu lassen, beschränken wir uns darauf, die π-Orbitale des Ions zu konstruieren. Sie entstehen bei der Überlappung der Kohlenstoff- und Sauerstoff-2p-Orbitale, die senkrecht auf der Molekülebene stehen. Anschließend fügen wir die σ-Bindungen zwischen den Atomen hinzu. Lediglich ein Elektronenpaar von jedem Atom nimmt an dem π-Orbital teil. Die einsamen Elektronenpaare sind nicht an der Bindung beteiligt. Die anderen Elektronenpaare kommen in den drei σ-Bindungen unter. Wir werden in zwei Schritten vorgehen: Zuerst betrachten wir die Orbitale des Dreiecks aus Sauerstoffatomen, dann setzen wir ein Kohlenstoffatom in ihr Zentrum.

Die drei betrachteten Sauerstoff-2p-Orbitale bilden die drei unterschiedlichen Überlagerungen der Abbildung 2.19. In der einen gibt es eine konstruktive Interferenz zwischen allen drei Nachbarn; in den anderen beiden tritt zwischen wenigstens einem benachbarten Paar eine destruktive Interferenz auf. Diese drei Kombinationen sind noch keine Molekülorbitale, da sie sich nur über die drei Sauerstoffatome und nicht über alle vier Atome des Ions erstrecken.

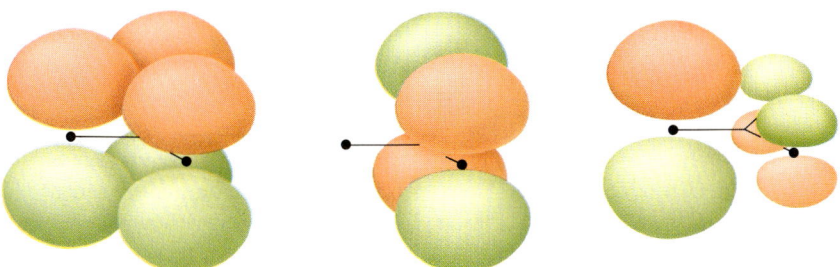

2.19 Die Kombinationen der 2p-Orbitale der drei Sauerstoffatome im Carbonation CO_3^{2-}, aus denen Molekülorbitale konstruiert werden sollen. Nur die Kombination ganz links erlaubt eine Überlappung mit dem vertikalen 2p-Orbital des Kohlenstoffatoms.

Setzen wir nun noch das Kohlenstoffatom in das Zentrum des Ringes aus Sauerstoffatomen, so hat sein senkrecht stehendes 2p-Orbital dieselbe Symmetrie wie die Kombination der Sauerstoff-2p-Orbitale im linken Bild und kann mit

51

2.20 Bindende (1π-) und antibindende (2π-) Orbitale, wie sie sich bilden, wenn diese Orbitalkombination des Sauerstoffs und das vertikal zur Molekülebene stehende 2p-Orbital des Kohlenstoffatoms überlappen. In der Abbildung ist rechts die Ansicht von oben zu sehen. Man beachte, daß bei der bindenen Kombination der Charakter der Sauerstofforbitale und bei der antibindenden der Charakter der Kohlenstofforbitale überwiegt (zu erkennen an den einzelnen Orbitalgrößen). Sauerstoff ist elektronegativer als Kohlenstoff.

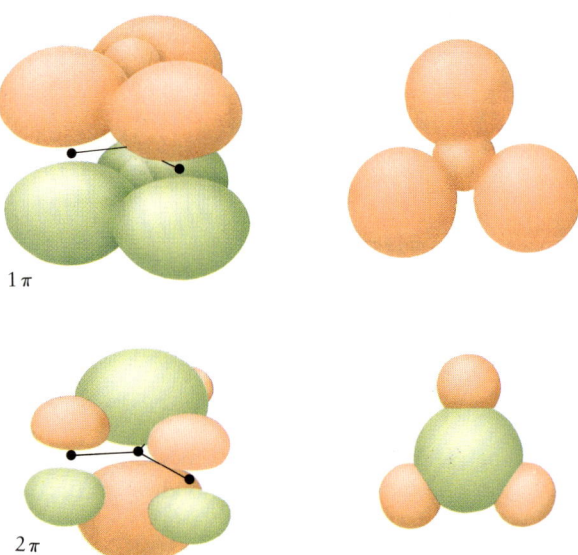

1 π

2 π

dieser Kombination konstruktiv oder destruktiv überlappen. Die konstruktive Kombination ergibt ein bindendes Molekülorbital (1π), die destruktive ein antibindendes (2π). Die Nettoüberlappung zwischen dem Kohlenstoff-2p-Orbital und den beiden anderen Kombinationen ist Null (weil es gleiche Anteile konstruktiver und destruktiver Interferenz zwischen den Kohlenstoff- und den Sauerstoffatomen gibt), deshalb bildet es weder eine bindende noch eine antibindende Kombination mit ihnen.

Sechs Elektronen müssen in den eben beschriebenen Orbitalen untergebracht werden (eines von jedem Atom und zwei für die zweifach negative Ladung des Ions). Zwei besetzen das 1π-Orbital: Es wirkt bindend zwischen den Kohlenstoff- und den Sauerstoffatomen und zwischen den Sauerstoffatomen untereinander, so daß seine Gegenwart alle Atome zusammenhält und die Stärke der σ-Bindungen erhöht. Die übrigen vier besetzen die beiden Orbitale, die allein von den Sauerstoffatomen erzeugt werden. Sie haben keinen bindenden Charakter zwischen den Sauerstoffatomen und dem Kohlenstoffatom, sind aber leicht antibindend zwischen den benachbarten Sauerstoffatomen. Deshalb schwächen diese Elektronen die C—O-Bindungen etwas, allerdings nicht sehr stark. Die Elektronen in diesen Orbitalen neigen zu einer Aufweitung der OCO-Bindungswinkel. Da aber alle Winkel gleichermaßen betroffen sind, bleibt die resultierende Form des Ions ein gleichseitiges Dreieck. Wenn Elektronen dazu gebracht würden, das 2π-Orbital zu besetzen, wären sie antibindend in bezug auf das zentrale C-Atom und alle drei Sauerstoffatome, mit der Tendenz, das Ion symmetrisch aufzuweiten.

Das einzige Detail der Struktur des CO_3^{2-}, das wir noch erwähnen müssen, weil es ein allgemeines Phänomen ist, bezieht sich auf die Rolle der Elektronegativitäten der Atome. Sauerstoff ist elektronegativer als Kohlenstoff und zieht deshalb Elektronen von seinem Nachbarn ab. Dies kann man deutlich an der Molekülorbitalstruktur erkennen: Wir sehen, daß das bindende 1π-Orbital einen viel größeren Beitrag von den Atomorbitalen des Sauerstoffes erfährt als von denen des zentralen Kohlenstoffes. (Das antibindende Orbital verhält sich umgekehrt, aber das braucht uns nicht zu stören.) Wo immer wir ein stark elektronegatives Element in einem Molekül haben, trägt es mehr zum bindenden Molekülorbital bei und zieht die Elektronen in diesem Orbital zu sich heran. Wir können die Struktur des Carbonations einer Rußpartikel der Flamme gegenüberstellen, die aus vier Kohlenstoffatomen besteht: Alle vier Atome haben die gleiche Elektronegativität, und das 1π-Molekülorbital ist deshalb viel gleichmäßiger über sie verteilt.

Ich könnte mir Faraday jetzt gut vorstellen, wie er in die flackernde Kerze blickt und das Leuchten in seinen Augen das erreichte tiefere Verständnis widerspiegelt. Er wüßte nun, daß das Kohlenstoffatom in der Flamme nicht nur ein hartes, mikroskopisch kleines Materiekügelchen ist, sondern eine Struktur und ein inneres Leben hat. Er würde das Atom als eine Folge von Elektronen in konzentrischen Kugelschalen ansehen und wissen, daß der Elektronenspin und das Pauli-Prinzip ihm die räumliche Ausdehnung verleihen. Er wüßte auch etwas darüber, wie sich das Atom mit anderen verbindet, nämlich durch Überlappung seiner Orbitale mit denen der anderen Atome und indem es den gemeinsamen Elektronen ermöglicht, sich zwischen ihnen auszubreiten. Er würde sich hier ebenfalls Elektronenschalen vorstellen und an konzentrische, aber stärker verzerrte Schalen denken, die durch die Überlagerung der Atomorbitale von Einzelatomen entstehen. Wenn eine Elektronenverteilung überschüssige Energie abstrahlt, so wüßte er: Dies ist die Quelle für das Licht der Flamme.

Nichts von alldem hätte seine Freude vermindert, sondern seine Phantasie angeregt, um dem Atom zu folgen, sobald es die Flamme verläßt.

Die Macht der kleinsten Änderung

3

Sie werden erstaunt sein, wenn ich Ihnen erzähle, worauf dieses merkwürdige Spiel des Kohlenstoffes hinausläuft.

MICHAEL FARADAY, Sechste Vorlesung

3.1 Eines der vielen möglichen Ziele eines Kohlenstoffatoms, das von der Flamme freigesetzt wurde, ist der Kalkstein, der am Aufbau unserer Landschaft mit beteiligt ist. Nach vielen Umwandlungen der Art, wie wir sie in diesem Kapitel beschreiben werden, trug ein Kohlenstoffatom vor langer Zeit zu diesen fossilen Muschelschalen (*Promicrocevas*) bei und hat die Zeiten in der Form dieses Calciumcarbonats überdauert.

Unser Ziel ist es, Faradays befreites, aus der Flamme geborenes Kohlenstoffatom mit den Augen des modernen Chemikers zu verfolgen und vor allem zu sehen, wie die Elektronenstruktur des Atoms – die wir uns jetzt vorstellen können – sein chemisches Schicksal bestimmt. Gehen wir einmal davon aus, daß es bei all den möglichen Lebenswegen auf jenen geraten sei, auf dem es eine Bindung mit dem Sauerstoff eingeht und als Kohlendioxid (CO_2) die Flamme verläßt. Dieses einfache, dreiatomige Molekül ist das bedeutendste unter den Verbrennungsprodukten, denn in dieser Form kann der Kohlenstoff in Lithosphäre, Hydrosphäre und Atmosphäre eintreten – zudem ist es der Träger, um wieder in die Biosphäre zurückzukehren.

Die Chemie bereitet uns eine intellektuelle Freude, weil sie zu unserem tieferen Verständnis der Welt beiträgt, indem sie eine scheinbar unendliche Vielfalt an Reaktionen auf eine winzige Anzahl verschiedener Typen zurückführt. Die Chemiker haben oft durch die Identifikation des subatomaren Teilchens, das von einer Substanz auf eine andere übertragen wird, verschiedene Reaktionstypen unterscheiden gelernt. Wenn wir die Reaktionen untersuchen, die dem Kohlenstoff offenstehen, werden wir erkennen, daß sie als Beispiele für die verschiedenen Reaktionstypen dienen können. Tatsächlich illustriert das Kohlendioxid in der einen oder anderen Weise alle Reaktionstypen der Chemie, so daß dieses Kapitel die Chemie in ihrer Gesamtheit umfaßt. So wie die Welt der Wissenschaft in der Kerzenflamme steckt, enthält jedes Molekül ein Labor ohne Grenzen. Aber wie Faraday müssen wir manchmal unser Augenmerk auf andere Substanzen richten, die einige der Reaktionen besser beleuchten, als es die Kerze tut.

Ein zweiter Faden zieht sich durch dieses Kapitel. Er wird uns auf der Reise durch die konzeptionelle Struktur der Chemie begleiten. Seit der Entstehung der modernen Chemie im 18. Jahrhundert haben Chemiker nach einem umfassenderen Verständnis der Ereignisse gesucht, die tatsächlich auf der atomaren Ebene stattfinden, wenn eine Reaktion abläuft und Materie von der einen Form in die andere umgewandelt wird. Insbesondere haben sie herausgefunden, daß ein Reaktionstyp oft durch eine Neudefinition verallgemeinert werden konnte, so daß er dann mit umfaßte, was bis dahin als ein völlig unabhängiger Reaktionstyp betrachtet wurde. Wir werden uns diese Methodik in dem vorliegenden Kapitel zu eigen machen, denn wir werden sehen, wie das Alltagskonzept einer „Säure" durch Wellen aufeinander aufbauender Erkenntnisse so verallgemeinert wurde, daß es jetzt nahezu unbeschränkt auf alle Substanzen anwendbar ist.

Der erste Typ: Die Neutralisation

Ein Kohlenstoffatom ist auf dem Weg zu einer anorganischen Bestimmung, sobald sich das Kohlendioxid, als das es die Flamme verläßt, in den Ozeanen zur Kohlensäure (H_2CO_3) löst. Diese Säure ist die Stammverbindung der Carbonate, der Verbindungen, die das Carbonation (CO_3^{2-}) enthalten. Carbonate treten in riesigen Mengen auf, denn sie schließen auch das Calciumcarbonat ($CaCO_3$) der Kreide, des Kalksteines und der Schalen der Krustentiere mit ein, ebenso den Dolomit ($CaMg(CO_3)_2$) der Dolomiten. Was unsere Absichten betrifft, so eröffnet die Bildung der Kohlensäure dem Kohlenstoff den Zugang zu jenem Reaktionstyp, der „Neutralisation" genannt wird.

Eine Neutralisation ist die Reaktion zwischen einem Verbindungstyp, der „Säure" genannt wird – wie die Kohlensäure – und einer anderen Verbindungsklasse, die man „Base" nennt. Wie wir sehen werden, haben die Chemiker einen beachtlichen intellektuellen Aufwand getrieben, um zu entscheiden, was sie mit den Begriffen „Säure" und „Base" meinen. Die Definition, die wir als Ausgangspunkt nehmen, wurde von dem schwedischen Chemiker Svante Arrhenius gegen Ende des 19. Jahrhunderts vorgeschlagen. Arrhenius klassifizierte Verbindungen als Säuren oder Basen, je nach deren Verhalten, wenn sie sich in Wasser auflösen – also eine „wäßrige Lösung" bilden und ihre Moleküle oder Ionen sich mit den Molekülen des Wassers mischen. Er schlug vor, eine Verbindung als „Säure" einzuordnen, wenn sie Wasserstoff enthält und bei der Auflösung in Wasser Wasserstoffionen (H^+) freisetzt. Das H_2CO_3-Molekül gibt seine Wasserstoffionen in Wasser ab und bildet Hydrogencarbonationen (HCO_3^-) und Carbonationen (CO_3^{2-}).

3.2 Die Dolomiten in Österreich und Norditalien sind eine riesige Lagerstätte von Dolomit, $CaMg(CO_3)_2$, einem der Kalksteinmineralien.

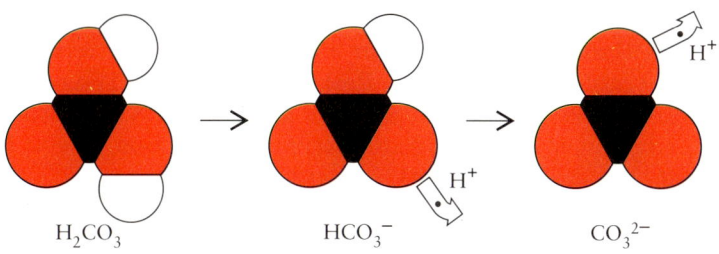

H_2CO_3 → HCO_3^- → CO_3^{2-}

Deshalb ist nach Arrhenius H_2CO_3 tatsächlich eine Säure. Wir werden jede Substanz, die in der gleichen Weise reagiert, eine „Arrhenius-Säure" (eine A-Säure) nennen, um uns daran zu erinnern, daß ihre Einteilung als Säure von der Definition abhängt, die wir benutzen. Essigsäure (CH_3COOH), der saure Bestandteil des Essigs, ist eine weitere Verbindung, die eines ihrer Wasserstoffatome (das an das Sauerstoffatom gebundene) in Wasser abgeben kann und deshalb auch eine Arrhenius-Säure ist. Daß die Kohlensäure zum prickelnden Geschmack von kohlensäurehaltigem Wasser beiträgt und daß Essig als sauer empfunden wird, sind beides Folgen der Wasserstoffionen, die diese Moleküle in Wasser abgeben, denn diese Ionen stimulieren Sensoren auf der Zungenoberfläche.

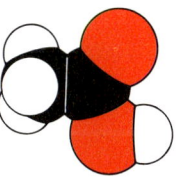

Essigsäure, CH_3COOH

Ammoniak (NH_3) löst sich in Wasser sehr leicht; da es jedoch keines seiner drei Wasserstoffatome in merklichem Ausmaß abgibt, ist es keine Arrhenius-Säure. Tatsächlich gehört Ammoniak zu der Substanzklasse, die Arrhenius als „Base" definierte. Demnach ist eine Base (eine A-Base) eine Verbindung, die in Wasser Hydroxidionen (OH^-) bildet (sie muß nicht selbst OH^--Ionen enthalten, sondern nur beim Lösen in Wasser bilden). Ammoniak bildet OH^--Ionen durch die Reaktion

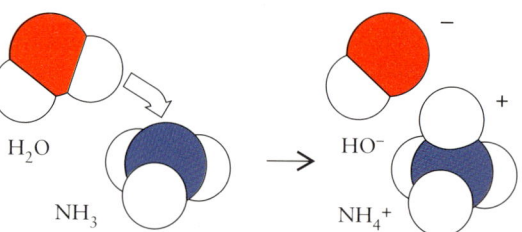

$$H_2O \qquad NH_3 \qquad \rightarrow \qquad HO^- \qquad NH_4{}^+$$

und das neutrale NH_3-Molekül wird zum Ammoniumion ($NH_4{}^+$).

Wenn wäßrige Lösungen einer Arrhenius-Säure und einer Arrhenius-Base miteinander in einer Neutralisationsreaktion reagieren, entstehen als Produkte ein „Salz" und Wasser:

$$A\text{-Säure} + A\text{-Base} \rightarrow Salz + Wasser$$

Die Säure und die Base haben sich gegenseitig so neutralisiert, daß weder das Salz noch das Wasser eine A-Säure oder eine A-Base sind: Der Säure- und der Basencharakter der Reaktionspartner haben sich gegenseitig vernichtet. Zum Beispiel entsteht als Produkt der Reaktion von wäßrigen Lösungen (mit *aq* von *aqueous* bezeichnet) der Kohlensäure und der Base Natriumhydroxid (NaOH), eine Lösung des Salzes Natriumcarbonat und Wasser als eine Flüssigkeit (mit *l* von *liquid* bezeichnet):

$$H_2CO_3(aq) + 2\,NaOH(aq) \rightarrow Na_2CO_3(aq) + 2\,H_2O(l)$$

Ganz allgemein ist ein Salz eine ionische Verbindung, die als Produkt der Neutralisation einer A-Säure und einer A-Base entstanden ist. Neutralisationen kann man ausnutzen, um durch die geeignete Wahl einer Säure und einer Base eine nahezu unbegrenzte Vielfalt von Salzen zu erhalten. Auf diese Art dient Natriumhydroxid als „Basis" (und Base) zur Bildung jedes Natriumsalzes, wie etwa Natriumcarbonat durch die Reaktion mit Kohlensäure oder Natriumacetat durch die Reaktion mit Essigsäure.

Es ist nicht schwierig, das *wesentliche* Merkmal herauszufinden, das alle Neutralisationen nach Arrhenius verbindet. Der notwendige Bestandteil einer sauren Lösung ist das Wasserstoffion (die Säure selbst stellt diese Ionen nur

3.3 Svante August Arrhenius (1859 – 1927).

zur Verfügung), derjenige einer basischen Lösung ist das Hydroxidion (von der Base zur Verfügung gestellt); deshalb liegt die Vermutung nahe, daß das gemeinsame Merkmal aller Arrhenius-Neutralisationen die Reaktion dieser beiden Teilchenarten ist, wie es die nebenstehende Abbildung zeigt.

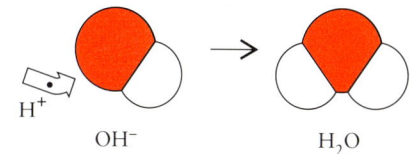

Wenn man also Kohlensäure und eine wäßrige Lösung von Natriumhydroxid mischt, verbinden sich die Wasserstoffionen der Säure mit den Hydroxidionen der Base zu Wasser. Die Na^+- und CO_3^{2-}-Ionen bleiben in der Lösung zurück. Es ist nur sehr wenig passiert: Die ursprünglichen Partner der Natrium- und der Carbonationen wurden entfernt, und die zurückbleibende Substanz ist ein Salz. Das *wesentliche* Merkmal einer Neutralisation ist nach der Arrhenius-Theorie daher die gegenseitige Entfernung der Wasserstoff- und Hydroxidionen, ganz gleichgültig, wie die Säure und die Base im einzelnen aussehen, die diese Ionen der Lösung zur Verfügung stellen.

Als wir das wesentliche Merkmal einer Neutralisationsreaktion herausfinden wollten, haben wir eine Methode eingeführt, die sehr charakteristisch für die Chemie ist und die wir in diesem Kapitel bis an ihre Grenze ausschöpfen werden. Wenn wir das zentrale Wesensmerkmal einer Reaktion ermitteln können, entdecken wir dabei vielleicht auch, daß viele ungleichartige Reaktionen im Grunde eine einzige sind. Die Arrhenius-Definitionen für Säuren und Basen geben dafür ein gutes Beispiel: Sie lenken die Aufmerksamkeit von den Stoffen, die dem Wasser hinzugefügt werden, auf die von ihnen gelieferten Teilchen (H^+ und OH^-), von denen in der Reaktion die eigentliche Arbeit geleistet wird. Diese Definitionen dienen als Ausgangspunkt für eine noch umfassendere Definition der Begriffe „Säure" und „Base".

Brønsted-Säuren und -Basen

Im Jahr 1923 schlugen der dänische Chemiker Johannes Brønsted und der englische Chemiker Thomas Lowry unabhängig voneinander eine weiter gefaßte Definition für Säuren und Basen vor. Ihre Vorschläge gingen auf die Beobachtung zurück, daß die Reaktion zwischen Ammoniak und Chlorwasserstoff — die in Wasser als eine typische Säure-Base-Neutralisation mit dem Salz Ammoniumchlorid (NH_4Cl) als Produkt abläuft — dieses Salz auch bildet, wenn die beiden Gase (mit *g* von *gaseous* bezeichnet) sich in der Abwesenheit von Wasser vermischen (der Feststoff wird mit *s* von *solid* bezeichnet):

$$NH_3(g) + HCl(g) \rightarrow NH_4Cl(s)$$

Diese Reaktion stellt eine „Neutralisation" in dem Sinne dar, daß eine Teilchenart mit einer anderen zu einer Substanz reagiert, die weder Säure noch Base ist. Allerdings findet die Reaktion in Abwesenheit des Lösungsmittels Wasser statt, das in der Arrhenius-Definition ausdrücklich gefordert wird.

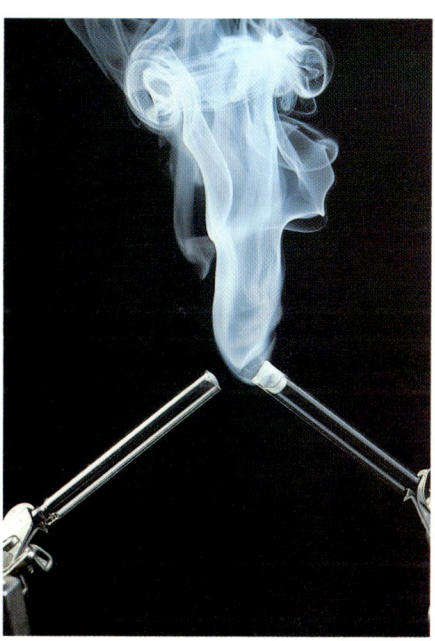

3.4 Wenn sich gasförmiges Ammoniak und Chlorwasserstoff vermischen, entsteht das Salz Ammoniumchlorid, das einen weißen Rauch aus winzigen Kristallen bildet.

3.5 Johannes Nicolaus Brønsted (1879 – 1947).

3.6 Thomas Martin Lowry (1874 – 1936).

Darüber hinaus ermöglichten Fortschritte in der Chemie den Chemikern zu Beginn des 20. Jahrhunderts die Verwendung von anderen Lösungsmitteln als Wasser, einschließlich flüssigen Ammoniaks und flüssigen Schwefeldioxids. Dabei entdeckte man, daß Reaktionen sehr weit verbreitet sind, die zu den Neutralisationen analog verlaufen, an denen aber kein Wasser beteiligt ist. Arrhenius hatte seine Definition eindeutig zu eng gefaßt.

Brønsted und Lowry entdeckten ein Merkmal, mit dem wir – unabhängig vom Verhalten in Wasser – eine Teilchenart als Säure oder Base *an sich* einordnen können. Was wir jetzt eine „Brønsted-Säure" (eine B-Säure) nennen, ist ein Protonendonator; eine „Brønsted-Base" (eine B-Base) ist ein Protonenakzeptor. (Die Erinnerung an Lowrys Beitrag ist etwas unberechtigt in der Alltagssprache verloren gegangen.) Im Zusammenhang mit den Säure-Base-Reaktionen bezeichnet der Begriff „Proton" das gleiche wie ein Wasserstoffion, H^+ (ein Wasserstoffatom besteht aus einem Proton, das von einem Elektron umgeben ist, so daß der Verlust des Elektrons lediglich ein Proton H^+ zurückläßt).

Die Kohlensäure ist eine Brønsted-Säure, weil das H_2CO_3-Molekül ein Proton an ein anderes Molekül abgeben kann. Das Ammoniakmolekül ist eine Brønsted-Base, weil es ein Proton (zum Beispiel von einem HCl-Molekül) aufnehmen und NH_4^+ bilden kann. Jetzt erkennen wir, daß die oben angeführte Reaktion zwischen Ammoniak und Chlorwasserstoff tatsächlich eine Säure-Base-Reaktion ist, denn sie beinhaltet den Transfer eines Protons von einer B-Säure (HCl) zu einer B-Base (NH_3).

Eine Stärke der Brønsted-Lowry-Definitionen liegt darin, daß sie die Begriffe „Säure" und „Base" ausweiten, ohne Arrhenius' Beitrag umzustoßen. Sie stellen *evolutionäre*, nicht *revolutionäre* Neudefinitionen dar. Die Theorie lenkt unseren Blickwinkel von wäßrigen Lösungen weg, so daß das Konzept von Säure und Base unabhängig vom Lösungsmittel anwendbar ist, ja selbst in der Abwesenheit eines solchen. Sie lenkt unsere Aufmerksamkeit auf den grundlegenden Vorgang, der sich bei den Reaktionen von Säuren mit Basen abspielt, den Transfer eines Elementarteilchens – des Protons – von einer Teilchenart auf eine andere. Alle die vertrauten Reaktionen, die auf der Wirkung von Säuren und Basen beruhen, können wir mit diesem einfachen Vorgang verstehen. Die Theorie rückt das Proton in den Mittelpunkt der Chemie und läßt uns einen großen Teil der Chemie als die Folgen einer Protonenübertragung verstehen.

An dieser Stelle sollten wir eine Pause machen und uns fragen, ob wir das Proton wirklich eine so entscheidende Rolle spielen lassen wollen! Chemie, so hieß es im zweiten Kapitel, handelt vom Verhalten der *Elektronen*, nicht der Protonen. Können wir also glücklich sein mit dieser plötzlichen Akzentverschiebung? Ein mehr praktischer Einwand besteht darin, daß selbst die Brønsted-Lowry-Theorie nicht alle Substanzen einschließt, die sich in gewisser Hinsicht wie Säuren und Basen verhalten. Zum Beispiel ist die Reaktion zwischen Kohlendioxid und Calciumoxid (CaO, gebrannter Kalk)

$$CaO(s) + CO_2(g) \rightarrow CaCO_3(s)$$

eine Art Neutralisationsreaktion, in der zwei Verbindungen ihre Reaktionsfähigkeit gegenseitig befriedigen, ganz wie in der Reaktion zwischen einer Säure und einer Base. Weil in der Reaktion kein Protonentransfer stattfindet, handelt es sich aber nicht um eine Brønsted-Lowry-Neutralisation. Ist etwa eine noch umfassendere Theorie der Säuren und Basen denkbar, die sich auf Elektronen bezieht und nicht von der Gegenwart eines übertragbaren Protons abhängt?

Lewis-Säuren und -Basen

Gilbert Lewis, dessen Beschäftigung mit Elektronenpaaren ihn 1916 zu der Formulierung einer aussagekräftigen Theorie der molekularen Struktur führte (wie wir in Kapitel 2 sahen), erntete weitere Früchte seines Konzepts, als er 1923 eine sehr weit gefaßte Definition des Säure-Base-Verhaltens formulierte. Lewis überlegte sich, daß das entscheidende Kennzeichen einer Säure darin besteht, ein Elektronenpaar aufnehmen zu können, und das entscheidende Kennzeichen einer Base, ein Elektronenpaar abgeben zu können. Im Zusammenhang mit dieser Theorie bedeutet die Aufnahme eines Elektronenpaares die Bildung einer kovalenten Bindung zwischen der Säure und der Base; es findet keine vollständige Übergabe statt. Lewis wendet in seiner Definition das Augenmerk vom Proton ab und lenkt es wieder auf ein Elektronenpaar. Wir werden jedoch sehen, daß seine Definition dadurch Brønsted-Säuren und -Basen einschließt und die glänzenden Errungenschaften der Brønsted-Lowry-Theorie unangetastet läßt. Auch seine Neudefinitionen sind also evolutionär, nicht revolutionär.

Betrachten wir zuerst eine „Lewis-Base" (eine L-Base), eine Teilchenart, die ein Elektronenpaar abgeben und dadurch eine kovalente Bindung ausbilden kann. Ein Oxidion (O^{2-}) fungiert als eine Lewis-Base, weil es ein einsames Elektronenpaar besitzt, das es an einen geeigneten Akzeptor abgeben kann. Jede B-Base ist gleichzeitig auch eine L-Base, weil eine Teilchenart, die ein Proton aufnehmen kann, auch ein Elektronenpaar besitzen muß, an das sich das Proton anlagern kann. Wenn wir uns mit einer Teilchenart beschäftigen, die eines ihrer einsamen Elektronenpaare benutzt, um als Lewis-Base zu reagieren, so ist es nützlich, dieses Paar ausdrücklich hinzuschreiben. Deshalb schreiben wir von jetzt an das Oxidion als $:O^{2-}$. Wenn eine Teilchenart mehrere einsame Elektronenpaare besitzt (das Oxidion hat vier), zeigen wir oft nur eines von ihnen, obwohl alle wichtig sind. Das Hydroxidion ist eine weitere Lewis-Base, wir schreiben es als $:OH^-$ (das Ion hat tatsächlich drei einsame Elektronenpaare, $:\ddot{O}H^-$).

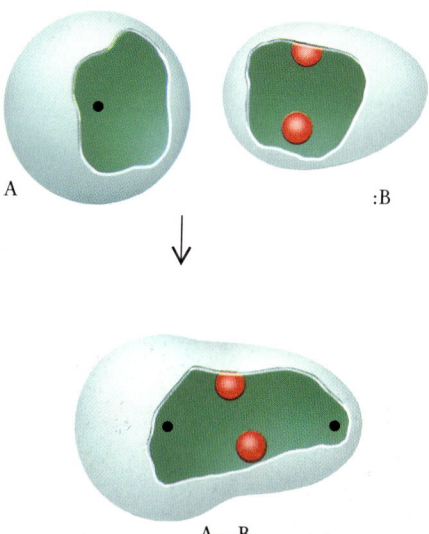

3.7 Kennzeichen der Reaktion zwischen einer Lewis-Säure und einer Lewis-Base ist die Bildung einer kovalenten Bindung. Dabei gibt eine Teilchenart (die Base) ein Elektronenpaar an die andere (die Säure) ab.

Betrachten wir nun eine „Lewis-Säure" (eine L-Säure), eine Teilchenart, die ein Elektronenpaar aufnehmen und dadurch eine kovalente Bindung mit dem Elektronenspender, dem Donor (der Lewis-Base) bilden kann. Ein wichtiges Beispiel für eine L-Säure ist das Proton selbst. Deshalb kann ein Proton (H^+) sich an ein Elektronenpaar anlagern, das von einer Lewis-Base bereitgestellt wird, und eine kovalente Bindung mit ihr ausbilden:

$$H^+ + :O^{2-} \rightarrow O-H^-$$

Die L-Säuren schließen alle B-Säuren mit ein, aber es gibt einen kleinen Unterschied: Eine B-Säure *enthält* ein Proton, deshalb wird sie zur *Quelle* der L-Säure. Auf diese Weise wird die Kohlensäure, die gleichzeitig A- und B-Säure ist, zur Quelle einer L-Säure. Es ist für diese Darstellung von allergrößter Bedeutung, daß Kohlendioxid eine Lewis-Säure ist; sie ist aber keine Brønsted-Säure, weil sie keine Protonen abgeben kann. Wie sie als L-Säure wirkt, können wir sehen, wenn Kohlendioxidmoleküle sich in Wasser auflösen wie etwa in Mineralwasser oder, in einem größeren Maßstab, in den Meeren. Das Kohlendioxid reagiert mit Hydroxidionen, die wegen der Dissoziation eines kleinen Anteils der Wassermoleküle immer in Wasser vorkommen:

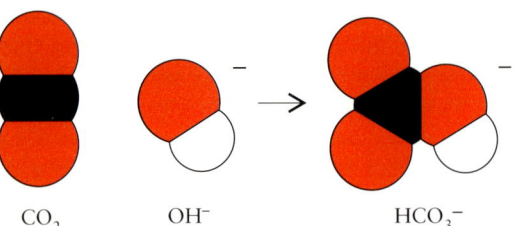

CO_2 OH^- HCO_3^-

Ein einsames Elektronenpaar des Hydroxidions (einer Lewis-Base) dringt in die Orbitale des Kohlenstoffatoms ein, drängt die Elektronen einer der C=O-Doppelbindungen auf das Sauerstoffatom zurück und bildet eine neue C—O-Bindung aus. Das Ergebnis ist das HCO_3^--Ion, dem nur ein Proton zur Kohlensäure fehlt. Das Kohlenstoffatom des CO_2-Moleküls hat ein einsames Elektronenpaar bei der Reaktion aufgenommen und ist deshalb eine Lewis-Säure.

Ein beinahe identischer Vorgang spielt sich bei der Reaktion ab, mit der wir den letzten Abschnitt beendet haben: der Bildung von Calciumcarbonat aus Calciumoxid (gebrannter Kalk) und Kohlendioxid. Aber in dieser Reaktion wird das CO_2-Molekül von dem einsamen Elektronenpaar eines Oxidions attackiert. Eine ganz ähnliche Reaktion läuft ab, wenn Mörtel – eine Mischung aus gelöschtem Kalk ($Ca(OH)_2$) und Siliciumdioxid (SiO_2) als Sand – an der Luft zu einer Masse aus Calciumcarbonat und Siliciumdioxid aushärtet. Kehren wir die Einlagerung um, so erhalten wir die thermische Zersetzung von Kalkstein, die zur Zementherstellung und bei der Eisengewinnung im Hochofen als Quelle für Calciumoxid genutzt wird. Das Brennen von Kalk aus Kalkstein in einem heißen Ofen ist ein Vorgang, der jetzt gut zu verstehen

3.8 Portland-Zement wird durch Erhitzen einer Mischung aus Siliciumdioxid, Ton und Kalk auf eine Temperatur von etwa 1500 Grad Celsius hergestellt. Die erkaltete Masse wird anschließend zu einem feinen Pulver zermahlen, dem etwas Gips ($CaSO_4 \cdot 2H_2O$) beigemischt wird. Rührt man diese Mischung mit Wasser an, setzt eine Reaktion ein, und die Mischung verwandelt sich in eine feste Masse, die hauptsächlich aus Calciumsilicat besteht. Die ineinander verzahnten Kristalle, die dem Zement seine Festigkeit geben, zeigt diese vergrößerte Aufnahme.

ist, denn wenn das Carbonation heftig schwingt, kann das Oxidion die angelagerte Lewis-Säure CO_2 abschütteln:

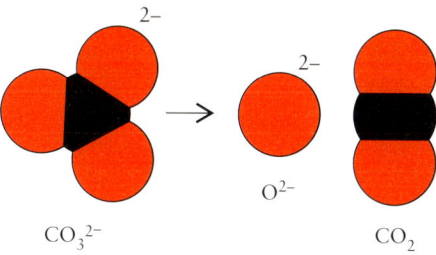

$$CO_3^{2-} \quad \rightarrow \quad O^{2-} \qquad CO_2$$

Die Calciumionen binden die Oxidionen im Festkörper, und die Kohlendioxidmoleküle verflüchtigen sich als Gas.

Die Bildung von Carbonationen beim Auflösen des Kohlendioxids in Wasser oder bei seiner Bindung durch ein Oxidion ist ein Spezialfall jenes grundlegenden Typs von Reaktionen, die zwischen einer Lewis-Säure und einer Lewis-Base stattfinden. Diese Reaktion hat einen „Komplex" zur Folge, in dem die Lewis-Säure und die Lewis-Base über eine kovalente Bindung verknüpft sind; gebildet wird sie durch das Elektronenpaar, das die Base an die Säure abgibt:

$$A \quad + \quad :B \quad \rightarrow \quad A—B$$
L-Säure   L-Base   Komplex

Dieser grundlegende Reaktionstyp (und seine Umkehrung, die Zersetzung eines Komplexes) faßt eine große Anzahl von Reaktionen zusammen und öffnet für das Kohlendioxid das Tor zu den Meeren und Kontinenten.

Es stellt sich heraus, daß viele chemische Reaktionen auf eine etwas andere Weise ablaufen als die grundlegende Komplexbildungsreaktion. Eine Abwandlung ist die „Verdrängungsreaktion", bei der eine L-Base (:B′) eine andere (:B) aus einem Komplex verdrängt:

$$B—A \quad + \quad :B′ \quad \rightarrow \quad B: \quad + \quad A—B′$$
Komplex   L-Base   L-Base   Komplex

Viele Reaktionen verlaufen nach dem Muster der Verdrängungsreaktion, einschließlich aller Säure-Base-Reaktionen nach Brønsted. Eine Variation desselben Themas ist die Verdrängung einer L-Säure durch eine andere:

$$A′ \quad + \quad B—A \quad \rightarrow \quad A′—B + \quad A$$
L-Säure   Komplex   Komplex   L-Säure

Die Reaktion, die Faraday in seiner Vorlesung zur Herstellung von Kohlendioxid benutzte, ist beispielsweise eine Verdrängungsreaktion. Er gab Stücke

3.9 Die Wirkung von verdünnter Salzsäure auf Marmorstückchen kann zur Herstellung von Kohlendioxid im Labor genutzt werden.

63

„sehr schönen und hochwertigen Marmors" (Calciumcarbonat) in ein Reaktionsgefäß, das verdünnte Salzsäure (eine wäßrige Lösung von Chlorwasserstoff) enthielt. Heute wissen wir, daß bei der Reaktion

$$CaCO_3(s) + 2\,HCl(aq) \rightarrow CaCl_2(aq) + H_2O(l) + CO_2(g)$$

die Zersetzung des Carbonations im Festkörper den wesentlichen Schritt bildet. Sie erfolgt durch die Einwirkung des immer angriffslustigen Wasserstoffions, das von der Säure zur Verfügung gestellt wird. Weder die Calciumkationen (die lediglich die Carbonationen im Festkörper zusammenhalten) noch die Chloridionen (die die Wasserstoffionen in der Säure begleiten) spielen irgendeine direkte Rolle in der Reaktion (sie sind „Zuschauer-Ionen"). Wenn wir sie und eines der Protonen von beiden Seiten der Gleichung abziehen, erhalten wir:

$$CO_3{}^{2-}(s) + H^+(aq) \rightarrow CO_2(g) + OH^-(aq)$$

Nachdem wir so das Grundgerüst der Reaktion freigelegt haben, können wir den Reaktionstyp bestimmen. Wir haben bereits gesehen, daß das Carbonation ein Komplex der L-Säure CO_2 und der L-Base $:O^{2-}$ ist. Außerdem stellt das OH^--Ion einen Komplex der L-Säure H^+ und der L-Base $:O^{2-}$ dar. Deshalb können wir die Reaktion als eine Verdrängungsreaktion ansehen, bei der die sehr starke L-Säure H^+ die schwächere L-Säure CO_2 aus ihrem Komplex mit dem O^{2-}-Ion vertreibt:

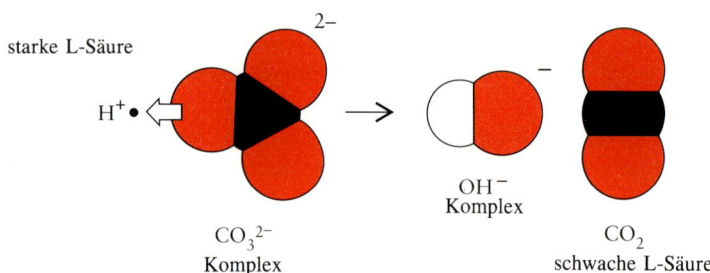

starke L-Säure

H^+ •

$CO_3{}^{2-}$
Komplex

OH^-
Komplex

CO_2
schwache L-Säure

In diesem sehr einfachen Experiment zauberte Faraday unbewußt mit einsamen Elektronenpaaren und veranlaßte eine Base, ihren schwächeren Partner zu verlassen.

Ein Beispiel für eine Verdrängung durch eine zweite L-Base bietet die Reaktion zwischen Kohlensäure und Wasser. Sie findet statt, wenn sich das Kohlendioxid in einem Regentropfen oder im Meer gelöst hat. Zugleich vermittelt sie uns einen Eindruck von der Allgegenwart der Verdrängungsreaktionen. In dieser Reaktion wird ein Proton (eine L-Säure) von einer Säure (einem Komplex) auf Wasser übertragen, das als L-Base reagieren kann, weil es ein einsames Elektronenpaar übrig hat:

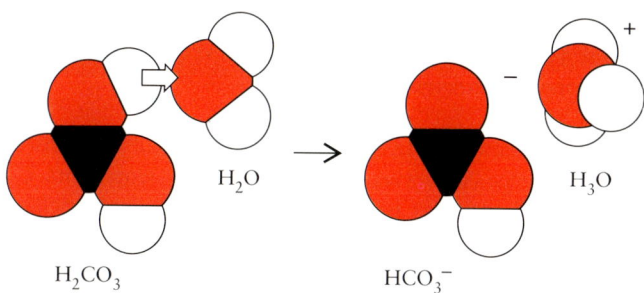

Ganz analog ist auch die Bildung von H_2CO_3 aus $HCO_3{}^-$-Ionen in Wasser eine Verdrängungsreaktion; hier aber spielt das Wasser die Rolle des Komplexes H—OH. In diesem Fall wirkt das $HCO_3{}^-$-Ion als angreifende L-Base, die ein Proton (eine L-Säure) aus seiner Verbindung mit einem Hydroxidion (einer andereren L-Base) entreißt:

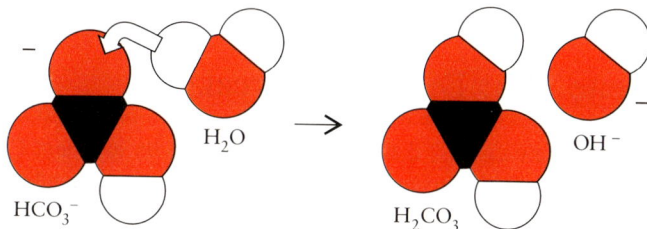

Nachdem wir nun schon so weit vorgedrungen sind und die grundlegenden Prozesse nach der Brønsted-Lowry-Theorie der Säuren und Basen offengelegt haben, ist es nicht verwunderlich, daß wir jetzt den Vorgang erklären können, der einer Neutralisation in Wasser zugrunde liegt:

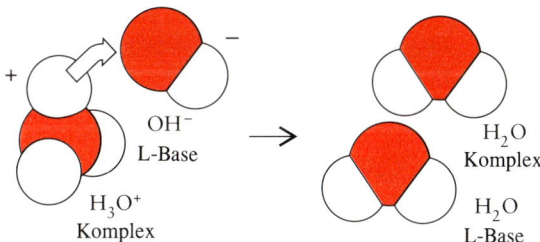

Kurz zusammengefaßt ist der grundlegende Prozeß nach der Brønsted-Lowry-Theorie – die Protonenübertragung – eine Verdrängungsreaktion im Lewis'schen Sinne. Wir sollten den Chamäleon-Charakter des Wassers beachten: H_2O spielt sowohl die Rolle einer L-Base als auch eines Komplexes in ein und derselben Reaktion. Es ist ebenso eine B-Säure (weil es ein Proton an ein anderes Teilchen abgeben kann) wie auch eine B-Base (weil es ein Proton aufnehmen und zu einem H_3O^+-Ion werden kann). Allmählich entdecken wir die einzigartige Fähigkeit des Wassers, auf viele verschiedene Weisen an chemischen Reaktionen mitzuwirken.

Beim Übergang von der Brønsted-Lowry-Theorie zur Lewis-Theorie der Säuren findet eine wichtige Akzentverschiebung statt, die jener beim Übergang von der Arrhenius-Theorie zur Brønsted-Lowry-Theorie entspricht. Eine B-Säure ist die Einheit HA, die Protonenspenderin. In Lewis' Augen ist in der Einheit HA die L-Säure das H^+-Ion (das Proton) selbst. Die B-Säure dient nur als Quelle dieser Säure. Der wesentliche Unterschied zwischen diesen beiden Sichtweisen liegt darin, daß die Lewis-Theorie sich auf den Teil konzentriert, der das Verhalten einer Teilchenart bestimmt. Wir werden dieses Verfahren, die Sichtweise zu verfeinern, später in diesem Kapitel weiter verfolgen und es bis zu seiner letzten logischen Konsequenz (einige mögen meinen:) übertreiben.

Der zweite Typ: Die Fällungsreaktion

Gehen wir einmal davon aus, daß unser Kohlenstoffatom in einem Carbonation in einer Lösung von Natriumcarbonat (Na_2CO_3) vorliegt. Außerdem haben wir eine Lösung der sehr gut löslichen Verbindung Calciumchlorid ($CaCl_2$). Die beiden Verbindungen lösen sich vor allem deshalb so gut in Wasser, weil sowohl die Natriumkationen (Na^+) wie auch die Chloridanionen (Cl^-) ziemlich groß sind und nur eine einfache Ladung tragen. Aus diesem Grund ziehen sie ihre jeweiligen Partner (die Carbonationen und die Calciumionen) nicht besonders stark an. Wenn man die beiden Verbindungen also in Wasser gibt, trennen sich die Ionen und verteilen sich in der Flüssigkeit. Mischt man nun die beiden Lösungen, so bleiben die Natrium- und die Chloridionen in Lösung, aber es bildet sich sofort ein dichter weißer „Niederschlag", ein unlöslicher Feststoff, der aus der Lösung auszufallen scheint. Der Niederschlag besteht aus Calciumcarbonat. Die Reaktion, nach der er entsteht, läßt sich formulieren als:

$$Na_2CO_3\,(aq) + CaCl_2\,(aq) \rightarrow CaCO_3\,(s) + 2\,NaCl\,(aq)$$

| Natrium-carbonat-lösung | Calcium-chlorid-lösung | Calcium-carbonat-niederschlag | Natrium-chlorid-lösung |

Eine neue Substanz — Calciumcarbonat — hat sich aus zwei anderen Substanzen, aus Natriumcarbonat und Calciumchlorid, gebildet. Zum Glück für unsere Landschaften, Gebäude und Skulpturen ist das Calciumcarbonat in Wasser schlecht löslich, vor allem weil das kleine, hochgeladene Ca^{2+}-Ion das ebenfalls hochgeladene CO_3^{2-}-Ion stark anzieht. In der Fähigkeit des Ca^{2+}-Ions, andere Ionen so stark anzuziehen, liegt auch ein wichtiger Grund, warum Calcium als strukturbildendes Material so weit verbreitet ist: Als Carbonat

3.10 Gießt man eine Lösung von Natriumsulfid in eine Lösung von Cadmiumnitrat, so bilden sich Wolken eines gelben Niederschlages von Cadmiumsulfid.

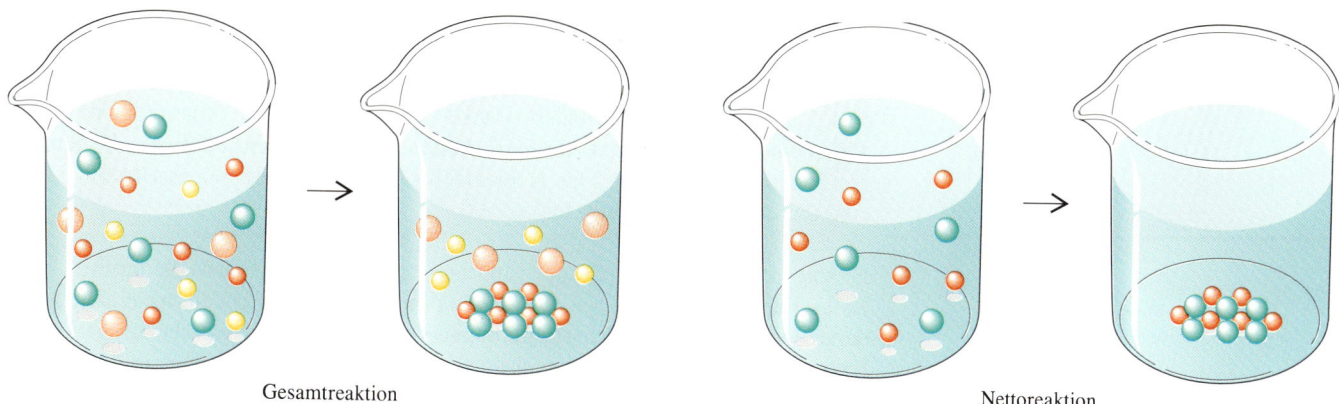

Gesamtreaktion Nettoreaktion

3.11 Eine Fällungsreaktion (links) kann dadurch auf das Wesentliche reduziert und vereinfacht werden, daß man die „Zuschauer-Ionen" entfernt (rechts), also diejenigen Ionen, die unverändert in der Lösung zurückbleiben. Dies zeigt, daß in dieser Reaktion lediglich zwei Sorten von Ionen die Lösung durch Bildung eines unlöslichen Feststoffes verlassen.

3.12 Ein Stalaktit ist eine Ablagerung von Calciumcarbonat, die von der Decke einer Kalksteinhöhle herabhängt. Der Name ist aus dem Griechischen abgeleitet und bedeutet „herabtropfen". Ein Stalagmit („das, was tropft") ist die entsprechende Säulenstruktur, die vom Boden aus aufwärts wächst.

findet man es in Kalkstein und Marmor, als Phosphat in unseren Knochen, und als Silicat ist es Bestandteil des Zements.

Doch trotz all des Fällungswirbels, der die Reaktion begleitet, ist nicht gerade viel passiert, denn alle zu Beginn eingesetzten Ionen liegen auch jetzt noch vor. Die Calciumkationen und die Carbonatanionen, die einander plötzlich in derselben Lösung begegnet sind, haben sich zusammengelagert, einen unlöslichen Festkörper gebildet und die begleitenden Ionen in der Lösung zurückgelassen. Die Reaktion — fast eine Nichtreaktion, denn es hat lediglich ein Austausch der Partner stattgefunden — wird „Fällungsreaktion" genannt. Ganz allgemein besteht das Ergebnis einer Fällungsreaktion darin, daß zwei Typen von Ionen aus der Lösung als Niederschlag ausfallen, weil sie gemeinsam eine unlösliche Verbindung bilden.

Es soll hier allerdings nicht der Eindruck erweckt werden, daß alle unsere Kalksteinhügel und -gebirge das Resultat einer gigantischen Fällungsreaktion darstellen. Einige Kalksteinablagerungen sind wohl als Folge einer direkten Fällung entstanden (zum Beispiel dort, wo calciumhaltiges Wasser in Ozeane fließt). Die meisten aber haben sich auf indirektem Weg gebildet, indem das Leben im Meer Calcium- und Carbonationen zum Aufbau der Schalen von Krustentieren benutzt und diese zeitweiligen Behausungen ablagert. Die Bereitstellung des Calciums zum Aufbau von Schalen und Korallen und zur Bildung unserer Knochen und Zähne unterliegt der biologischen Kontrolle. Versagt dieses System einmal, so kann sich Calciumcarbonat (und auch Calciumphosphat) an ungeeigneten Stellen ablagern, was zur Steinbildung (beispielsweise Nieren- und Gallensteinbildung), zum grauen Star und zur Osteoarthritis führen kann. (Die Osteoarthritis ist eine vom Knochen her auf das Gelenk übergreifende entzündliche Gelenkserkrankung.)

Der dritte Typ: Die Radikalreaktion

Wird in einer Lewis-Reaktion zwischen einer Säure und einer Base eine kovalente Bindung gebildet oder gebrochen, so stellt ein einziges Teilchen das für die Bindung benötigte Elektronenpaar zur Verfügung. Als nächstes betrachten wir einen Reaktionstyp, bei dem jede Teilchenart nur *ein* Elektron bereitstellt. Eine Teilchenart mit einem ungepaarten Elektron wird „Radikal" genannt. In einer für sie typischen Reaktion vereinigen sich zwei Radikale unter Ausbildung einer kovalenten Bindung. Ein Beispiel dafür findet man in der Kombination eines Hydroxylradikals, •OH (der Punkt steht für das ungepaarte Elektron), und eines Methylradikals CH_3•:

$$CH_3\bullet + \bullet OH \rightarrow CH_3OH$$

Diese ist eine der unzähligen Reaktionen, die in einer Kerzenflamme stattfinden, sobald die Moleküle des Brennstoffes bei ihrer Umwandlung zu Kohlendioxid auseinandergerissen werden. Die Vereinigung von zwei Radikalen stellt das Ein-Elektronen-Analogon zur Lewis-Neutralisation dar: Eine „Säure" (jetzt natürlich ein Radikal) und eine „Base" (ein zweites Radikal) verbinden sich zu einem „Komplex", einem Molekül, in dem alle Elektronen gepaart sind. Dieser Komplex ist weder eine Säure noch eine Base. Tatsächlich

3.13 Das wesentliche Kennzeichen einer Radikalkombination ist die Bildung einer kovalenten Bindung, zu der jedes Radikal ein Elektron beiträgt.

geht die Analogie noch über die Komplexbildung hinaus, weil es auch einen
Typ von Radikalreaktionen gibt, der wie eine Verdrängungsreaktion abläuft.
In einer derartigen Reaktion greift ein Radikal ein Molekül an und verdrängt
ein anderes Radikal aus dem Molekül, gerade so wie in einer Verdrängungsreaktion eine L-Säure einen Komplex angreift und eine andere L-Säure hin-
ausdrängt. Beispielsweise kann ein Hydroxylradikal ($\cdot$OH) ein Fluorchlor-
kohlenwasserstoff-Molekül (FCKW) angreifen, das eine C$-$H-Bindung enthält. Dies führt zur Bildung eines neuen Radikals:

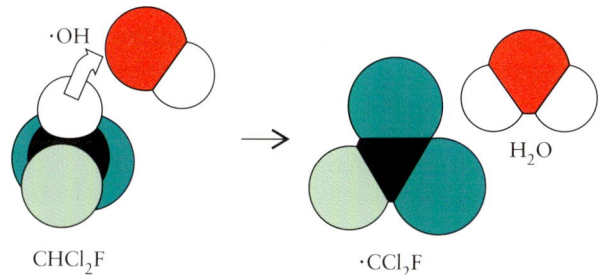

Die Form dieser Reaktion,

$$\text{Radikal} + \text{Molekül} \rightarrow \text{Molekül} + \text{Radikal}$$

entspricht genau

$$\text{L-Säure} + \text{Komplex} \rightarrow \text{Komplex} + \text{L-Säure}.$$

Am Rande sei bemerkt: Gerade diese Reaktion läßt auf eine Gnadenfrist für
die FCKW hoffen. Die zur Zeit verwendeten Fluor-Chlor-Kohlenstoff-Ver-
bindungen sind im allgemeinen Moleküle wie etwa CF_2Cl_2, in denen alle
Wasserstoffatome durch Halogenatome ersetzt sind. Ihnen fehlen die empfindlichen C$-$H-Bindungen, die sie für einen Abbau verletzlich machen. Deshalb
steigen sie durch die Troposphäre auf bis in die Stratosphäre, wo sie durch
die harte Sonnenstrahlung in Radikale gespalten werden. Diese Radikale reagieren mit Ozon (O_3), verringern so dessen Konzentration und setzen dadurch
das Leben auf der Erde schädlichen Strahlungen aus. Ist jedoch eine C$-$H-
Bindung vorhanden, können Hydroxyl- und andere Radikale die FCKW noch
in der Troposphäre angreifen und möglicherweise verhindern, daß sie jemals
die Stratosphäre erreichen. Hier eröffnet sich die Möglichkeit, Fluorchlorkohlenwasserstoffe zu produzieren, die die Ozonschicht nicht gefährden. Eine andere sehr wichtige Reaktion in der Troposphäre hilft, die Kohlenmonoxidmo-
leküle aus der Luft zu entfernen:

$$\text{HO}\cdot + \text{CO} \rightarrow \text{H}\cdot + CO_2$$

Diese Reaktion bestimmt weitgehend die chemische Zusammensetzung der
Atmosphären von Venus und Mars: Dort wird Kohlenmonoxid durch die Ein-

wirkung der Sonnenstrahlung auf Kohlendioxid gebildet, das in großen Mengen in der Atmosphäre vorkommt.

Radikalreaktionen beschleunigen auch den Kreislauf der organischen Formen des Kohlenstoffes, denn sie sind an degenerativen Erkrankungen, am Altern und am Tod beteiligt. Bei Reaktionen, die einem Verbrennungsprozeß verwandt sind, greifen Radikale die kohlenwasserstoffähnlichen Moleküle der Zellmembranen an und verursachen so den Tod der Zelle. Neue Therapieformen versuchen, den Radikalreaktionen gezielt entgegenzuwirken. Von einigen Verbindungen wie zum Beispiel den Vitaminen E und C weiß man, daß sie Sauerstoffradikale abfangen, bevor diese die Zellmembranen ernsthaft schädigen können. Dieselbe Strategie wird von der Forschung gegenwärtig zur Bekämpfung neurologischer Schäden, die von sauerstoffhaltigen Radikalen verursacht werden, verfolgt. Solche Radikale werden zum Beispiel bei Kopf- und Wirbelsäulenverletzungen und nach Schlaganfällen gebildet. Die Radikale entstehen, wenn Reaktionen außer Kontrolle geraten und Zwischenprodukte freisetzen, bevor diese vollständig zu den Endprodukten umgewandelt wurden. Die Strategie zum Abfangen der Radikale besteht üblicherweise darin, daß das schädliche Radikal — es kann zum Beispiel ein Peroxylradikal ($\cdot OOH$) sein — die schützende Verbindung angreift. Entweder bindet sich das Radikal an diese und kann dadurch keinen weiteren Schaden mehr anrichten oder es bildet ein neues Radikal, das so groß ist, daß es sich vom Ort seiner Entstehung nicht mehr entfernen kann.

Die Verbrennung von Kraftstoffen verläuft über Radikale. Als Faraday seine Kerze entzündete, löste er ebenso eine wahre Sintflut von Radikalen aus. Beim Anzünden — mit einem glühenden Draht oder einer anderen Flamme — zerstört man einige Kohlenwasserstoffmoleküle und erzeugt Radikale, beispielsweise gemäß der Reaktion:

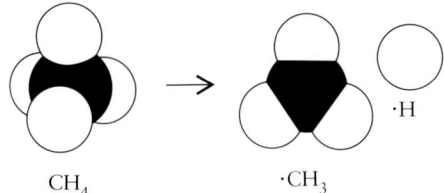

CH_4 $\cdot CH_3$ $\cdot H$

Diese Radikale greifen andere Moleküle an:

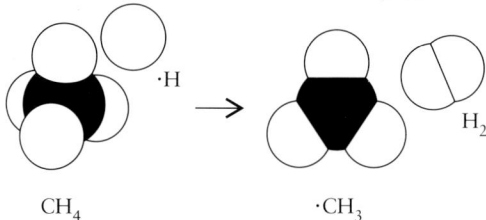

CH_4 $\cdot H$ $\cdot CH_3$ H_2

Sind einmal einige Radikale entstanden, kennt die Vielfalt der möglichen Folgereaktionen fast keine Grenzen. So können etwa noch mehr Wasserstoffatome von den Methylradikalen weggerissen werden; die gebildeten kohlenstoffreichen Radikale können sich zusammenlagern und zu Teilchen aus fast reinem Kohlenstoff anwachsen, die den Rauch ausmachen. Mangelt es der brennenden Mischung an Sauerstoff, wie es in der Kerzenflamme der Fall ist, können die Cluster zu Partikeln aus Tausenden von Kohlenstoffatomen anwachsen. Diese Partikel leuchten in der Hitze der Flamme auf: Die Temperatur regt Elektronen an. Deshalb senden sie Strahlung über einen weiten Wellenlängenbereich aus und glühen gelblich-weiß.

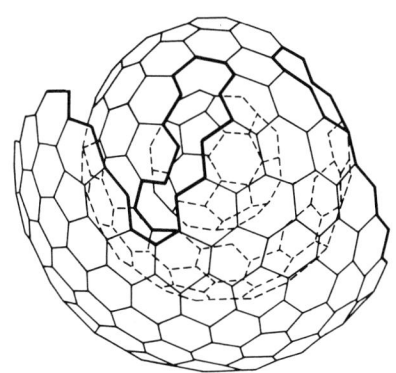

3.14 Einiges deutet darauf hin, daß Kohlenstoffteilchen, wie sie sich im Rauch der Flamme bilden, die Struktur runder Knäuel aus Maschendraht haben.

Unter bestimmten Temperatur- und Druckbedingungen (aber niemals in einer Kerze) kann ein Gemisch von Kohlenwasserstoffen und Luft explodieren. Einen Prozeß, der zur Explosion führt, können wir daran erkennen, daß einige seiner Reaktionsschritte die Anzahl der Radikale vergrößern. Zum Beispiel erzeugt der Schritt

$$H\bullet + O_2 \rightarrow HO\bullet + \bullet O\bullet$$

zwei Radikale aus dem einen Radikal, das auf der linken Seite steht (ein Sauerstoffatom besitzt zwei ungepaarte Elektronen). Der Fachausdruck für einen Reaktionsschritt, in dem sich die Anzahl der Radikale erhöht, heißt „Kettenverzweigung". Als Folge einer Kettenverzweigung erhöht sich die Reaktionsgeschwindigkeit dramatisch, weil jedes Radikal seine eigene Nachkommenschaft reaktiver Radikale erzeugt. Der Brennstoff wird dabei mit explosionsartiger Geschwindigkeit aufgebraucht, und das Brennstoff-Luft-Gemisch explodiert.

Nachdem wir jetzt wissen, daß die Verbrennung durch Radikale aufrechterhalten wird, können wir eine Möglichkeit finden, eine unerwünschte Ausbreitung der Flammen zu verhindern: Die Verbrennung wird dann zum Erliegen kommen, wenn wir in das Gewirr der Reaktionen eingreifen und Radikalkettenreaktionen umlenken oder beenden. Man kann beispielsweise Halogenatome in die Flamme einbringen, denn sie können den Kohlenstoffatomen Wasserstoffatome entreißen, wie in der Reaktion:

$$Br\bullet + H-CH_3 \rightarrow Br-H + \bullet CH_3$$

Jetzt wird das HBr-Molekül zum Köder für ein Hydroxylradikal:

$$HO\bullet + H-Br \rightarrow HO-H + Br\bullet$$

Die Radikalkette ist damit vom Kohlenwasserstoff abgelenkt. Das Halogenatom ist wiederhergestellt und kann zurück in den Kreislauf der umlenkenden Reaktionen eintreten. Einige Feuerlöschmittel arbeiten nach diesem Prinzip der „Radikalablenkung". Um Gewebe feuerhemmend zu machen, bettet man Halogenverbindungen ein oder bindet sie chemisch an. Wenn die Gewebe entflammen, setzen diese Verbindungen Bromatome frei und brechen die Radikalkettenreaktionen ab.

Bevor ein fester Brennstoff wie Kerzenwachs oder Kohlenhydrate, zum Beispiel in Form von Holz, brennen kann, muß er (im Gegensatz zu brennbaren Gasen und Flüssigkeiten) zuerst teilweise zersetzt und verdampft werden. Der erste Schritt in der Verbrennung eines Feststoffes besteht deshalb in der Zerstörung der Moleküle dicht an seiner Oberfläche und ihrer Verdampfung in den Raum darüber, wo sie nach den beschriebenen Radikalprozessen verbrennen. Die Verbrennung, die über der Oberfläche stattfindet, unterstützt die Molekülspaltung. Die Flammenschicht dicht über der Oberfläche liefert die Hitze, die mit einer so intensiven Strahlung auf die Oberfläche einwirkt, daß Bindungen gebrochen und Bruchstücke herausgeschleudert werden, bevor sie wieder zusammenfinden können.

Das Aufbrechen der Oberflächenmoleküle stellt einen wesentlichen Schritt in der Unterhaltung einer Flamme dar. Dieses Wissen führt zu einer weiteren Methode, die Ausbreitung von Bränden einzudämmen: Es sollte möglich sein, Materialien in die Oberfläche einzubauen, die ihre Zersetzung und Spaltung verhindern. Werden zum Beispiel Phosphate eingebaut, setzt die Zündungshitze der Flamme Reaktionen in Gang, die dazu beitragen, die Oberfläche zu versiegeln und ihrer Zersetzung zu gasförmigem Brennstoff vorzubeugen.

So wie die Radikalreaktionen der Wärmeerzeugung dienen, können sie auch zur Leistung von Arbeit genutzt werden. Während Wärme Energie ist, die in der ungeordneten Bewegung der Atome steckt, ist Arbeit Energie, die sich als gleichgerichtete Bewegung von Atomen zeigt. Das Musterbeispiel für Arbeit — der Vorgang, dem jede Arbeit zumindest hypothetisch entspricht — ist das Anheben aller Atome eines Gewichts auf eine größere Höhe. Zwischen der Entdeckung, daß man mit Brennstoff heizen kann, und seiner Nutzung zum Antrieb liegt eine lange Zeit. Tatsächlich spiegelt diese Zeitdauer die ungleich größere technologische Herausforderung wider, eine Bewegung in einer geordneten Weise zu übertragen, anstatt sie als ungeordnetes Durcheinander in Form von Wärme freizusetzen.

Um Energie als Arbeit zu gewinnen, führt man eine Reaktion in einem *asymmetrischen* System durch. In einem Verbrennungsmotor ist dieses asymmetrische System ein Zylinder, der mit einer beweglichen Wand (dem Kolben) ausgestattet ist. In einem Raketentriebwerk ist es ein Zylinder mit einer einfachen Öffnung (eine kompliziertere Öffnung in einem Strahltriebwerk). Die Asymmetrie des Reaktionsraumes erlaubt es, die Energie der Verbrennung in Bewegung umzusetzen. Die bei der Reaktion freigesetzte Wärme läßt die Gase im Reaktionsraum sich ausdehnen, und die stark erhöhte Temperatur verleiht den entstehenden Molekülen, Radikalen und Ionen sehr viel höhere Geschwindigkeiten. Ihre Stöße auf die bewegliche Wand treiben diese nach außen. Es ist ein leicht lösbares technisches Problem, diese geradlinige Bewegung in eine Kreisbewegung umzusetzen und diese wieder zurückzuverwandeln in eine geradlinige Bewegung, wie es in vielen Fällen nötig ist, so auch beim Auto, das auf einer Straße fährt. Existiert keine bewegliche Wand, wie bei der Rakete, so treibt der Impuls der herausgeschleuderten Moleküle das Fluggerät fort.

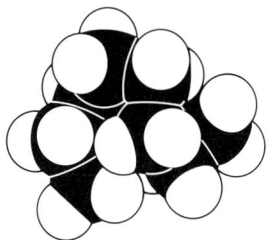

Isooctan, C_8H_{18}

In einem Benzinmotor sollte der Kraftstoff während der Verdichtung allmählich verbrennen, um einen gleichmäßigen Schub auf den Kolben auszuüben. In einem Dieselmotor hingegen verbrennt der Kraftstoff explosionsartig, wenn die Gase vollständig komprimiert sind. Aus diesem Grund benötigen wir zwei Arten von Verbrennung: eine allmähliche beim Benzinmotor und eine schnelle beim Dieselmotor. Geradkettige Kohlenwasserstoffe verbrennen sehr rasch: Ihre Kohlenstoffketten liegen so frei zugänglich, daß sie leicht in Radikale zerbrechen und die Verbrennung deshalb explosionsartig schnell abläuft. Wenn wir also einen Kraftstoff benutzen, der reich an geradkettigen Kohlenwasserstoffen ist, können wir leicht die Bedingungen eines Dieselmotors erfüllen, der eine plötzliche Energiefreisetzung im Augenblick der größten Verdichtung verlangt. Typische Dieselkraftstoffe bestehen aus Kohlenwasserstoffen wie dem Cetan (Hexadecan), einem Molekül mit 16 Kohlenstoffatomen in einer unverzweigten Kette. Im Gegensatz dazu weist die unter der Bezeichnung Isooctan bekannte Substanz eine viel geschütztere Struktur auf und beteiligt sich an Radikalreaktionen viel weniger heftig: Sie brennt zwar, aber sie verbrennt kontrolliert. Das gleiche gilt für Verbindungen, die dem Benzol verwandt sind, wie Toluol und Xylol, denen der Benzolring eine innere Stabilität verleiht und sie gegen zu schnelle Reaktionen schützt.

Ein Teil der Arbeit einer Raffinerie besteht darin, aus dem Rohöl die Moleküle mit den passenden Verbrennungseigenschaften zu gewinnen. Alternativ dazu kann man dem Kraftstoff eine Substanz zumischen, die an der Reaktion teilnimmt und ihren Verlauf mäßigt. Lange Zeit erfüllte die bekannte Verbindung Tetraethylblei diese Rolle. Ihre Ethylgruppen (C_2H_5) sind nur lose an das zentrale Bleiatom gebunden und werden leicht als Radikale abgespalten, wenn die Verbrennung einsetzt. Sie können dann an der Radikalkettenreaktion teilnehmen, die der Verbrennungsreaktion entspricht, und so zu ihrem gemäßigten Ablauf beitragen.

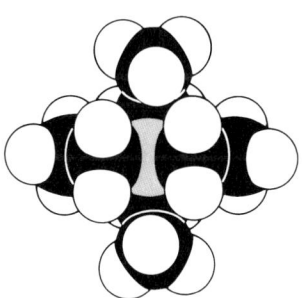

Tetraethylblei, $Pb(C_2H_5)_4$

Der vierte Typ: Die Redoxreaktion

Der Dreh- und Angelpunkt von Faradays Vorlesungen, die Verbrennung von Kerzenwachs, war eine „Redoxreaktion". Redoxreaktionen treten in einer überwältigenden Vielfalt auf. Sie umfassen die Reaktionen, die an den Anfängen der Zivilisation stehen, wie die Gewinnung von Metallen aus ihren Erzen. Sie umfassen auch die Reaktionen, die die Quelle aller biologischen Aktivität darstellen, denn die Schlüsselreaktionen der Photosynthese und der Atmung sind Redoxreaktionen. Redoxreaktionen schließen zudem die Vorgänge

73

3.15 Redoxreaktionen sind für viele wichtige Vorgänge verantwortlich, zum Beispiel für Brände (rechts) und Korrosion, wie an diesem Teil der *Titanic* (links).

ein, die unsere Zivilisation untergraben, denn zu ihnen gehören die Korrosion und die unkontrollierten Flächenbrände. Was immer wir auch betrachten: Überall laufen – für uns sichtbar oder unsichtbar – Redoxreaktionen ab.

Wir können die Entdeckung dieses Reaktionstyps bis zu einigen alten chemischen Beobachtungen zurückverfolgen. In den frühen Tagen der Chemie wurde die Verbindung einer Substanz mit Sauerstoff „Oxidation" genannt. So ist auch die Bildung von Kohlendioxid in der Flamme eines Kohlenwasserstoffes die Folge der Oxidation des Kohlenwasserstoffes. Die Reaktion mit Sauerstoff wird immer noch als Oxidation bezeichnet, aber dieser Ausdruck wird heute auf eine viel größere Klasse von Reaktionen angewandt, die die Verbindung mit Sauerstoff als einen Spezialfall enthalten. Beachten Sie wiederum, wie diese Denkweise, die so typisch ist für die Chemie (und für die Naturwissenschaften im allgemeinen), in einer Art auf die Oxidation angewandt wird, wie wir sie bei dem Konzept von Säure und Base bereits kennengelernt haben. Wir können das ursprüngliche Konzept der Oxidation mit einer Harpune vergleichen, die nur ein paar wenige Reaktionen treffen konnte, während das moderne Konzept wie ein Netz eine Vielzahl von Reaktionen einschließt.

Wir können die Quintessenz der Oxidation erfassen, wenn wir uns für einen Augenblick von den Reaktionen des Kohlenstoffes abwenden und eine Reaktion betrachten, die das Wesentliche dieses Reaktionstyps deutlicher zeigt: die Verbrennung von Magnesium in Sauerstoff. Jedem, der einmal ein Feuerwerk hat abbrennen sehen, wird die Verbrennung von Magnesium vertraut sein, denn die leuchtenden Funken sind meistens weißglühende Körner von Magnesium, die mit Sauerstoff reagieren:

$$2\,Mg(s) + O_2(g) \rightarrow 2\,MgO(s)$$

Magnesium verbrennt so heftig, weil es nicht nur mit dem Sauerstoff, sondern auch mit dem Stickstoff und selbst mit dem Kohlendioxid der Luft reagiert. Von diesen Komplikationen können wir hier aber absehen.

Wir begreifen das Wesentliche der Reaktion, wenn wir erkennen, daß auch Magnesiumoxid (MgO), wie fast alle Oxide, ein Feststoff ist, der sich aus Kationen (in diesem Fall Mg^{2+}) und O^{2-}-Anionen zusammensetzt. Das heißt: Es hat eine *Elektronenübertragung* von Magnesium auf Sauerstoff stattgefunden. Jedes Magnesiumatom des metallischen Magnesiums hat zwei seiner Elektronen verloren:

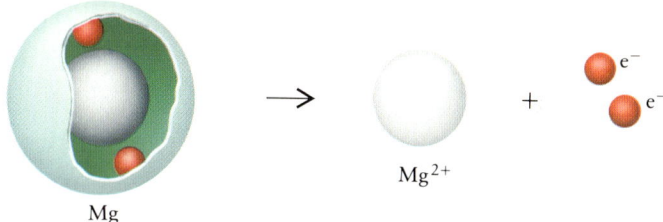

Danach scheint der kennzeichnende Schritt bei der Oxidation von Magnesium der Verlust von Elektronen zu sein. Wir erheben von jetzt an diese Beobachtung zu einer Definition: *Oxidation bedeutet Elektronenverlust.* Faraday wäre von dieser Gleichsetzung begeistert gewesen: Er, der virtuos mit Elektronen zauberte, wußte nicht einmal etwas von ihrer Existenz (sie wurden erst dreißig Jahre nach seinem Tod entdeckt). Und dennoch vermutete und erforschte er die tiefe Verwandtschaft zwischen Elektrizität – der Bewegung von Elektronen – und der Zusammensetzung und den Reaktionen der Materie.

Wir können die weitreichende Bedeutung richtig schätzen lernen, die in dieser Verallgemeinerung des Begriffs Oxidation steckt, wenn wir uns mit einer ähnlichen Reaktion beschäftigen, an der kein Sauerstoff beteiligt ist. Zum Beispiel verbrennt Magnesium in dem Gas Chlor unter Bildung des Feststoffes Magnesiumchlorid:

$$Mg(s) + Cl_2(g) \rightarrow MgCl_2(s)$$

3.16 Die Oxidation von Magnesiummetall zu seinem Oxid ist zu einem Großteil für die Brillanz eines Feuerwerks verantwortlich. Magnesium erzeugt das grellweiße Licht (links), das gelbe stammt von Natriumverbindungen, das rote von Strontiumverbindungen und das blaue von Kupferchloridmolekülen (rechts).

Im Grunde ist die gleiche Reaktion abgelaufen: Magnesiumatome haben ihre Elektronen an ein anderes Element übergeben. Weil das Magnesium einen Elektronenverlust erlitten hat, ist es nach der Definition oxidiert worden, obwohl kein Sauerstoff anwesend ist. Wir konzentrieren uns dabei auf den wesentlichen Vorgang bei der Reaktion und nicht auf die Begleiterscheinungen. Jede Teilchenart wird „Oxidationsmittel" genannt, die Elektronen von einer anderen abzieht – wie es Sauerstoff und Chlor in diesen Beispielen tun – und damit diese andere Teilchenart oxidiert.

Wir wenden uns nun der anderen Seite derselben Reaktion zu. Die Gewinnung von Metallen aus ihren Erzen (die im allgemeinen Oxide sind wie der Hämatit (Fe_2O_3), ein bedeutendes Eisenerz) wird als „Reduktion" des Erzes zum Metall bezeichnet. Die Reduktion des Eisenerzes wird normalerweise mit Kohlenmonoxid ausgeführt, das dem Erz Sauerstoff entzieht und ihn als Kohlendioxid entfernt. Im Hämatit liegt das metallische Element als Eisenion Fe^{3+} vor, während es im Metall selbst als elektrisch neutrales Eisenatom Fe vorkommt. Der entscheidende Schritt bei der Reduktion eines Erzes zum Metall besteht deshalb in der Addition von Elektronen an die Eisenkationen, die wir schematisch darstellen können als:

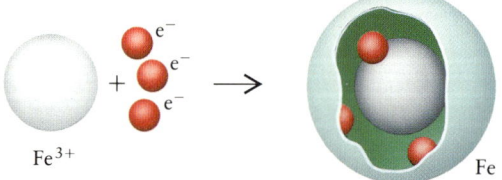

Als nächster Schritt liegt wieder die Verallgemeinerung nahe: Wir bezeichnen *jede* Reaktion, die eine Elektronenübergabe an eine andere Teilchenart beinhaltet, als eine Reduktion. Das heißt: *Reduktion bedeutet Elektronenaufnahme.* (Später werden wir sehen, daß manchmal Atome die Elektronenübergabe begleiten. Trotzdem liegt das entscheidende Merkmal des Vorgangs in der Addition von Elektronen zu einer Teilchenart.)

Wir sind bereits mehreren Beispielen von Reduktionen begegnet. So nahm bei der Oxidation von Magnesium durch Chlor das Chlor die Elektronen auf, die das Magnesium abgab. Aus diesem Grunde wurde das Chlor zum Chloridion reduziert:

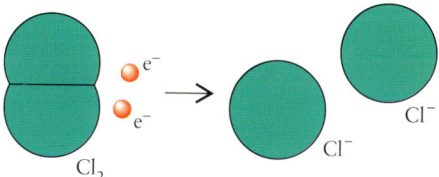

Ganz analog dazu nahm der Sauerstoff die Elektronen auf, die das Magnesium bei seiner Oxidation durch den Sauerstoff abgab. Dabei wurde der Sauerstoff zum Oxidion reduziert:

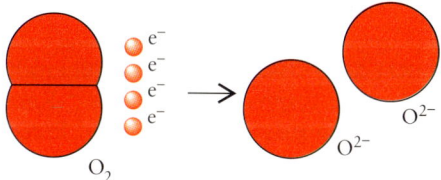

Jede Teilchenart, die Elektronen an eine andere abgibt und sie damit reduziert, wird „Reduktionsmittel" genannt.

Weil Elektronen nicht einfach verlorengehen können, bedingt jede Reaktion, in der eine Teilchenart reduziert wird, daß eine andere oxidiert wird. Oxidation und Reduktion erfolgen immer gemeinsam: Die Elektronen, die von einer Teilchenart abgegeben werden, werden von einer anderen wieder aufgenommen. Diese Verschwisterung von Reduktion und Oxidation hat den Namen „Redoxreaktion" für Reaktionen nahegelegt, in denen Elektronen übergeben werden.

Wir können eine Redoxreaktion zusammenfassen als:

Reduktionsmittel + Oxidationsmittel →
reduzierte Teilchenart + oxidierte Teilchenart

Ein Reaktionsschema wie dieses sollte uns vertraut vorkommen: Es zeigt eine gewisse Ähnlichkeit zwischen Redoxreaktionen und dem Säure-Base-Verhalten. Wird in der Brønsted-Theorie ein Proton (ein Elementarteilchen) von einem Donor (der Säure) auf einen Akzeptor (die Base) übertragen, so wird in einer Redoxreaktion ein Elektron (auch ein Elementarteilchen) von einem Donor (dem Reduktionsmittel) auf einen Akzeptor (das Oxidationsmittel) übertragen. Wir decken offensichtlich wiederum große Bereiche der Chemie mit dieser Theorie der Übertragung von einem dieser beiden Elementarteilchen ab. Kann eine so unscheinbare Übertragung die Ursache aller chemischen Veränderungen sein?

Der Transfer eines Elektrons kann gewaltige Folgen nach sich ziehen. Wir werden später sehen, daß sich bei einigen grundlegenden Reaktionsschritten der Photosynthese Elektronen von einem Molekül zu einem anderen bewegen. Ein weiteres Beispiel für die Macht einer solch winzigen Veränderung gibt der Start einer Rakete: Die Übertragung von Elektronen kann eine Rakete in den Weltraum schießen, denn die Raketentreibstoffe setzen ihre Energie bei Redoxreaktionen frei, von denen verschiedene Arten genutzt werden. Die Haupttriebwerke des Spaceshuttle und anderer großer Raketen (wie etwa der riesigen sowjetischen Raketen und der *Ariane*-Raketen der European Space Agency) arbeiten mit flüssigem Wasserstoff und Sauerstoff, die in einer Redoxreaktion zu Wasser reagieren. Der ohrenbetäubende Start der Raketen ist möglich, weil unzählige Wassermoleküle an der Raketenrückseite herausgeschleudert werden und durch die Impulserhaltung die Rakete aufsteigen lassen.

Für große Raketen reicht der Wasserstoffantrieb allein nicht zum Abheben aus, sie benötigen zusätzliche absprengbare „Booster"-Raketen. Der Spaceshuttle ist mit Booster-Raketen ausgerüstet, die einen festen Treibstoff enthalten: Sie nutzen die Oxidation von Aluminium (ein leichtes und reaktives Metall) in der Reaktion mit Ammoniumperchlorat (NH_4ClO_4). Die Reaktion, die unter den turbulenten Bedingungen der Flammengase stattfindet, ist komplex, läßt sich aber etwa mit der folgenden Gleichung beschreiben:

$$10\,Al(s) + 6\,NH_4ClO_4(s) \rightarrow 5\,Al_2O_3(s) + 3\,N_2(g) + 6\,HCl(g) + 9\,H_2O(g)$$

Dieses Teufelsgemisch sehr stark beschleunigter Moleküle und ihrer Bruchstücke schießt aus dem Flammenschweif der Rakete und treibt sie aufwärts.

Das Donnern einer Rakete zeigt, daß eine Reaktion auch Schall verursachen kann. In diesem Fall erzeugt die Turbulenz der Raketenabgase die auf- und abschwellenden Druckwellen, die auf unsere Ohren einwirken. Allerdings beschränkt sich das Vergnügen, das chemische Reaktionen unserem Gehör vermitteln können, noch auf dieses ungeschlachte, disharmonische Donnern und Krachen. Vielleicht entdeckt man eines Tages eine Gasreaktion, die oszilliert (in dem Sinne, wie wir es im sechsten Kapitel beschreiben werden) und angenehm klingt. Zur Zeit müssen wir uns noch mit Donnerschlägen abfinden.

3.17 Eine Rakete wird durch eine stark exotherme Redoxreaktion angetrieben, die sehr heiße Abgase mit hoher Geschwindigkeit und dadurch großem Impuls aus den Raketentriebwerken ausstößt. Das Bild zeigt eine *Ariane*-Rakete der European Space Agency, die eine kommerzielle Fracht befördert.

Ein Knall ist im wesentlichen eine plötztlich entstandene Druckwelle. Wenn die Verdichtung groß genug ist, verhält sich Luft wie eine feste Stahlwand, die sich mit Schallgeschwindigkeit ausbreitet und alles niederwalzt, was ihr im Weg steht. Um diese Wand verdichteter Luft entstehen zu lassen, die sich mit zerstörerischer Wirkung fortwälzt, muß der Chemiker – jetzt der Sprengstoffexperte – eine Reaktion auslösen (üblicherweise eine Redoxreaktion), die eine große Anzahl gasförmiger Moleküle auf kleinem Raum freisetzt. Wenn über ein halbes Dutzend kleiner Moleküle in dem Volumen entstehen, das zuvor ein großes Molekül eingenommen hat, hat die Reaktion damit ein sehr hoch verdichtetes Gas erzeugt, das seinen Entstehungsort explosionsartig verlassen wird.

Zu den brisantesten Sprengstoffen, die Chemiker den Bergleuten und Steinbrucharbeitern, aber auch den Killern zur Verfügung gestellt haben, zählt das Nitroglycerin ($C_3H_5N_3O_9$). Wenn wir eine vollständige Umsetzung annehmen, können wir die explosive Reaktion dieser Substanz schreiben als:

$$4\,C_3H_5N_3O_9(l) \rightarrow 6\,N_2(g) + O_2(g) + 12\,CO_2(g) + 10\,H_2O(g)$$

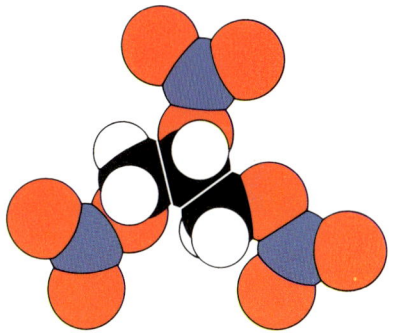

Nitroglycerin, $C_3H_5O_9N_3$

Wir sehen, daß 29 kleine Gasmoleküle entstehen, die das Weite suchen. Die Gewalt der Reaktion ist so groß, daß die zuerst entstehenden Produkte alle möglichen gasförmigen Molekülbruchstücke sind. Die Endprodukte bilden sich zu einem späteren, ruhigeren Zeitpunkt der Reaktion. Deshalb schreibt man das Ergebnis der Detonation besser als

$$C_3H_5N_3O_9(l) \rightarrow \text{Bruchstücke (CO, } CO_2, N_2, NO, OH, \ldots),$$

wobei fast unzählige Bruchstücke entstehen. Wir sollten uns klarmachen, daß kein Sauerstoff zugeführt werden muß, die Reaktion also weitgehend in einer raschen Umordnung der Atome des Nitroglycerinmoleküls besteht.

Die Tatsache, daß Nitroglycerin auf Schlageinwirkung hin explodiert, fand ihren unsterblichen Ausdruck in dem Film „Lohn der Angst". Ein Stoß kann einige Moleküle in Schwingung versetzen. Die Schwingungsbewegungen der Atome können den Zerfall und die Umordnung einleiten. Die Stoßwelle der ersten lokalen Ausdehnung stimuliert den Zerfall in der gesamten Probe, so daß alle Moleküle plötzlich und explosionsartig reagieren. Man verringert die Stoßempfindlichkeit von Nitroglycerin dadurch, daß man die Moleküle in einem Adsorptionsmittel verteilt. Daß sich die heimtückische Empfindlichkeit auf diese Weise herabsetzen läßt, entdeckte Alfred Nobel, was (zusammen mit den Einkünften aus seinen Bergwerken in Rußland) zu seinem Vermögen beitrug. Nobels „Dynamit" bestand aus Nitroglycerin, das in dem Silicat Kieselgur als Adsorptionsmittel aufgesogen war. In modernen Versionen von Dynamit ersetzen saugfähige Gewebe, Sägemehl und Papier das Kieselgur. Der Sauerstoffgehalt wird durch die Zugabe der Oxidationsmittel Natriumnitrat oder Ammoniumnitrat erhöht. Dadurch verbrennen die Reaktionsprodukte vollständiger, und die Rauchmenge wird vermindert.

Versteckte Oxidationen

Obwohl der Elektronentransfer in vielen Redoxreaktionen leicht auszumachen ist, müssen wir manchmal mit besonders geschultem Blick an die Aufgabe gehen. In welchem Sinne hat zum Beispiel Faraday einen Elektronenverlust verursacht, als er das Wachs seiner Kerze entzündete? Welche Elektronenverschiebungen geschehen bei der Oxidation eines Kohlenwasserstoffes oder bei der Oxidation von Kohlenstoff zu Kohlenmonoxid oder Kohlendioxid?

Um den Elektronentransfer in diesen weniger deutlichen Fällen zu erkennen, benutzen wir das Konzept der Elektronegativität, das wir im zweiten Kapitel erwähnten. Dabei müssen wir besonders im Auge behalten, daß das Sauerstoffatom wegen seiner geringen Größe ausgesprochen hungrig nach Elektronen ist und es deshalb eine kräftige elektronenanziehende Wirkung ausübt. Obwohl das CO_2-Molekül nicht ionisch aufgebaut ist, können die Sauerstoffatome wenigstens *partiell* Elektronen vom zentralen Kohlenstoffatom abziehen und so *formal* Elektronen auf Kosten des Kohlenstoffatoms gewinnen. Weil das Kohlenstoffatom (wenigstens partiell) Elektronen verloren hat, können wir es als eine Teilchenart betrachten, die oxidiert wurde. Weil der Sauerstoff partiell Elektronen hinzugewonnen hat, können wir ihn als eine Teilchenart betrachten, die reduziert wurde.

Die übertriebene Darstellung dieser partiellen Umordnungen von Elektronen als vollständige Elektronentransfers erlaubt es uns, die Definitionen des Elektronentransfers auf jede Teilchenart anzuwenden, ob ionisch oder kovalent. So ist zum Beispiel die Reaktion

$$N_2(g) + 3\,H_2(g) \rightarrow 2\,NH_3(g)$$

eine Redoxreaktion, bei der Wasserstoff durch Stickstoff oxidiert (und entsprechend Stickstoff durch Wasserstoff reduziert) wird. Mit dieser Reaktion werden jährlich 20 Millionen Tonnen Stickstoff aus der Luft gezogen und in Ammoniak umgewandelt; dies ist der erste Schritt auf seinem Weg zu Nahrungsmitteln, Arzneimitteln oder Kunststoffen. Wir können uns davon überzeugen, daß dies eine Redoxreaktion ist, wenn wir beachten, daß sich die Elektronenpaare in den N—H-Bindungen näher beim elektronegativen Stickstoffatom als bei dem Wasserstoffatom aufhalten. Übertreiben wir diese kaum merkliche Neigung der Elektronen, sich lieber in der Nähe des Stickstoffatoms aufzuhalten, dann sähe eine „übertrieben ionische" Beschreibung des Moleküls so aus: $(N^{3-})(H^+)_3$. Damit hätte die Reaktion Elektronen von den Wasserstoffatomen auf den Stickstoff übertragen.

Gibt es einen grundlegenden Reaktionstyp?

Bis jetzt konnten wir vier Reaktionenstypen unterscheiden:

- Säure-Base-Reaktionen (nach der Definition von Lewis, die das Arrhenius- und Brønsted-Verhalten einschließt)
- Fällungsreaktionen
- Radikalreaktionen
- Redoxreaktionen

Sind diese Typen wirklich voneinander verschieden, oder ist ein Typ in einem anderen enthalten? Könnte es sein, daß es überhaupt nur *einen* Reaktionstyp gibt? Können wir – der Methodik dieses Kapitels folgend – eine allumfassende Definition aufstellen?

Wo der Hase im Pfeffer liegt, wird offensichtlich, sobald wir erkennen, daß die Fällungsreaktionen ein Spezialfall der Lewis-Reaktionen sind. Um dies zu begreifen, müssen wir die Lageverschiebung des Elektronenpaares in einer kovalenten Bindung verfolgen, die eintritt, wenn wir in Gedanken die Elektronegativität eines der Atome erhöhen. Vergrößert sich die Elektronegativität des Atoms, nähert sich ihm das gemeinsame Elektronenpaar immer mehr. Ist die Elektronegativität sehr groß, befindet sich das Elektronenpaar vollständig bei diesem Atom: Das elektronegativere Atom wurde zum Anion, das weniger elektronegative Atom zum Kation. Mit anderen Worten: Die ionische Bindung ist der Extremfall einer kovalenten Bindung zwischen zwei unähnlichen Atomen.

Behalten wir diesen Gedanken im Kopf und schauen uns an, was in einer typischen Fällungsreaktion passiert. Der Einfachheit halber betrachten wir die Fällung von Silberchlorid.

$$Ag^+(aq) + Cl^-(aq) \rightarrow AgCl(s)$$

Diese Nettoreaktion läuft ab, wenn man eine Chloridlösung zu der Lösung eines löslichen Silbersalzes gießt. Das Ag^+-Ion ist eine typische Lewis-Säure: Mit seiner leeren Valenzschale und somit einer positiven Ladung kann es sich leicht an ein einsames Elektronenpaar anlagern. Das Cl^--Ion ist eine typische Lewis-Base, weil es mit vier einsamen Elektronenpaaren mehr als genug besitzt. Der Festkörper bildet sich als Verbindung der beiden, wenn das Ag^+-Ion sich an ein einsames Elektronenpaar des Cl^--Ions anlagert. Gehen wir davon aus, daß das AgCl rein kovalent gebunden ist, können wir die Reaktion sofort als eine Lewis-Komplexbildung zwischen einer Säure und einer Base bezeichnen. Selbst wenn wir annehmen, daß das AgCl rein ionisch sei, können wir die Reaktion auch als eine Lewis-Reaktion bezeichnen, jedoch mit dem kleinen Unterschied, daß die „ionische" Bindung lediglich der Extremfall einer kovalenten Bindung ist, in der das Cl-Atom beide Elektronen vollständig an sich gerissen hat.

3.18 Gießt man eine Lösung eines löslichen Chlorids (hier Natriumchlorid) in eine Lösung eines löslichen Silbersalzes (Silbernitrat), fällt sofort ein Niederschlag von Silberchlorid aus.

In Wirklichkeit gibt es keine rein ionische Bindung, denn kein Atom übt jemals die ganze Kontrolle über die Elektronen einer Bindung aus. So ist auch das AgCl zu einem beträchtlichen Anteil kovalent gebunden. Unabhängig davon, wie wir das Ausmaß des kovalenten Anteils in der Bindung einschätzen, können wir die Reaktion als ein Beispiel für eine Lewis-Komplexbildung betrachten. Dasselbe gilt für alle Fällungsreaktionen. Aus diesem Grund können wir eine unserer Reaktionsklassen streichen (außer für praktische Zwecke): Eine Fällungsreaktion ist nur eine von vielen Möglichkeiten des Lewis-Verhaltens von Säuren und Basen.

Alle Reaktionen scheinen jetzt zu einer dieser drei Klassen zu gehören: Säure-Base-, Radikal- und Redoxreaktionen. Wir können die Klassen in einer etwas abgewandelten Form aufschreiben, um die elektronischen Vorgänge zu betonen, die die Reaktionen begleiten:

— Elektronenpaarteilung: Lewis-Reaktionen (zwischen Säuren und Basen)
— Elektronenpaarbildung: Radikalreaktionen
— Elektronenübertragung: Redoxreaktionen

Wir sind jetzt da angekommen, wo nach unserer These aus dem zweitem Kapitel die Erklärung für chemische Reaktionen liegen sollte: im Verhalten von Elektronen. Alle Phänomene der Welt, sofern sie auf Umwandlungen von einer Substanz in eine andere beruhen, sind Folgen eines dieser drei Reaktionstypen.

Dennoch stoßen wir auf Probleme, die uns zögern lassen, diese drei Prozesse als wirklich grundlegend anzuerkennen. Erstens zeigen Lewis-Reaktionen zwischen einer Säure und einer Base und Radikalreaktionen eine Reihe von Ähnlichkeiten. In gewissem Sinne verhalten sich Radikale wie Säuren und Basen: Sie bilden gewissermaßen Komplexe (wenn sie sich vereinigen), und sie können ein Radikal aus einem anderen austreiben (wenn ein Radikal ein ganz normales Molekül angreift). Gibt es eine Möglichkeit, die Definition einer Säure und einer Base so auszudehnen, daß sie die Radikale mit einschließt? Eine weitere Schwierigkeit liegt in der grundsätzlich unbefriedigenden Definition einer Redoxreaktion aufgrund eines künstlichen Konzepts, der Überspitzung von Elektronenverteilungen.

Gibt es eine leicht modifizierte Definition für eine Säure und eine Base, die den Geltungsbereich dieser Konzepte noch weiter ausdehnt? Der historische Trend, der die Entwicklung der Konzepte von Säure und Base — ihre Hauptlinie jedenfalls — kennzeichnete, rückte die Rolle der Elektronen zunehmend in den Mittelpunkt. Am Anfang stand Arrhenius, der keine klare Rolle für die Elektronen vorsah, dann kam Brønsted mit der Akzentverschiebung zu Protonendonoren und -akzeptoren und daraufhin erkannte Lewis die Bedeutung des Elektronenpaares. Aber Radikale zeichnen sich durch Reaktionen aus, an denen nicht zwei Elektronen beteiligt sind, sondern nur *eines*. Können wir einen Schritt weiter gehen und uns völlig auf *ein einzelnes Elektron* beschränken?

Gibt es eine Theorie der Säuren und Basen, die von den einzelnen Elektronen ausgeht?

Betrachten Sie spaßeshalber einmal folgende Definitionen:

Eine Base ist ein Elektron.
Eine Säure ist ein Loch.

Mit „Loch" bezeichnen wir das Fehlen eines Elektrons in einer Verteilung von Elektronenladungen – eine Leerstelle in einem Orbital. Diese Definitionen sind eng verwandt mit den wesentlich sorgfältiger ausgearbeiteten Vorschlägen des russischen Chemikers M. Usanovitsch aus dem Jahre 1939 (die seither kaum beachtet worden sind). Wir werden Teilchen mit diesen Eigenschaften U-Basen und U-Säuren nennen.

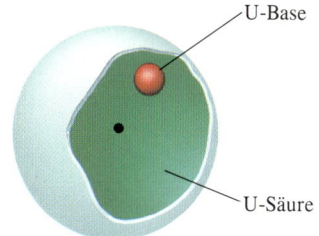

3.19 Eine fundamentale Säure (eine U-Säure) ist eine Leerstelle in einem Orbital. (Hier ist eine einzelne Leerstelle in einem Orbital gezeigt, das ein Elektron enthält.) Eine fundamentale Base ist ein einziges Elektron.

Wir müssen uns zwei Fragen stellen, bevor wir sichergehen können, daß wir die früheren Definitionen tatsächlich verbessert haben. Schließen diese Definitionen die Lewis-Säuren und -Basen mit ein (und damit auch die Säuren und Basen nach Brønsted und Arrhenius)? Erweitern sie die Bedeutung der Begriffe Säure und Base auf sinnvolle Weise? An diesem Punkt interessiert uns nicht so sehr die Nützlichkeit der Definitionen – denn vor allem die Arrhenius-Definition einer Säure wird noch viel gebraucht und ist äußerst nützlich. Wir suchen hier nach einer intellektuellen Grundlage für chemische Reaktionen, nach der kleinsten Art von Veränderung, die als Reaktion bezeichnet werden kann; nach dem einfachsten Vorgang, der das Verständnis der Kerze mit all ihren Reaktionen erhellen würde.

Beachten Sie zunächst, daß die Definitionen die Last, eine Base zu sein, auf das Elektron selbst abwälzen, nicht auf irgend etwas, das es überträgt wie in der Lewis-Definition. Das ist ganz analog zu der Akzentverschiebung beim Übergang von der Brønsted-Definition (in der die Säure der Protonendonor ist) zur Lewis-Definition (in der das Proton selbst die Säure ist). Die Lewis-Definition einer Säure bleibt mehr oder weniger in Kraft, weil wir irgendwo ein Loch benötigen: Der Elektronenpaarakzeptor wird ein wenig angepaßt und wird zum Loch, das ein Elektron aufnehmen kann.

Der Beweis ist trivial, daß alle Lewis-Säuren und -Basen auch Säuren und Basen im Sinne der neuen Definition sind. Tatsächlich trägt jeder Elektronenpaardonor *zwei* U-Basen, weil jedes Elektron eines Paares sich an einer Reaktion beteiligen kann. Gerade so ist jede Lewis-Säure eine doppelte U-Säure, weil sie Platz für zwei Elektronen bietet – ein doppeltes Loch in seiner Elektronenverteilung. Ein Proton ist ein reines Loch – es besitzt keine Elektronen, aber es kann zwei unterbringen. Die neuen Definitionen umfassen die gesamte konventionelle Säure-Base-Theorie.

Den grundlegenden Definitionen kommt ein größerer Geltungsbereich zu als den Lewis-Definitionen, weil wir weder ein Elektronenpaar noch ein völlig leeres Orbital benötigen: Eine Teilchenart, die in einer Reaktion ein einzelnes Elektron abgeben kann, ist die Quelle einer fundamentalen Base. Demnach ist ein Radikal eine U-Base. Ein Radikal ist allerdings auch ein U-Säure, weil es ein ankommendes Elektron (eine U-Base) aufnehmen kann. Weil ein Radikal sowohl eine Säure als auch eine Base ist, können wir es angemessen als amphotere Substanz bezeichnen (nach dem griechischen Wort für „beides"). Dieser Begriff ist in der Chemie bereits zur Bezeichnung von Substanzen weit verbreitet, die sowohl mit Säuren als auch mit Basen reagieren; deshalb müssen wir ihn konkretisieren und Radikale als U-amphoter bezeichnen.

Jetzt ergeben sich alle Ähnlichkeiten zwischen dem Feld der Säuren-Basen- und dem der Radikalreaktionen ganz von selbst, denn sie sind allesamt Reaktionen zwischen U-Säuren und U-Basen. Wir haben offensichtlich die vier Typen von Reaktionen auf zwei große Typen reduziert: Säure-Base-Reaktionen und Redoxreaktionen. Die ganze Chemie in der Nußschale von zwei Reaktionstypen eingefangen!

Aber natürlich erhebt sich die Frage nun von alleine, ob es nicht tatsächlich nur *eine* Klasse von Reaktionen gibt. Haben wir die Definitionen bereits in ihrer ganzen Bedeutung ausgeschöpft? (Natürlich kann diese Bedeutung zu umfassend sein, wie es bei der Bezeichnung „Lebewesen" der Fall ist, die in der Biologie nur im weitesten Sinne verwendet werden kann.) Sollte vielleicht ein Oxidationsmittel eine U-Säure und ein Reduktionsmittel eine U-Base sein? Wenn das so ist, sind alle Reaktionen in der Chemie Säure-Base-Reaktionen. Damit hätten wir das höchste Yin und Yang der Chemie entdeckt.

Ein Reduktionsmittel ist ein Elektronendonor und damit die Quelle einer einzelnen U-Base. Ein Oxidationsmittel ist ein Elektronenakzeptor, der eine einzelne U-Säure zur Verfügung stellt. Bei der Oxidation von Magnesium durch Chlor ist das Magnesium die Quelle von zwei Elektronen (zwei U-Basen). Wenn Natrium oxidiert wird, ist es die Quelle eines Elektrons (einer U-Base). Wird Chlor reduziert, wird es zum Empfänger einer U-Base und wirkt damit als U-Säure.

Bei dieser Theorie der Reaktionen entfällt die Betrachtung der Elektronenverschiebungen und mit ihr die Künstlichkeit, die sie implizierte. Alle Reaktionen sind im Kern Säure-Base-Reaktionen. Aus dieser sehr grundsätzlichen Sicht bestehen alle Phänomene dieser Welt lediglich in der Reaktion der Gattung Säure mit der Gattung Base. *Darauf* läuft das merkwürdige Spiel des Kohlenstoffes hinaus.

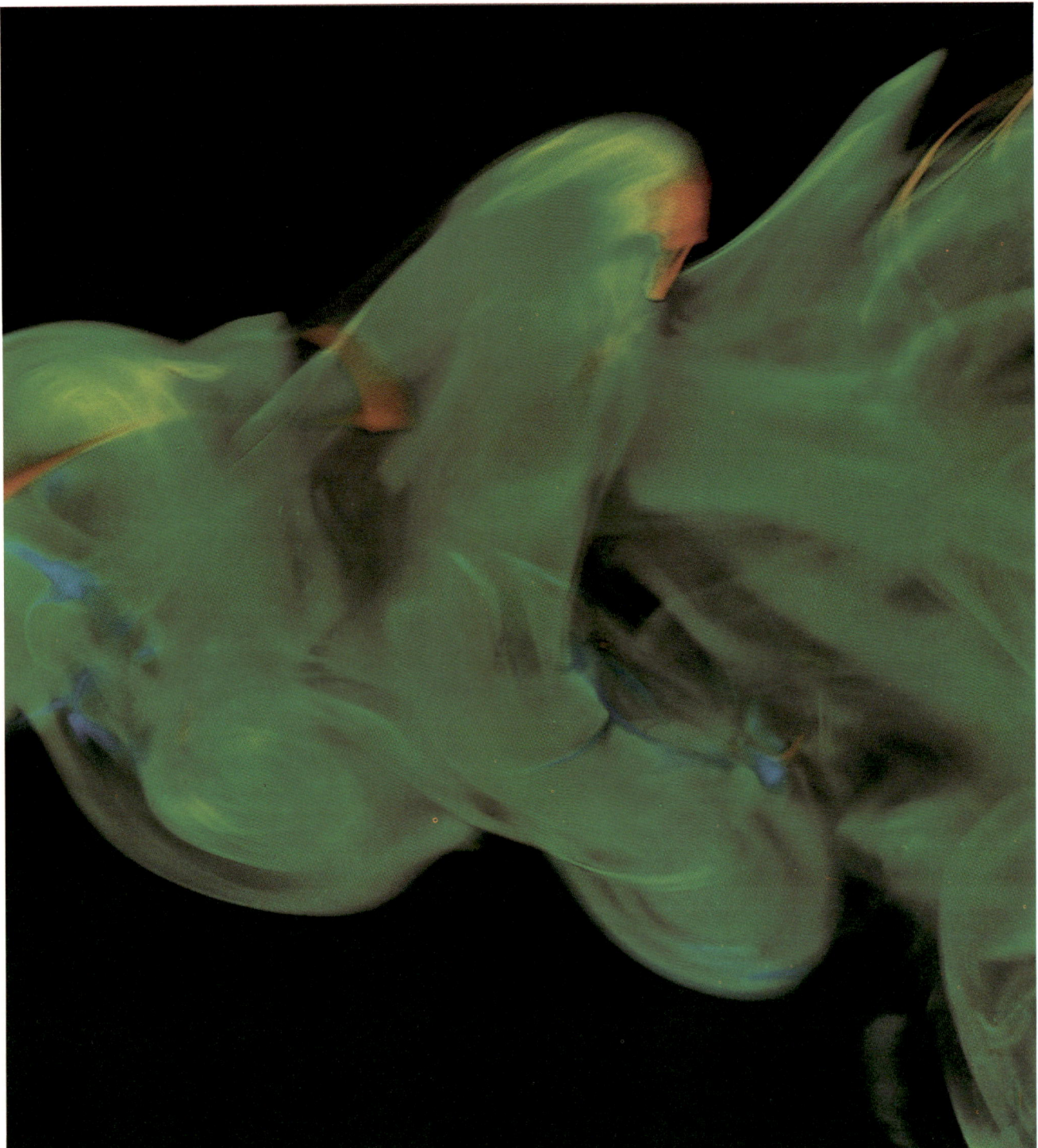

Beiträge zum Chaos

4

Wir kommen jetzt auf die Philosophen zu sprechen. Ich hoffe, Sie erinnern sich immer, wenn Sie ein Ergebnis erzielt haben, vor allem
wenn es ein neues ist, daß Sie sich fragen sollten: „Warum ist das so?
Warum tritt es ein?". Dann werden Sie im Laufe der Zeit den Grund
herausfinden.

MICHAEL FARADAY, Erste Vorlesung

4.1 Wolken von farbigen Flüssigkeiten vermischen sich und bilden das chaotische Muster
der Luftströmung am Ende eines Flügels nach.
Die Verteilung und Durchmischung dieser Flüssigkeiten steht stellvertretend für die treibende
Kraft chemischer Reaktionen, die wir in diesem
Kapitel erkunden.

4.2 Josiah Williard Gibbs (1839 – 1903).

Es gibt viele Reaktionen, aber warum gibt es überhaupt welche? Warum brennt die Kerze? Warum fällt das Calciumcarbonat aus? Warum explodiert das Dynamit? Warum wird Faraday erwachsen, denkt, hält Vorlesungen und verwest schließlich? In diesem Kapitel werden wir versuchen, die treibende Kraft der Chemie zu erkennen, die Kraft, die alle Reaktionen treibt, die die Kerze und ihre Flamme treibt und die den Dozenten selbst antrieb, zu verstehen und zu erklären.

Die Neigung einer Reaktion, zu Produkten zu reagieren, wird von dem bemerkenswertesten Prinzip der Natur bestimmt: vom „zweiten Hauptsatz" der Thermodynamik. Abgeleitet wurde dieses Prinzip von Rudolph Clausius 1850 und William Thomson (Lord Kelvin) 1851. Aber seine Bedeutung für die chemischen Reaktionen erkannte man erst im vollen Umfang, als man um die Jahrhundertwende das Werk von Josiah Gibbs aus den siebziger Jahren des 19. Jahrhunderts zu würdigen lernte. Faraday starb, bevor er wußte, warum seine Kerze brannte.

Der zweite Hauptsatz befaßt sich mit den „spontanen Vorgängen", den Vorgängen, die eine natürliche Neigung zum Ablaufen haben, ohne daß eine äußere Einwirkung sie antreiben muß. Dem Ausdruck „Neigung" haftet in der Thermodynamik der Beigeschmack einer finsteren Kraft an. Er zeigt an, daß ein System (in unserem Fall eine Reaktionsmischung) *bereit* ist, eine bestimmte naturbedingte Änderung einzugehen. Es kann jedoch Gründe geben, warum diese Änderung, obwohl die Bereitschaft besteht, trotzdem nicht eintritt. Wasserstoff und Sauerstoff etwa haben eine natürliche Neigung, zu Wasser zu reagieren (die Reaktion verläuft spontan). Aber eine Mischung der beiden Gase ist unendlich lange beständig, wenn nicht ein Blitz die Schleusen zur Umwandlung öffnet. Die Thermodynamik spricht nur von der Neigung zu einer Umwandlung. Über die Geschwindigkeit, mit der sich diese Umwandlung vollzieht, sagt sie nichts aus.

Bestimmte Umwandlungen laufen nicht spontan ab. Wasser zeigt keine Neigung, sich in Wasserstoff und Sauerstoff zu zersetzen. Genauso wenig zerfällt Kohlendioxid spontan in Sauerstoff und ein Häufchen Ruß. In manchen Fällen jedoch kann man nichtspontane Umwandlungen ermöglichen, indem man eine Reaktion in ihre unnatürliche Richtung *zwingt*. Faraday ist für den Erfolg, den er bei den Untersuchungen einer solchen unnatürlichen Umwandlung hatte, berühmt: Eine Möglichkeit nämlich, Substanzen in einer unnatürlichen Richtung reagieren zu lassen, besteht in der Elektrolyse, einer Technik, die er im Detail studierte.

In diesem Kapitel werden wir ergründen, warum sich eine bestimmte Verbindung – wie zum Beispiel Kohlendioxid – freiwillig aus den Ausgangssubstanzen, dem Kerzenwachs und dem Sauerstoff der Luft, bildet. Ähnliche Überlegungen gelten für die Entstehung von Wasser bei einer Verbrennung, für die

Bildung von Carbonationen, wenn Kohlendioxid sich in Wasser löst, und für die Ausfällung von Carbonaten. All die chemischen Verwandlungen, die Faraday vorzauberte, sind Ausdruck der Spontanität von Reaktionen, und dieses Verhalten beschreibt der zweite Hauptsatz.

Einfache spontane Vorgänge

Die Thermodynamik befaßt sich mit Energieumwandlungen. Kurz gesagt faßt der zweite Hauptsatz die Tendenz von Materie und Energie zusammen, sich in einer weniger geordneten Weise zu verteilen. Der zweite Hauptsatz erkennt also, daß die Natur eine grundlegende Neigung hat, jegliche Ordnung zu verlieren, die sie gegenwärtig besitzt, und in eine größere Unordnung zu geraten: Die natürliche Neigung jeder Umwandlung geht in Richtung Zerfall.

Es gibt drei einfache Vorgänge, die veranschaulichen, was das bedeutet. Und genau diese drei einfachen Vorgänge liegen allen chemischen Umwandlungen zugrunde. Obwohl sie triviale Beispiele für das Wirken der Natur zu sein scheinen, reichen sie aus, um (zusammen mit etwas sorgfältigem Nachdenken) alle Reaktionen der Chemie zu erklären, insbesondere auch die chemische Geschichte einer Kerze.

4.3 Die Neigung des Universums, immer chaotischer zu werden, kann große Katastrophen verursachen. Die Wasserstoffexplosion, die sich ereignete, als das Luftschiff *Hindenburg* im Mai 1937 an seinem Ankerplatz in Lakehurst im US-Bundesstaat New Jersey festmachen wollte, wurde von der spontanen Neigung des Wasserstoffes entfesselt, sich mit Sauerstoff zu Wasser zu verbinden. Wie wir jedoch sehen werden, kann Chaos auch schöpferisch sein.

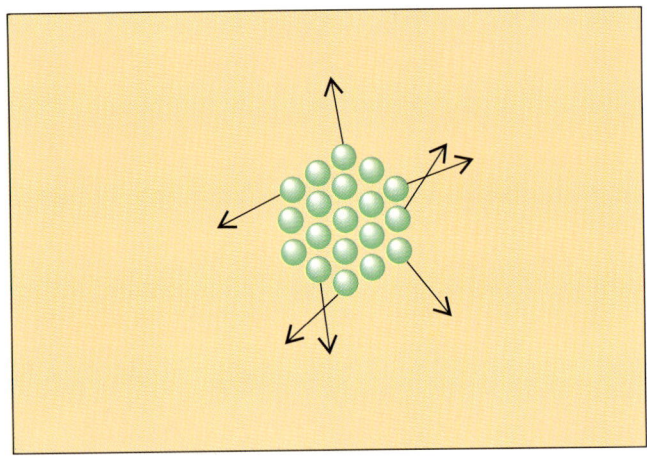
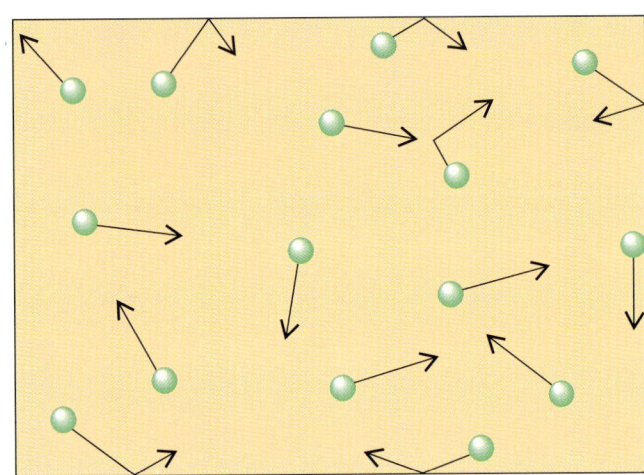

4.4 Die Moleküle eines Gases bewegen sich ungeordnet und breiten sich von ihrem Entstehungs- oder Ursprungsort in alle Richtungen aus. Die Wahrscheinlichkeit, sie jemals alle gleichzeitig an ihrem Ursprung wiederzufinden, ist praktisch Null. Dieser einfache, ganz von selbst ablaufende Vorgang veranschaulicht die chaotische Verteilung von *Materie*.

4.5 In diesem Beispiel ist die Richtung des spontanen Vorgangs sofort klar: Die Tinteteilchen breiten sich im Wasser aus und verteilen sich dadurch ungeordneter. In vielen Fällen ist es jedoch schwieriger, die Zunahme der Unordnung zu erkennen.

Den ersten dieser einfachen, spontan ablaufenden Vorgänge finden wir bei der Ausdehnung eines Gases: Es nimmt stets das gesamte Volumen, das ihm zur Verfügung steht, ein. Stellen wir uns das Kohlendioxid vor, das in der Nähe der Flamme entsteht: Die chaotische Bewegung der Moleküle führt dazu, daß sie sich in den Raum ausbreiten, bis das Gas gleichmäßig verteilt ist. Die Moleküle bewegen sich auch dann weiterhin chaotisch, aber es ist in hohem Maße unwahrscheinlich, daß sie sich jemals wieder freiwillig an ihrem Entstehungsort bei der Flamme versammeln. Die spontane (und auch verwirklichte) Umwandlungsrichtung des Systems liegt in der Verteilung der Materie. Wir können das Gas *zwingen*, sich in einem Raum anzusammeln, den wir bestimmt haben. Dazu müssen wir aber Arbeit am System verrichten: Wir müssen zum Beispiel das Kohlendioxid aus der Luft isolieren und es in der Nähe der Kerze wieder freilassen.

Der zweite fundamentale Typ dieser spontanen Vorgänge zeigt sich, wenn ein Gegenstand — etwa ein Kupferblock —, der zuvor in einer Flamme erhitzt wurde, abkühlt. In diesem Fall tritt keine mechanische Verteilung von Atomen ein, vielmehr verteilt sich die Energie der Atome, die den Kupferblock bilden. Die Atome des Blockes schwingen unaufhörlich. Dabei stoßen sie Atome in der unmittelbaren Umgebung des Blockes an, diese versetzen wieder ihre Nachbarn in Schwingungen, oder sie fliegen weg. Die Energie des heißen Blockes verteilt sich als Wärme ungeordnet in die Umgebung. Es ist höchst unwahrscheinlich, daß in einem entgegengesetzten Prozeß die Schwingungen der Atome in der Umgebung zu einer merklichen Energiekonzentration in dem inzwischen kalten Block führen: Dann würde sich seine Temperatur plötzlich erhöhen und er würde wieder rotglühend werden.

Der dritte dieser grundlegenden spontanen Vorgänge ist etwas schwerer zu fassen. Wir können diesen Vorgang mit einem Ball veranschaulichen, den wir in einer Kerzenflamme erhitzen. Energie fließt in den Ball (übertragen durch

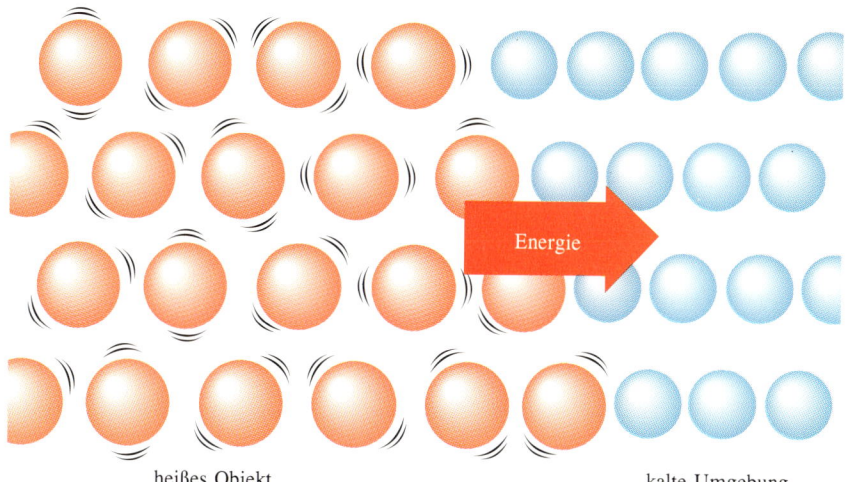

heißes Objekt   kalte Umgebung

4.6 Beim Prozeß der Abkühlung stoßen die Atome des heißen Körpers durch ihre chaotische „thermische Bewegung" ihre Nachbarn in der Umgebung an und versetzen diese Atome ihrerseits in Bewegung. So breitet sich die Energie irreversibel von dem heißen Gegenstand aus. Dieser einfache, ganz von selbst ablaufende Vorgang veranschaulicht die chaotische Verteilung von *Energie.*

4.7 Ein rotglühender Kupferblock kühlt sich auf die Temperatur seiner Umgebung ab; diese Abkühlung erfolgt spontan. Den umgekehrten Vorgang, bei dem das Kupfer spontan viel heißer als seine Umgebung wird, hat noch niemand beobachtet.

die schwingenden Atome); ist die Flamme heiß genug, könnte so viel Energie in den Ball fließen, daß er in der Lage wäre, hoch in die Luft zu springen. Aber unsere Erfahrung mit Bällen, die wir in Kerzenflammen erhitzen, lehrt uns, daß die Bälle nicht plötzlich in die Höhe fliegen: Sie werden nur immer heißer. Das liegt daran, daß sich die Atome im Ball kunterbunt durcheinander bewegen, auch wenn der Ball genug Energie aufgenommen hat. Damit der Ball gen Himmel fliegt, müssen sich die Atome *korreliert* bewegen — alle im gleichen Augenblick aufwärts. Andererseits kommt ein hüpfender Ball aus einem ähnlichen Grund zur Ruhe: Die gleichgerichtete Bewegung der Atome

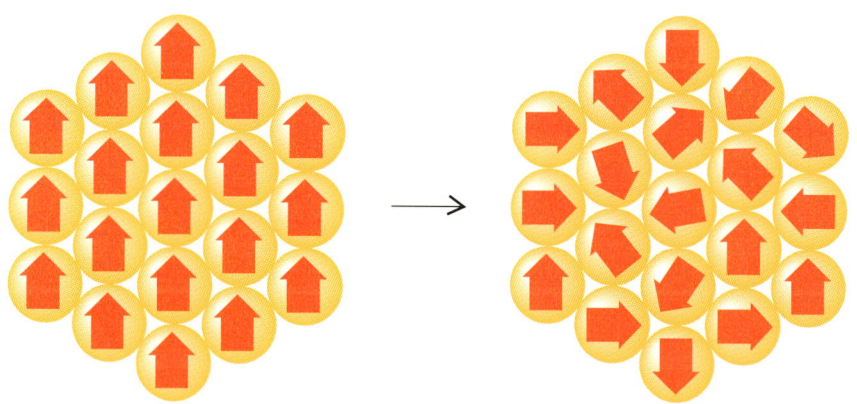

4.8 Um einen Ball in Bewegung zu setzen, reicht es nicht aus, daß Energie übertragen wird: Die Bewegungen der Atome des Balles müssen in einer korrelierten Weise erfolgen. Sie müssen alle gleichzeitig in die gleiche Richtung fliegen. Wenn ein Ball aufspringt und allmählich zur Ruhe kommt, geht diese *korrelierte Bewegung* irreversibel verloren. Dieser einfache, ganz von selbst ablaufende Vorgang veranschaulicht die chaotische Einbuße gleichgerichteter Bewegung.

gerät bei jedem Aufspringen etwas mehr durcheinander, und die gemeinsame Bewegungsrichtung geht allmählich verloren. Zusammenfassend können wir sagen, daß jede korrelierte Bewegung die Tendenz besitzt, in eine unkorrelierte überzugehen.

Bisher kennen wir also drei Gründe, warum eine Umwandlung spontan ablaufen kann:

— Die Umwandlung ist mit einer Verteilung von Materie verbunden.
— Die Umwandlung ist mit einer Verteilung von Energie verbunden.
— Die Umwandlung ist mit dem Verlust einer gerichteten Bewegung verbunden.

Wir werden sehen, daß diese drei banalen Tendenzen zur Unordnung für alle chemischen Prozesse der Welt verantwortlich sind. Die Neigung zur Unordnung ist die Triebkraft für sämtliche Arten der Umwandlung. Sie ist im eigentlichen Sinne der Treibstoff für die Kerze (und auch für Faraday selbst).

Entropie und der zweite Hauptsatz

Mit dem Konzept der „Entropie" können wir den Begriff der Unordnung im Universum und die spontane Neigung zu immer größerem Chaos auf eine gefestigte und quantitative Grundlage stellen. Für unsere Zwecke genügt es, die Entropie der Unordnung gleichzusetzen: Wird die Unordnung größer, erhöht sich auch die Entropie. Wird die Unordnung kleiner, verringert sich auch die Entropie. Wie alle guten Konzepte der Naturwissenschaften kann auch die Entropie präzise, eindeutig und quantitativ formuliert werden. Aber wir müssen keine Kathedrale bauen, wo es auch eine Hütte tut.

4.9 Wenn die Unordnung des Universums (ein großes Wort für das, was hier damit gemeint ist) zunimmt, nimmt auch die Entropie zu. „Universum" steht für das untersuchte System und seine Umgebung, mit der es Energie austauschen kann.

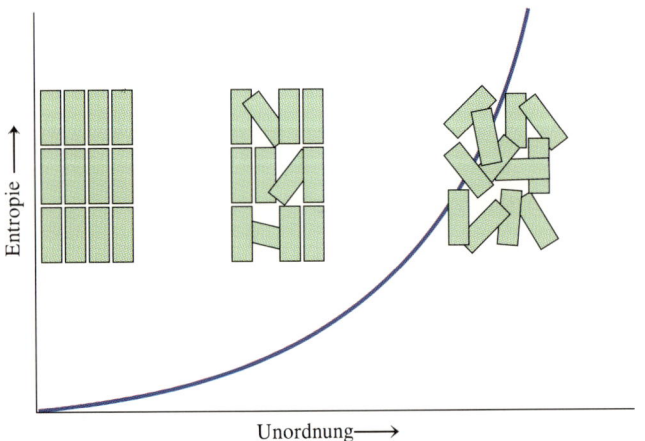

92

Betrachten wir das Konzept der Entropie, können wir die Tragweite von Clausius' Feststellung erfassen:

Die Entropie des Universums nimmt ständig zu.

Dieser treffende Ausspruch identifiziert die Ursache jeder Umwandlung mit der Macht des Chaos und ist für unsere Zwecke eine bündige Fassung des zweiten Hauptsatzes. Sie sagt in gelehrterer, wenn auch weniger anschaulicher (aber gut quantifizierbarer) Form, daß das Universum dazu tendiert, in Unordnung und Chaos zu zerfallen. Aus unserer Diskussion der drei einfachen spontanen Vorgänge folgt, daß es drei Beiträge zur Entropie gibt:

– Die Entropie nimmt zu, wenn sich Materie verteilt.
– Die Entropie nimmt zu, wenn sich Energie verteilt.
– Die Entropie nimmt zu, wenn die gerichtete Bewegung verloren geht.

In unseren Beispielen für einfache spontane Vorgänge haben wir spontane *physikalische* Veränderungen kennengelernt – Veränderungen wie Verteilung und Abkühlung, die keine Substanz umwandeln. Jetzt müssen wir zu *chemischen* Veränderungen übergehen – Veränderungen, bei denen Substanzen in andere Formen übergehen. Wir werden feststellen, daß alle chemischen Umwandlungen ebenfalls in Richtung zunehmender Entropie erfolgen. Das heißt, wir müssen verstehen lernen, daß bei jeder chemischen Reaktion die Unordnung im Universum zunimmt: Materie oder Energie verteilen sich, oder eine gerichtete Bewegung geht verloren. Diese Zunahme der Unordnung kann gut verborgen und schwierig zu entdecken sein. Wir müssen beurteilen, ob die neuentstandene Anordnung der Atome (nach gewissen quantitativen Maßstäben) weniger geordnet ist als in den Ausgangsstoffen – und wir müssen die Energie berücksichtigen, die sich im Verlauf der Reaktion angesammelt haben könnte oder auch verloren ging. Allerdings können wir die Zunahme der Entropie nicht immer in der Reaktion selbst finden. Manchmal haben wir weit entfernt vom Reaktionsort zu suchen; manchmal Hunderte von Millionen Kilometern entfernt, denn ein Vorgang (die Kernfusion) auf der Sonne kann eine Reaktion (die Photosynthese, an der sich das Kohlendioxid beteiligt) hier auf der Erde unterhalten.

Die erste spontane chemische Reaktion: Der Lösungsvorgang

Wir werden jetzt einige chemische Reaktionen untersuchen und uns mit der Denkweise vertraut machen, die wir benötigen, um den zugrundeliegenden Trend zum Chaos aufzudecken. Als erste Reaktion betrachten wir die Auflösung eines Feststoffes. (Erinnern Sie sich: Wir stellten im dritten Kapitel fest, daß der Lösungsvorgang einen Sonderfall einer Lewis-Säure-Base-Reaktion darstellt.)

Schauen wir uns die Auflösung von Natriumcarbonat (Na_2CO_3) in Wasser an. Betrachten wir die Tendenz der Materie, sich gleichmäßig zu verteilen, als Triebkraft der Umwandlung, dann hätten wir vermutlich wenig Schwierigkeiten, die Löslichkeit des Feststoffes zu verstehen. Wir könnten argumentieren, daß sich die Verbindung auflöst, weil im festen Zustand die Ionen dichter gepackt, in der Lösung jedoch in einer ungeordneteren Weise verteilt sind. Demnach würde der Festkörper also deshalb dazu neigen, sich in Wasser aufzulösen, weil die Verteilung von Materie einen Vorgang darstellt, der eine natürliche Triebkraft besitzt.

Wir dürfen uns allerdings nicht zu früh freuen, den Grund verstanden zu haben, warum sich eine Substanz auflöst. Nach dieser Beschreibung sollte *alles* in allem löslich sein, was keineswegs der Fall ist. Wir benötigten nicht einmal ein Lösungsmittel: Schon die Verdampfung eines Feststoffes in einem Behälter würde die Entropie erhöhen! Warum aber verflüchtigen sich nicht alle Substanzen zu einzelnen Atomen und Ionen?

Wenn wir Änderungen der Entropie betrachten, müssen wir immer das gesamte Universum miteinbeziehen. Obwohl also die Entropie in dem Teil der Welt zunimmt, auf den wir uns gerade konzentrieren, kann sie irgendwo anders abnehmen, so daß die Gesamtänderung der Entropie keine spontane Reaktion zuläßt. Umgekehrt kann lokal die Unordnung abnehmen; aber irgendwo anders mag sie durch einen Vorgang, der an die gerade beobachtete Veränderung gekoppelt ist, so stark zunehmen, daß insgesamt die Unordnung wächst. Wir müssen also sehr umsichtig vorgehen, wenn wir uns mit der Entropie befassen, um sicher sein zu können, daß wir alle Beiträge in Betracht gezogen haben, die mit dem untersuchten Vorgang verbunden sind. Aus genau diesem Grund kann das Streben des Universums hin zum Chaos lokal als ein konstruktiver Prozeß seine Blüten treiben: zum Beispiel wenn Enzyme in unserem Körper eine Verbindung synthetisieren oder ein Chemiker in einem Labor ein kompliziertes Molekül aus einfacheren Molekülen aufbaut. Die Haupttriebfeder der Welt mag der Abstieg ins Chaos sein, aber das Getriebe, das diese Triebfeder an ihre äußeren Erscheinungen koppelt, arbeitet so verwickelt, daß örtlich der Abstieg als Aufstieg erscheinen kann.

Um zu verstehen, warum Festkörper nicht spontan zu dünnem Gas verdampfen, müssen wir uns fragen, welche Entropieänderungen wir übersehen haben. Wir haben uns auf die Verteilung von Materie konzentriert, aber wir haben die Verteilung von Energie übersehen. Damit festes Natriumcarbonat in eine Wolke von Ionen zerstäubt werden kann, muß eine riesige Energiemenge zugeführt werden, die die Ionen gegen ihre Anziehungskraft auseinanderreißt. Diese Energiezufuhr kommt einer *Lokalisierung* von Energie gleich – ganz analog zu dem kalten Kupferblock, der plötzlich rotglühend wird. Diese Lokalisierung würde die Unordnung des Universums gewaltig vermindern. Natriumcarbonat kann also nicht als Ionenwolke wegfliegen, weil dieser Vorgang das Universum viel *geordneter* hinterlassen würde, als es zuvor war.

Nehmen wir nun an, daß Wasser anwesend ist. Eine Eigenschaft des Wassers, die wir jetzt herausstellen müssen, ist seine „Polarität" – die Tatsache, daß seine Atome elektrische Ladungen tragen. Die Ladungsverteilung beruht auf der Elektronegativität des Sauerstoffatoms: Sie zieht die Elektronen der $O-H$-Bindungen an und schafft so ein Molekül, das einen Bereich schwach negativer Ladung an dem Sauerstoffatom und Bereiche leicht positiver Ladung an den beiden Wasserstoffatomen aufweist. Diese geringe Ladungsdifferenz stellt nur eine kleine Welle auf der Oberfläche der gesamten Elektronenverteilung dar. Aber diese kleine Welle löst eine Flut von Konsequenzen aus, denn sie ist verantwortlich für die Zusammensetzung der Ozeane, die Entstehung von Landschaften und die Funktionsweisen der Biologie.

Die schwach negativ geladenen Sauerstoffatome eines H_2O-Moleküls verhalten sich wie die Anionen in dem ursprünglichen Natriumcarbonat-Kristall und ziehen die Na^+-Kationen an. Ebenso verhalten sich die schwach positiv geladenen Wasserstoffatome in einem H_2O-Molekül wie Kationen und ziehen die CO_3^{2-}-Anionen an. Weil die Wassermoleküle und die Ionen sich so stark anziehen, muß nur wenig Energie in das Becherglas mit der Lösung fließen, wenn sich der Feststoff auflöst und die Ionen sich trennen. Folglich verhindert die Anwesenheit des Lösungsmittels Wasser eine ansonsten beträchtliche Entropieabnahme, die durch eine massive Lokalisierung von Energie hervorgerufen würde. Jetzt besteht die Zunahme der Unordnung hauptsächlich in der Verteilung von Materie; ihre Folge ist eine Zunahme der Entropie. Damit wird die Auflösung in dem stark polaren Lösungsmittel Wasser zu einem spontanen Vorgang.

Wasser und andere Lösungsmittel erleichtern den Lösungsprozeß, weil keine Energie zugeführt werden muß. Allerdings ist Wasser als Lösungsmittel nicht immer erfolgreich, weil es die Auflösung nicht immer genügend stark erleichtert. In manchen Fällen (zum Beispiel im Calciumcarbonat und noch mehr im Granit) ziehen sich die Ionen des Festkörpers so stark an, daß die Anziehung durch die Wasserionen ihnen in der Stärke nicht gleichkommen kann und somit eine große Energiezufuhr nötig wäre. Diese spontane Lokalisierung von Energie ist so unwahrscheinlich, daß wir den Feststoff als wasserunlöslich bezeichnen – diese Tatsache ermöglicht, daß unsere Landschaften auf Felsen ruhen. Es klingt paradox: Bergketten und Gebäude bleiben bestehen, weil die Welt immer ungeordneter werden will.

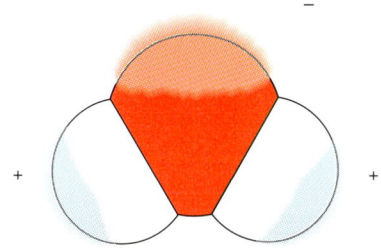

4.10 Ein H_2O-Molekül ist polar, weil die Schwerpunkte der positiven und der negativen Ladung nicht zusammenfallen. Die Polarität entsteht als Folge der unterschiedlichen Elektronegativitäten von Wasserstoff- und Sauerstoffatomen. Der Bereich negativer Ladung (das Sauerstoffatom) verhält sich wie ein Anion. Die Bereiche geringer Elektronendichte und damit positiver Ladung (die Wasserstoffatome) verhalten sich wie Kationen.

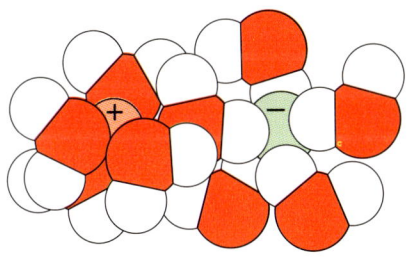

4.11 Wassermoleküle lagern sich an Ionen an. Diesen Vorgang nennt man „Hydratation". Die Hydratation verringert die Energiedifferenz zwischen den Ionen im Kristall und den Ionen in Lösung. So muß weniger Energie aus der Umgebung zugeführt werden, wenn die Ionen in Lösung gehen. (Tatsächlich kann dabei in vielen Fällen sogar Energie an die Umgebung abgegeben werden.)

Die zweite spontane chemische Reaktion: Die Verbrennung

Wir wenden uns nun Faradays wirklichem Problem zu, das er allerdings nicht erkannte: Warum brannte seine Kerze? Der Brennstoff der Kerze war scheinbar das Wachs, das aus Kohlenwasserstoffmolekülen mit langen Kohlenstoffketten besteht. Der Einfachheit halber beschäftigen wir uns zunächst mit der Verbrennung eines viel unkomplizierteren Moleküls, des Methans (CH_4), einer Hauptkomponente des Erdgases. (Würde Faraday seine Vorlesungen heute halten, hätte er sich vielleicht die chemische Geschichte des Erdgases ausgesucht; seine Abhandlung über den Kerzendocht hätte er womöglich durch eine über die Thermolumineszenzeigenschaften eines Glühstrumpfes ersetzt.)

Die vollständige Verbrennung von Methan – unter Luftzufuhr im Überschuß – läuft nach der folgenden Reaktionsgleichung ab:

$$CH_4(g) + 2\,O_2(g) \rightarrow CO_2(g) + 2\,H_2O(g)$$

Die Frage, die wir uns stellen, betrifft eine Asymmetrie der Natur: Warum erzeugt diese Reaktion Produkte (und Wärme) im Überschuß, während eine Mischung aus Kohlendioxid und Wasserdampf keine Neigung zeigt, in der umgekehrten Richtung

$$CO_2(g) + 2\,H_2O(g) \nrightarrow CH_4(g) + 2\,O_2(g)$$

zu Methan zu reagieren? Kurz: Warum verläuft die Verbrennung spontan, nicht aber ihre Rückreaktion?

Die Ausgangsstoffe und Endprodukte der Methanverbrennung unterscheiden sich nicht sehr in ihrer Komplexität, denn drei kleine Gasmoleküle wurden durch drei andere kleine Gasmoleküle ersetzt. Würden wir also fälschlich unsere Aufmerksamkeit auf die Unordnung der Materie beschränken, würden wir schließen, daß sich die Unordnung des Universums bei der Verbrennungsreaktion kaum ändert und es deshalb wenig Grund gibt, warum die Verbrennung überhaupt eintreten sollte. (Eine detaillierte Berechnung zeigt, daß die Unordnung tatsächlich geringfügig abnimmt.) Unsere Erfahrung mit dem Lösungsvorgang hat uns aber schon gezeigt, daß wir umsichtig vorgehen und das Chaos mitberücksichtigen sollten, das bei der Verteilung von Energie entsteht. Wenn eine Verbrennungsreaktion abläuft, setzt sie viel Energie als Wärme in ihrer Umgebung frei: Starke C=O- und O—H-Bindungen werden gebildet, die die schwächeren C—H-Bindungen ersetzen. Diese Wärmefreisetzung führt zu einer beträchtlichen Verteilung von Energie. Die Unordnung, die sie erzeugt, überdeckt die geringe Entropieabnahme durch die neugebildeten Produkte. Deshalb befindet sich das gesamte Universum in einem weniger geordneten Zustand, nachdem das Methan verbrannt wurde, als es vorher der Fall war. Somit verläuft die Verbrennungsreaktion spontan.

4.12 Die Verbrennung von Erdgas, wie sie in kleinem Maßstab im Ofen eines Privathaushalts oder in viel größerem Maßstab auf dieser Öl-bohrinsel erfolgt, ist eine typische Verbrennungsreaktion. Sie wird zum Teil von der Unordnung angetrieben, die entsteht, wenn sich die Teilchen ausbreiten; der größere Anteil der Unordnung ergibt sich jedoch aus der Verteilung der Energie.

Allmählich verstehen wir auch einen der Gründe, die Benzin zu einem so wirkungsvollen Treibstoff machen. An unseren Tankstellen kaufen wir zwar eine komplexe Substanzmischung; wir können jedoch eine Verbindung stellvertretend betrachten, den Kohlenwasserstoff Octan (C_8H_{18}). Der Octandampf verbrennt nach der Reaktion:

$$2\,C_8H_{18}(g) + 25\,O_2(g) \rightarrow 16\,CO_2(g) + 18\,H_2O(g)$$

Dabei reagieren die 27 Moleküle der Ausgangsstoffe zu 34 Produktmolekülen. Anders als beim Methan, wo die Verbrennung kaum eine Veränderung der strukturellen Ordnung der Materie bewirkte, gibt es bei der Verbrennung von Octan einen Abbau von Struktur: Das Brennstoffmolekül besteht aus 26 miteinander verbundenen Atomen, die eine kompakte Einheit bilden. Die Produkte bestehen aus vielen, voneinander unabhängigen dreiatomigen Molekülen. Die Reaktion verläuft aus zwei Gründen spontan: Die Entropie nimmt zu, weil sich zum einen die Energie verteilt und zum anderen die Materie hin zu größerer Unordnung zerfällt. Octan und seine Verwandten vereinigen eine beachtliche Triebkraft in sich, die diese Reaktion und — über Kolben, Getriebe und Räder auf die Erde übertragen — auch uns vorantreibt.

Faradays Kerzenwachs war aus denselben Gründen ein wirkungsvoller Brennstoff, denn seine langen Kohlenwasserstoffketten zerfielen unter Erzeugung von großer Unordnung, sobald er die Flamme angezündet hatte. Darüber hinaus gab die Verbrennung Wärme ab und verursachte eine thermische Unordnung in der Umgebung. Die Kerze brannte, und die Welt sank ein wenig tiefer ins Chaos.

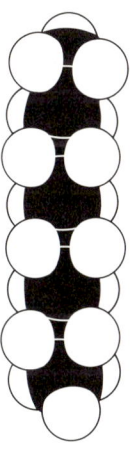

Octan, C_8H_{18}

Die dritte spontane chemische Reaktion: Endotherme Vorgänge

Es gibt einige Reaktionen, die auf den ersten Blick entgegen der Natur abzulaufen scheinen: Sie nehmen Energie auf, anstatt sie abzugeben. Die Existenz dieser Reaktionen sorgte für viel Verwirrung, bevor die Chemiker erkannten, daß sie die Entropie als Kriterium für den spontanen Ablauf einer Reaktion auswählen sollten, nicht die Energie. Sie sahen, wie bei diesen „endothermen" Reaktionen Energie in ihre Reaktionskolben floß, und waren verblüfft, weil sie vermuteten, daß die Ausgangsstoffe die Energieleiter hinauffielen, wenn sie zu den Produkten reagierten. Wie kann, so fragten sie sich, ein System spontan energiereicher werden?

Ein Beispiel für eine endotherme chemische Reaktion ist die Zersetzung von Calciumcarbonat, die Reaktion zu gebranntem Kalk, die wir im dritten Kapitel als ein Beispiel für eine Lewis-Säure-Base-Reaktion kennengelernt haben. Sie läuft bei Temperaturen über etwa 800 Grad Celsius ab:

$$CaCO_3(s) \rightarrow CaO(s) + CO_2(g)$$

Warum läuft die Reaktion spontan bergauf, hin zu einem Zustand höherer Energie?

Daß eine endotherme Reaktion spontan abläuft, ist nicht weiter verwunderlich, wenn wir erkennen, daß die Richtung der spontanen Umwandlung von der Entropie und nicht von der Energie bestimmt wird – vor allem durch die

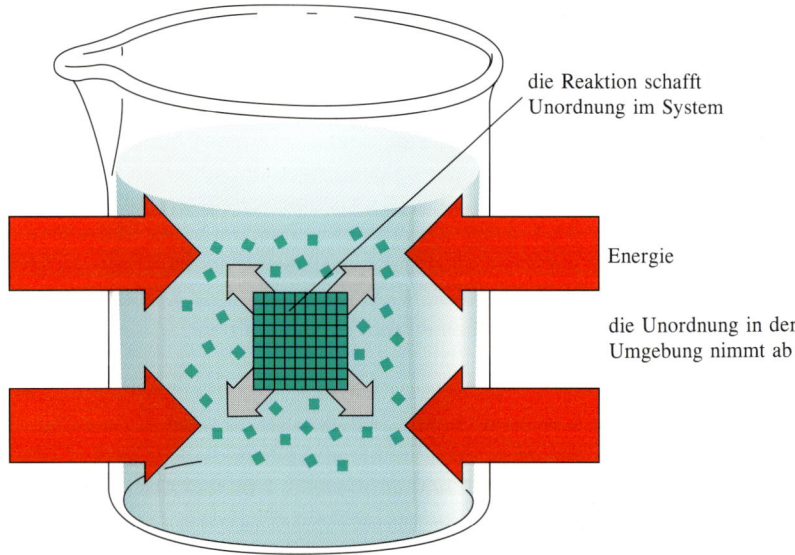

4.13 Eine endotherme Reaktion läuft spontan ab, wenn sie im System mehr Unordnung erzeugt, als in der Umgebung dadurch verlorengeht, daß Energie in die Reaktion fließt. Insgesamt erzeugt die Reaktion Unordnung und erfolgt deshalb spontan.

die Reaktion schafft Unordnung im System

Energie

die Unordnung in der Umgebung nimmt ab

*Gesamt*unordnung des Universums. Weil bei der Reaktion Energie vom System aufgenommen wird, nimmt die Entropie der Umgebung ab. Bei der Reaktion entsteht jedoch ein Gasmolekül aus jedem Carbonation, das verbraucht wird. Weil ein ungeordnetes Gas aus einem Festkörper entsteht, ist die *Materie* nach der Reaktion viel chaotischer verteilt als zuvor. Die Unordnung der Materie kann sich so stark vergrößern, daß sie eine Abnahme der Unordnung in der Umgebung, die durch den Energiefluß ins System entsteht, wettmacht – insgesamt nimmt die Unordnung also zu.

Reaktionen, die von einer Verteilung der Materie angetrieben werden, legen das Konzept eines „Anti-Brennstoffes" nahe. Ein Anti-Brennstoff – niemand nennt ihn tatsächlich so – ist eine Substanz, die endotherm reagiert, also Energie aus der Umgebung aufnimmt und sie damit abkühlt. Obwohl man sich rein chemisch arbeitende Kühlaggregate vorstellen könnte, die von Anti-Brennstoffen betrieben werden – als Gegenstück zu den Heizöfen –, wären sie in der Praxis außer in Spezialanwendungen unökonomisch. Es gibt nur ein oder zwei praktische Anwendungen für chemische Kühlvorrichtungen; die vielleicht bekannteste sind die Vereisungspackungen, die bei Muskelzerrungen angewandt werden. Der Anti-Brennstoff in diesen Packungen ist das Ammoniumnitrat (NH_4NO_3), das mit Wasser reagiert: Der Feststoff befindet sich in einer Ampulle, die im Wasser der Packung schwimmt. Benötigt man die Packung, zerbricht man die Ampulle, und der Feststoff löst sich auf. Die Auflösung des Ammoniumnitrats ist vor allem deshalb ein stark endothermer Vorgang, weil die NH_4^+- und NO_3^--Ionen, die sich kräftig anziehen, voneinander getrennt werden müssen. Die Auflösung verursacht jedoch eine beträchtliche Unordnung, weil die Ionen die ordentliche Anordnung der Wassermoleküle im reinen Wasser zerstören. Diese Zunahme der Unordnung der Materie überwiegt die Abnahme der Unordnung, die eintritt, wenn Energie in die Reaktion fließt und die Umgebung sich dadurch abkühlt.

Wir können jetzt auch verstehen, warum endotherme Reaktionen bei hohen Temperaturen spontan ablaufen können, selbst wenn sie bei niederen Temperaturen nicht spontan eintreten. Dazu betrachten wir noch einmal die thermische Zersetzung von Carbonationen bei der Herstellung von gebranntem Kalk. Die erhöhte Temperatur übt thermodynamisch einen Einfluß aus, der dem Einfluß eines Lösungsmittels bei der Auflösung verwandt ist: Sie vermindert die Abnahme der Unordnung in der Umgebung, die dadurch zustande kommt, daß die Reaktion Energie aufnimmt, und läßt auf diese Weise die Materie zu ihrer natürlichen Bestimmung finden – dem Chaos, das für die Produkte (das Kohlendioxid und den gebrannten Kalk) typisch ist.

Alle spontanen endothermen Vorgänge sind deshalb spontan, weil die Unordnung der Materie im System stärker zunimmt, als die Unordnung der Energie in der Umgebung abnimmt. Die Tendenz des Universums, immer ungeordneter zu werden, treibt alle Reaktionen an, ob sie nun exotherm sind (also Energie freisetzen) oder endotherm. Die Tendenz zum Chaos ist die Haupttriebfeder der Chemie. Die Tendenz der Materie und der Energie, sich immer

4.14 Eine endotherme Reaktion, wie diese Reaktion zwischen Bariumhydroxidoctahydrat und Ammoniumthiocyanat, entzieht der Umgebung Energie. Dabei kann soviel Energie aufgenommen werden, daß der Wasserdampf der umgebenden Luft ausfriert. Wir sehen das am Eis, das sich an dem Becherglas niedergeschlagen hat.

weiter zu verteilen, hat Faradays Flamme brennen lassen, wie sie auch alle die biochemischen Reaktionen, die in ihm als einem menschlichen Wesen ablaufen, in Gang gehalten hat.

Kopplung mit spontanen Reaktionen

Selbst Reaktionen, die nicht spontan ablaufen, können durchgeführt werden – das stellt einen Kernpunkt der Chemie dar. Faraday nutzte diese Möglichkeit unwissentlich in seinen Vorlesungen, als er Wasserstoff und Sauerstoff durch Elektrolyse herstellte. Bei diesem Prozeß wird ein elektrischer Strom durch eine wäßrige Lösung geleitet. Faraday wußte, daß sich Wasserstoff und Sauerstoff zu Wasser verbinden; intuitiv wußte er (und wir wissen es aus der Thermodynamik), daß die Reaktion

$$2\,H_2(g) + O_2(g) \rightarrow 2\,H_2O(l)$$

spontan abläuft. (Sie erfolgt sogar explosionsartig, sobald einige Radikale – durch einen Blitz erzeugt – zugegen sind.) Faraday, der Meister der Elektrolyse, wußte auch, daß er die Reaktion elektrisch umkehren und Wasser in Wasserstoff und Sauerstoff zurückverwandeln konnte,

$$2\,H_2O(l) \rightarrow 2\,H_2(g) + O_2(g)$$

wenn er einen elektrischen Strom durch Wasser leitete. Weil ihm jedoch der nötige theoretische Hintergrund fehlte, konnte er nicht würdigen, daß er mit der Elektrolyse eine Reaktion in ihre nichtspontane Richtung trieb. Die Hinreaktion (die Bildung von Wasser) ist spontan, denn sie vergrößert die Unordnung des Universums, indem sie die Verteilung von Energie in die Umgebung ermöglicht. Wenn Faraday die Rückreaktion erzwingt, die Zersetzung von Wasser, scheint das wie ein Schlag ins Gesicht der Natur: Die Unordnung des Universums muß um denselben Betrag *abnehmen*, wie sie bei der Hinreaktion zunimmt. Wußte Faraday etwas, das wir nicht wissen?

Nein, Faraday wußte sogar noch weniger als wir über den spontanen Ablauf von Reaktionen und die Rolle der Entropie: Die Natur nahm ihm die Reaktion aus den Händen und erreichte mit einem typischen Trick insgesamt eine Zunahme an Unordnung, obwohl Energie in die Probe einfloß, als die H—O-Bindungen im Wasser gelöst wurden. Der entscheidende Punkt liegt darin, daß *eine sehr spontane Reaktion eine andere Reaktion in deren nichtspontane Richtung zwingen kann.* Das mechanische Analogon dazu findet man in einem fallenden Gewicht, das über eine Seilrolle ein leichteres Gewicht anheben kann. Würden wir nur das leichtere Gewicht in die Höhe schweben sehen, könnten wir mit Recht von einem Wunder sprechen (oder zumindest von der Ungültigkeit des zweiten Hauptsatzes). Sobald wir aber bemerken, daß das

4.15 Diese Photographie zeigt den Apparat, den Faraday in seiner Vorlesung benutzte, um die Elektrolyse von Wasser zu demonstrieren. Fließt elektrischer Strom durch das Wasser, erscheinen Blasen aus Wasserstoffgas an der Kathode und Blasen aus Sauerstoffgas an der Anode. Das Volumen an Wasserstoffgas, das bei der Reaktion gebildet wird, ist doppelt so groß wie das Volumen an Sauerstoffgas.

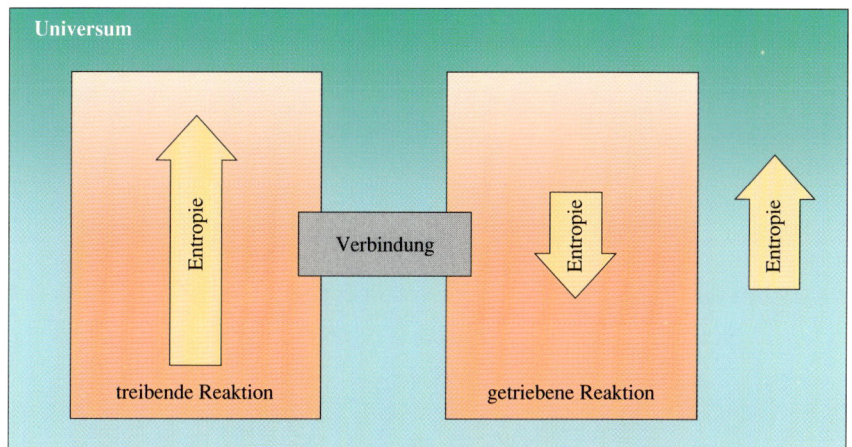

Entropie

Verbindung

Entropie

Entropie

treibende Reaktion

getriebene Reaktion

4.16 Wenn eine Reaktion, die sehr leicht spontan abläuft (weil sie einen großen Zuwachs der Gesamtentropie verursacht), wie durch die exotherme Reaktion links dargestellt, mit einer Reaktion gekoppelt wird, die nicht spontan abläuft (weil sie zum Beispiel stark endotherm ist), kann die erste Reaktion die zweite in ihrer unnatürlichen Richtung antreiben, weil in der Summe die Gesamtentropie anwächst.

leichte Gewicht mit einem schweren verbunden ist, das zu Boden fällt, löst sich das Rätsel. Das Wunder ist erklärt (und die Gültigkeit des zweiten Hauptsatzes gesichert). In der Tat werden *alle* Reaktionen, die die Unordnung vermindern, dadurch angetrieben, daß irgendwo anders eine entsprechend größere Unordnung entsteht. So lange zwei Reaktionen irgendwie miteinander gekoppelt sind, kann eine Reaktion, die viel Unordnung produziert, eine andere Reaktion in ihre unnatürliche Richtung antreiben: Das Endergebnis ist immer noch eine vergrößerte Unordnung im Universum, obwohl *lokal* (zum Beispiel im Elektrolysegefäß und seiner unmittelbaren Umgebung) die Unordnung abgenommen hat.

Als Faraday in seiner Vorlesung elektrischen Strom durch seine Elektrolysezelle leitete, pumpte er Elektronen in die eine Elektrode (die Kathode) und saugte sie an der anderen (der Anode) wieder ab. Die Elektronen, die er zur Verfügung stellte, lagerten sich an die Wasserstoffionen an, die sich dicht an der Kathode aufhielten, und reduzierten sie zu molekularem Wasserstoff:

$$2\,H^+(aq) + 2\,e^- \rightarrow H_2(g)$$

Mit anderen Worten: Eine Kathode ist ein sehr wirkungsvolles Reduktionsmittel. (Die Elektrolyse läuft schneller ab, wenn das Wasser angesäuert ist; dadurch erhöht sich die Konzentration an Wasserstoffionen, die in reinem Wasser sehr gering ist.) Die Elektronen, die er an der anderen Elektrode abzog, wurden den Wassermolekülen entrissen, die sich dicht an der Anode befanden. Die Anode wirkt als starkes Oxidationsmittel:

$$2\,H_2O(l) \rightarrow O_2(g) + 4\,H^+(aq) + 4\,e^-$$

Das bedeutet, daß Wasser zu molekularem Sauerstoff oxidiert wurde, als Faraday der Flüssigkeit Elektronen entzog. Faraday zwang Elektronen durch die

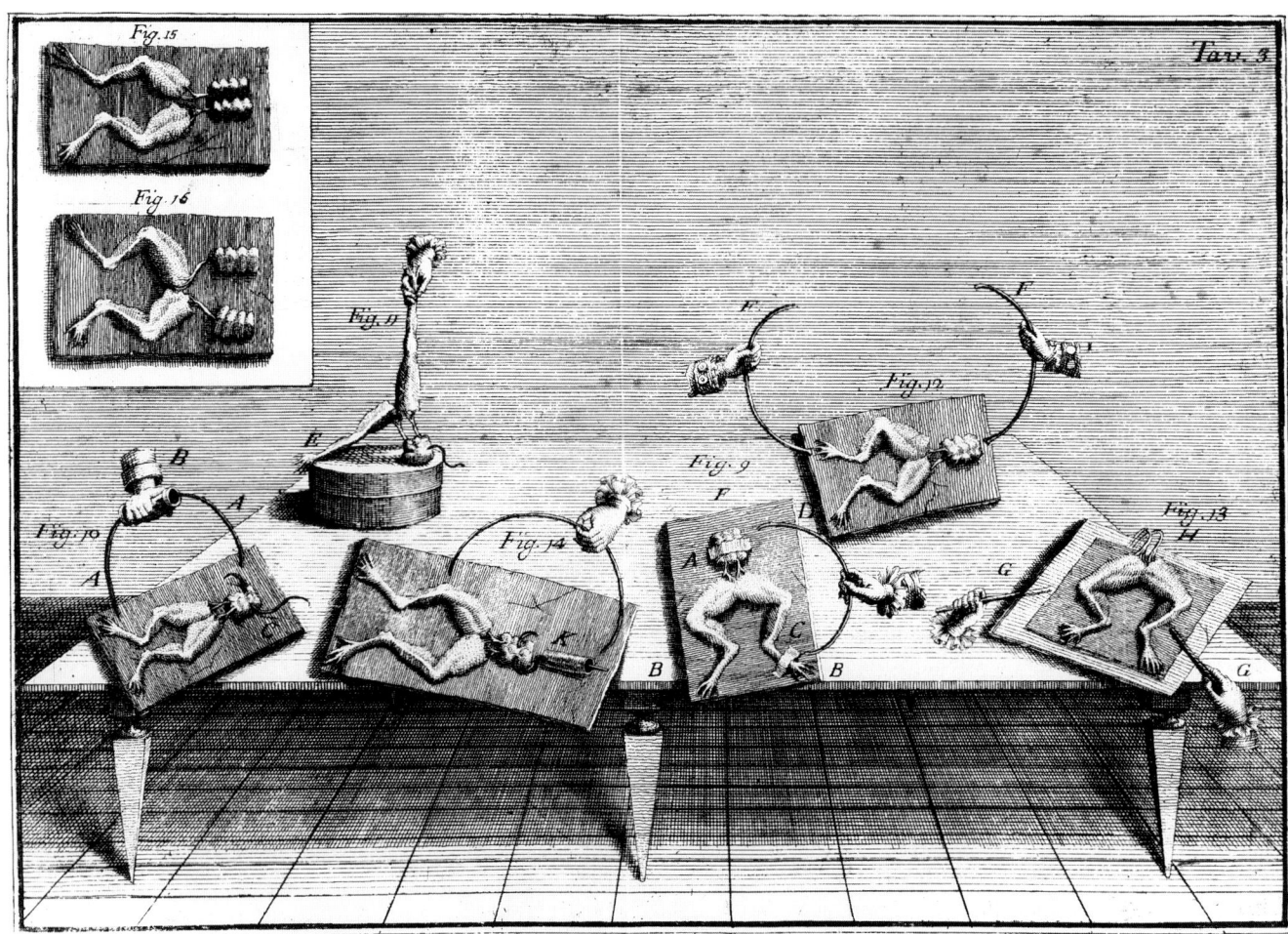

4.17 Galvanis Ausgangsbeobachtung bestand darin, daß tote Frösche, die er mit Messingklammern an einem Eisenzaun befestigt hatte, zusammenzuckten. Später studierte er diesen Effekt systematischer. Er glaubte, daß die Tiere eine neue Art von Elektrizität erzeugten. Aber Volta widerlegte diese Annahme.

Kathode in die Zelle und zog sie durch die Anode wieder ab: Als Ergebnis dieses Versuchs reduzierte er an der Kathode Wasser zu Wasserstoff und oxidierte an der Anode Wasser zu Sauerstoff.

In seiner Vorlesung benutzte Faraday eine „Voltasche Säule" als Quelle des elektrischen Stromes. Der Italiener Alessandro Volta hatte diese nach ihm benannte Säule 1799 erfunden. (Die Erfindung erschütterte damals die Ansicht, daß man Elektrizität nur mit Tiergewebe erzeugen könnte.) In der Form, in der Faraday sie benutzte, bestand sie aus einer Reihe abwechselnd aufgeschichteter Kupfer- und Zinkscheiben, die durch mit angesäuertem Wasser befeuchtetes Papier oder Stoff voneinander getrennt waren. (Graf Volta verwendete ursprünglich eine „aristokratischere" Säule aus Silber und Zink.)

Die Voltasche Säule und die Elektrolysezelle sind im Grunde gleich aufgebaut: Sie bestehen aus zwei Elektroden, die durch ein leitendes Medium getrennt sind. Beide sind „elektrochemische Zellen". Eine Elektrolysezelle ist eine elektrochemische Zelle, in der man eine Reaktion mit Hilfe eines elektrischen Stromes ausführt. Ihr Gegenstück, eine „galvanische Zelle", ist eine elektrochemische Zelle, in der eine Reaktion Strom erzeugt. Die galvanische Zelle ist nach dem italienischen Physiologen Luigi Galvani benannt, der 1786 den Zusammenhang zwischen Muskelkontraktionen und Elektrizität aufdeckte. Seine Arbeit inspirierte Volta.

Daß die Voltasche Säule einen elektrischen Strom erzeugen kann, liegt in den Eigenschaften der Elektronen und der Wirkungsweise des zweiten Hauptsatzes begründet. Die Triebkraft der Reaktion in der Voltaschen Säule entsteht aus der spontanen Neigung des Zinkmetalls, Kupferionen zu Kupfermetall zu reduzieren. Die Unordnung des Universums vergrößert sich, wenn Zinkatome in der Zinkelektrode Elektronen freisetzen (und dabei oxidiert werden)

$$Zn(s) \rightarrow Zn^{2+}(aq) + 2\,e^-$$

und die Kupferionen diese Elektronen aufnehmen (und dabei reduziert werden):

$$Cu^{2+}(aq) + 2\,e^- \rightarrow Cu(s)$$

Insgesamt läuft also die folgende Redoxreaktion ab:

$$Zn(s) + Cu^{2+}(aq) \rightarrow Zn^{2+}(aq) + Cu(s)$$

Entscheidend für die Gesamtreaktion ist die Tatsache, daß Zink Elektronen freisetzt, die von den Kupferionen aufgenommen werden.

Der clevere Trick, den die Voltasche Säule (und alle anderen galvanischen Zellen) zur Stromgewinnung anwenden, ist die räumliche Trennung von Oxidation und Reduktion. Die Oxidation findet an den Zinkscheiben statt, wo Zinkatome Elektronen verlieren. Die dabei entstehenden Ionen entfernen sich vom Metall und gehen in die Lösung über, mit der das Papier getränkt ist. Die Elektronen bewegen sich durch einen Draht von den Zinkscheiben zu den Kupferscheiben und gehen dort auf Kupferionen über, die sich in der Lösung nahe bei den Kupferscheiben aufhalten. Dieser Elektronenfluß macht die „Elektrizität" aus, die von den Zellen erzeugt wird und die Faraday für seine Demonstration der Elektrolyse ausnutzte. Alle elektrochemischen Zellen arbeiten in genau derselben Weise, angefangen bei den großen Autobatterien (in denen Blei und seine Oxide oxidiert und reduziert werden) bis zu den Lithiumbatterien in Herzschrittmachern.

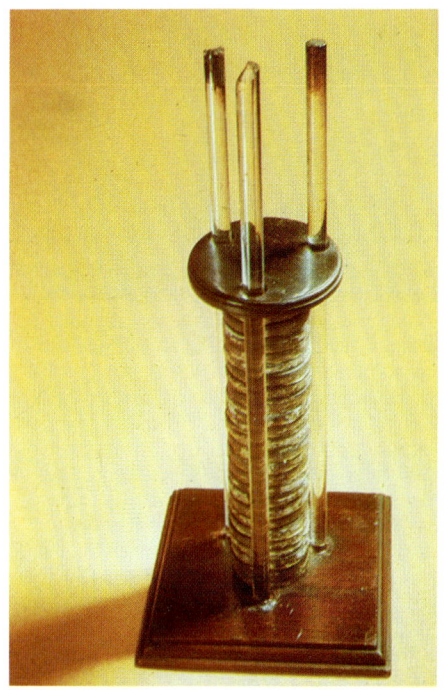

4.18 Die Abbildung zeigt die Voltasche Säule, die Faraday in seinen Vorlesungen benutzte. Sie besteht aus abwechselnd aufeinander geschichteten Kupfer- und Zinkscheiben. Diese sind durch Papier (oder Stoff) getrennt, das mit angesäuertem Wasser getränkt wurde. Die Voltasche Säule erzeugt einen Elektronenstrom, der von den Zinkelektroden durch den äußeren Stromkreis fließt und an den Kupferelektroden wieder in die Säule eintritt.

4.19 Die im Text beschriebene Gesamtreaktion läuft ab, wenn man ein Stück Zink in eine Lösung von Kupfersulfat (die Cu^{2+}-Ionen enthält) legt. Eine Redoxreaktion setzt ein, in der Zink zu Zn^{2+}-Ionen oxidiert wird und Cu^{2+}-Ionen zu metallischem Kupfer reduziert werden, das sich auf der Zinkoberfläche abscheidet.

4.20 Der elektrische Strom, den die Voltasche Säule erzeugt, entsteht auf folgende Weise: Zinkatome geben ihre Elektronen ab, und Kupferionen nehmen in dem feuchten Papier zwischen den Schichten Elektronen auf. Das bedeutet, daß das Zink an einem Ort der Säule oxidiert und das Kupfer an einem anderen Ort reduziert wird. Die Gesamtreaktion ist dieselbe wie in der vorhergehenden Abbildung, aber der Transport der Elektronen von den Orten der Oxidation zu den Orten der Reduktion zeigt sich als Fluß eines elektrischen Stromes.

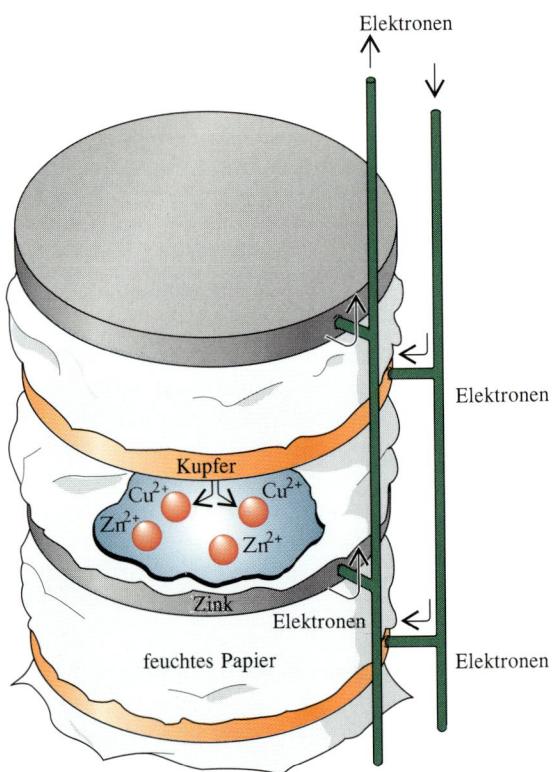

Jetzt verstehen wir, wie eine Reaktion (die Reduktion von Kupferionen durch Zinkmetall) eine andere Reaktion (die Zersetzung von Wasser) in ihre nichtspontane Richtung antreiben kann. Wir verknüpfen die beiden Reaktionen einfach dadurch, daß wir die Elektrolysezelle in den äußeren Stromkreislauf der galvanischen Zelle einbauen. Die Zersetzung von Wasser durch die Elektrolyse vermindert die Unordnung der Welt. Die Reduktion der Kupferionen in der Voltaschen Zelle jedoch vergrößert die Unordnung so sehr, daß die Unordnung der Welt insgesamt anwächst und damit der Gesamteffekt der gekoppelten Reaktionen spontan wird. Wenn wir jetzt die Voltasche Säule durch ein weit entferntes Kraftwerk ersetzten, würde genau dasselbe gelten. Die Erzeugung von Unordnung, die wir zu unserem lokalen Vergnügen ausnutzten, fände dann bei der Verbrennung von Kohle oder Öl, bei der Kernspaltung oder im Donnern eines zu Tal stürzenden Wasserfalles statt.

Dieselben Prinzipien gelten für alle Reaktionen, die ablaufen, weil sie von anderen, spontan eintretenden Reaktionen angetrieben werden. Der Mechanismus des menschlichen Lebens folgt genau demselben Prinzip, das wir so elegant mit der Voltaschen Säule und der Elektrolysezelle vorgeführt haben. Wachstum zum Beispiel bedeutet eine lokale Verminderung der Unordnung; es wird von Reaktionen angetrieben, die entsprechend mehr Unordnung irgendwo anders im Körper hervorrufen. So ist etwa die Synthese von Proteinen (aus Aminosäuren) ein Kennzeichen für Wachstum. Wenn sich Protein-

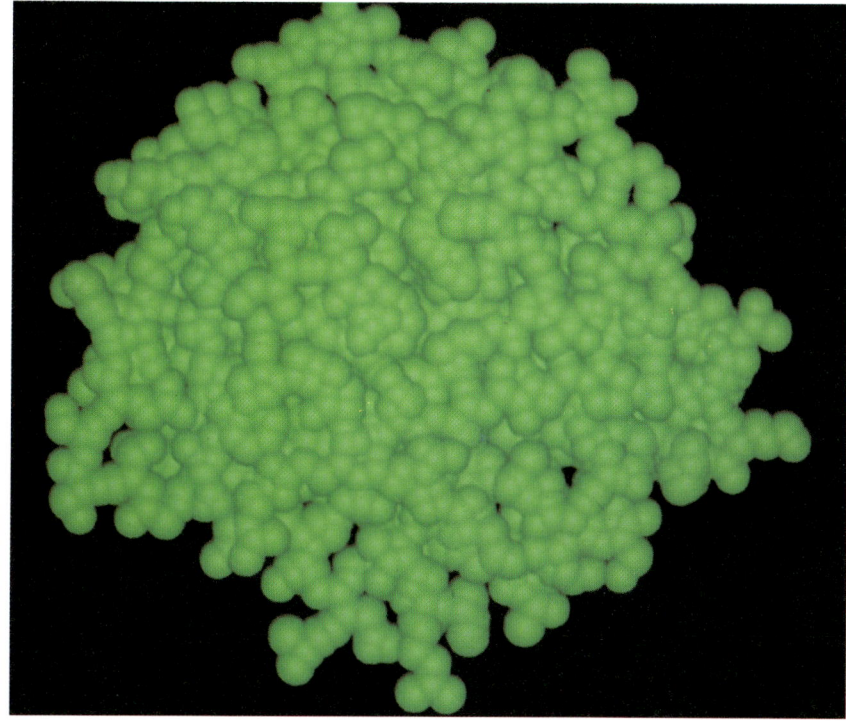

4.21 Ein Proteinmolekül (die Abbildung zeigt die Ribonuclease) besteht aus einer langen Kette von Aminosäuren, die chemisch miteinander verbunden sind. Eine Aminosäure ist ein Molekül mit der allgemeinen Formel $NH_2CHRCOOH$; R steht für eine Gruppe von Atomen. Ein Protein ist ein „Polypeptid", das aus Ketten aufgebaut ist nach dem Muster $-NHCHRCO-NHCHR'CO-NHCHR''CO-$ und so weiter. Die jeweiligen Gruppen R sind im genetischen Code festgelegt.

moleküle bilden, vermindert sich die Entropie beträchtlich, weil sich die kleinen Aminosäuremoleküle in einer genetisch vorgegebenen Weise aneinander binden. Jede Anbindung einer Aminosäure aber ist an eine Reaktion gekoppelt, bei der sich eines oder mehrere biologische Moleküle (ATP) teilweise zersetzen (in ADP). Die Unordnung im Universum, die bei dieser Zersetzung entsteht, überwiegt bei weitem die Entropieabnahme, die den Aufbau der Polypeptide begleitet.

4.22 Die Reaktion, in der ATP (das Molekül links) eine Phosphatgruppe verliert und dadurch zu ADP (rechts) wird, liefert die Triebkraft für viele Vorgänge in einer biologischen Zelle – einschließlich der Proteinsynthese und der Leitung von Nervenimpulsen. Um ATP wieder aufzubauen, wird Energie eingesetzt, die aus der Atmung oder der Photosynthese stammt.

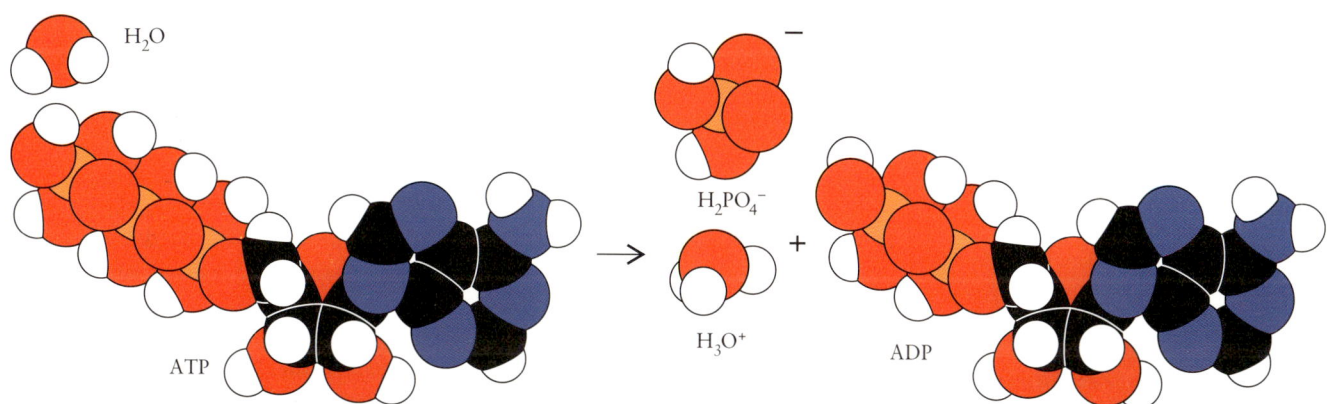

H_2O

ATP

$H_2PO_4^-$

H_3O^+

ADP

Der teilweise Abbau des ATP zu ADP ist über ein System von Enzymen mit der Bildung von Bindungen zwischen den Aminosäuren gekoppelt. Die Gesamtreaktion der Proteinsynthese ist spontan, weil die gekoppelten Reaktionen gemeinsam zu einem Zusammenbruch der Ordnung führen. Die Reaktionen sind so geschaltet, daß das Polypeptid auf Kosten einer größeren Unordnung wächst, die an einem anderen Ort entsteht. Um diese Reaktionen in Gang zu halten, müssen wir essen, denn wir müssen das ATP wieder aus ADP aufbauen. Dazu nutzen wir die Energie, die bei den Reaktionen der Atmung und der Verdauung frei wird. In einem grünen Blatt – einer der Nahrungsquellen, die uns mit Brennstoff versorgen – wird ATP aus ADP bei der Photosynthese wieder aufgebaut. Der weit entfernte „Wasserfall", der wiederum diese Reaktion unterhält, ist die Kernfusion auf der Sonne. Alles Leben erwächst aus dem freien Fall ins kosmische Chaos.

Reaktionen im Gleichgewicht

Wir wenden uns jetzt einem anderen interessanten Aspekt chemischer Reaktionen zu. Oft scheint eine Reaktion zum Erliegen zu kommen, obwohl noch Reaktanten (die Ausgangsstoffe) vorliegen. Kohlensäure zum Beispiel übergibt gleich nach ihrer Bildung ein Proton an ein Wassermolekül. Wir haben die Reaktion im dritten Kapitel genauer behandelt:

$$H_2CO_3(aq) + H_2O(l) \rightarrow HCO_3^-(aq) + H_3O^+(aq)$$

Wenn wir die Konzentration der H_3O^+-Ionen in der Lösung messen, bemerken wir, daß nicht alle H_2CO_3-Moleküle ihr Proton abgegeben haben. Die Reaktion – die Protonenübertragung – läuft ein Stück weit ab und hört dann auf; es sieht so aus, als ob die Bildung der Produkte die Reaktion abwürgte. Es gibt dabei eine weitere Besonderheit: Analysiert man die Zusammensetzung dieser anscheinend erstorbenen Reaktion, dann zeigt sich, daß unabhängig von der Ausgangszusammensetzung die Protonenübertragung bei 25 Grad Celsius immer dann aufhört, wenn die Konzentrationen der Produkte und der Reaktanten bestimmte Werte erreichen. Wie auch immer die anfängliche Zusammensetzung und die Temperatur gewählt wurden, irgendwann scheint die Reaktion zu ihrem Ende zu kommen: Die Reaktion hat ihr „Gleichgewicht" erreicht, wenn die Konzentrationen bestimmte Verhältnisse zueinander einnehmen. (Mathematisch erfüllen die Konzentrationen [X] die Gleichung $[HCO_3^-] \times [H_3O^+] = K \times [H_2CO_3]$; K ist die „Gleichgewichtskonstante" der Reaktion bei der jeweiligen Temperatur.) Warum hält die Reaktion anscheinend bei bestimmten Konzentrationsverhältnissen an? Warum verliert sie offenbar ihren spontanen Charakter?

Wie so oft in der Chemie (dieser subtilen Wissenschaft) kann der Augenschein täuschen. Die Reaktion hat in Wirklichkeit nicht aufgehört – sie läuft weiter; sie *scheint* nur zum Erliegen gekommen zu sein. Reaktionen finden niemals ein Ende. Um diesen wichtigen Punkt verstehen zu können, müssen wir berücksichtigen, daß die meisten Vorgänge der Welt – einschließlich chemischer Reaktionen – in beiden Richtungen ablaufen können. Deshalb ist es nicht nur möglich, daß H_2CO_3 und H_2O in der „Hinreaktion" zu HCO_3^- reagieren, sondern HCO_3^--Ionen können in der Rückreaktion auch wieder die Ausgangsstoffe bilden.

Wenn wir davon sprechen, daß eine Reaktion abläuft, dann meinen wir, daß die Hinreaktion schneller als die Rückreaktion verläuft, so daß mit der Zeit ein Produkt vorliegt, in unserem Falle HCO_3^--Ionen. Wenn sich die Zusammensetzung dem Gleichgewicht nähert, verlangsamt sich die Hinreaktion (weil weniger Reaktanten zurückbleiben), und die Rückreaktion beschleunigt sich (weil mehr Material da ist, das wieder zerfallen kann). Die Produktkonzentration wird nur noch langsam größer. Im Gleichgewicht läuft die Hinreaktion genauso schnell ab wie die Rückreaktion; insgesamt gibt es weder eine Zunahme noch eine Abnahme der Produktkonzentration.

Der Gleichgewichtszustand, den wir eben beschrieben haben, ist ein lebendiges Gleichgewicht, in dem Hin- und Rückreaktion zwar ablaufen, beide aber gleich schnell. Man nennt es „dynamisches Gleichgewicht", um es von dem statischen Gleichgewicht einer ausbalancierten Wippe zu unterscheiden. Diesen Zustand eines dynamischen Gleichgewichts kann man mit einem vielbesuchten Kaufhaus vergleichen, durch dessen Türen gleich viele Käufer hinein wie hinausgehen. Das statische Gleichgewicht ist wie ein Kaufhaus, das bankrott gegangen ist. Das physikalische Analogon zum dynamischen Gleichgewicht ist der heiße Kupferblock, der sich spontan auf die Temperatur seiner Umgebung abgekühlt hat (und mit ihr ins „thermische Gleichgewicht" gekommen ist): Der Energieaustausch zwischen Block und Umgebung erfolgt weiterhin, aber was an Energie aus dem Block fließt, wird durch die Energie ausgeglichen, die aus der Umgebung in den Block fließt. Es ist von unschätzbarer Bedeutung, daß das chemische Gleichgewicht ein dynamisches ist: Eine Mischung, die sich im Gleichgewicht befindet, reagiert wie ein Lebewesen auf Veränderungen und ist nicht bloß ein toter Klumpen zusammengemischter Substanzen.

Chemische Selbstbeschränkung

Wenn wir herausbekommen wollen, warum eine Reaktion sich selbst stranguliert, sollten wir uns ansehen, welchen Unterschied es in der Unordnung des Universums gibt, wenn in der Lösung nur H_2CO_3- und H_2O-Moleküle vorliegen beziehungsweise wenn (in einer hypothetischen Reaktion, die bis zum Ende abgelaufen ist) alle H_2CO_3-Moleküle zu HCO_3^--Ionen geworden sind. Liegt die gesamte Kohlensäure in Form von H_2CO_3-Molekülen vor, so ist bei

25 Grad Celsius die Unordnung des Universums zweifellos größer, als wenn ausschließlich HCO_3^-- und H_3O^+-Ionen vorhanden wären. Demnach scheint es keine spontane Neigung für eine Protonenübertragung zu geben, geschweige denn für eine sich selbst beschränkende Reaktion! Irgendwo in unserer Argumentation muß noch ein Fehler stecken, denn zu einem gewissen Anteil findet der Protonentransfer ohne Frage statt. Und nachdem eine bestimmte Konzentration an HCO_3^--Ionen erreicht ist, unterbinden diese Ionen den weiteren spontanen Reaktionsablauf.

Wie immer, wenn wir es mit der Entropie zu tun haben, müssen wir aufmerksam sein. In diesem Fall suchen wir nach einem Beitrag zur Entropie, der nicht wirksam ist, wenn wir nur H_2CO_3-Moleküle oder nur HCO_3^-- und H_3O^+-Ionen vorliegen haben, der aber ein Maximum in einem Zwischenzustand der Reaktion erreicht. Drei Beiträge bestimmen dann die Gesamtentropie: die Umwandlung der anwesenden Teilchenarten, die Verteilung der Energie und dieser neue Faktor.

Für diesen zusätzlichen Beitrag zur Entropie ist das Produkt selbst verantwortlich. Sobald sich HCO_3^- aus den Reaktanten bildet, wird das Reaktionssystem zu einer Mischung. Das bedeutet, es wird ungeordneter, als wenn nur H_2CO_3-Moleküle anwesend wären. Zu Beginn vergrößert sich diese Unordnung durch die Protonenübertragung, denn die Lösung enthält alle drei Teilchenarten H_2CO_3, HCO_3^- und H_3O^+. Aber sie verringert sich wieder, wenn die Lösung an H_2CO_3 verarmt und sich die Zusammensetzung der Mischung damit vereinfacht. Wie die Abbildung verdeutlicht, erhöht dieser zusätzliche Beitrag zur Entropie die Unordnung des Universums von seinem anfänglichen

4.23 Die gleichzeitige Gegenwart mehrerer Teilchenarten in einem System liefert einen Beitrag zur Unordnung, der sich mit dem Reaktionsfortschritt ändert. Er ist Null, wenn nur eine Teilchenart anwesend ist; er erreicht ein Maximum, wenn während der Reaktion mehrere Teilchenarten vorliegen; und er verringert sich wieder, wenn der Reaktant immer weniger zur Unordnung beiträgt, weil er fast vollständig aufgebraucht ist. Dieser Beitrag zur Entropie addiert sich zu den anderen beiden Beiträgen hinzu (die aus der Umwandlung der Teilchen und der Freisetzung von Energie entstehen). In der Auftragung der Entropie gegen den Reaktionsfortschritt ergibt sich dadurch ein Maximum.

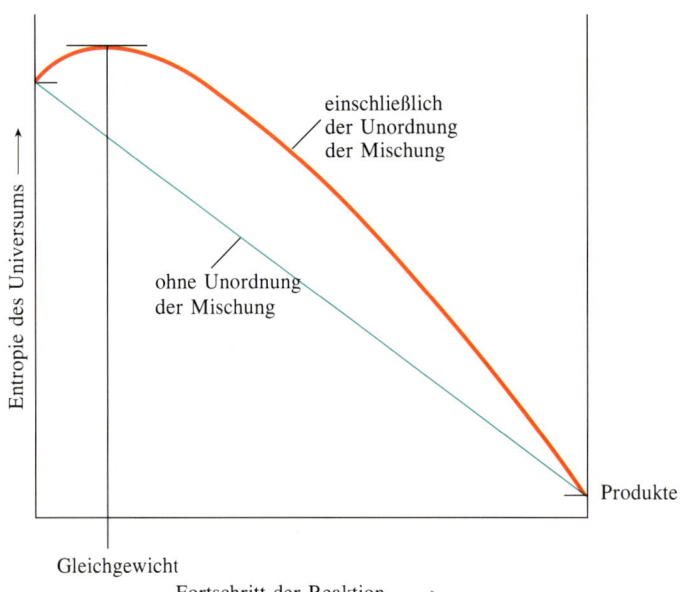

Wert (nur H_2CO_3) auf ein Maximum, nachdem ein kleiner Anteil der Protonen übertragen wurde. Anschließend fällt die Unordnung wieder auf den Wert ab, der dem vollständigen Protonentransfer entspricht. Die Reaktion hat solange eine spontane Neigung zur Bildung von Produkten, bis die Zusammensetzung den Punkt erreicht hat, der einer größtmöglichen Unordnung des Universums entspricht. Dann ist die Hinreaktion nicht länger spontan. Die Produktkonzentration steigt nicht mehr weiter, und die Reaktion geht in das dynamische Gleichgewicht über. Das Produkt hat sowohl selbst die Voraussetzungen für seine Bildung geschaffen als auch seine eigene Bildung beschränkt.

Wann läuft eine Reaktion ab?

Alle Reaktionen haben eine bestimmte Gleichgewichtslage, die dem Punkt entspricht, an dem die Unordnung (eben weil die Reaktion abläuft) maximal ist. In manchen Fällen erreicht die Reaktion das Gleichgewicht bei einer Zusammensetzung, die für das ungeschulte Auge (und in vielen Fällen auch für das sehr gut geschulte) den reinen Produkten zu entsprechen scheint. Dies ist zum Beispiel der Fall, wenn ein Stück Zink in eine Lösung von Kupfersulfat getaucht wird, wie es in Abbildung 4.19 auf Seite 103 gezeigt ist. Dann läuft die Redoxreaktion

$$Zn(s) + Cu^{2+}(aq) \rightarrow Zn^{2+}(aq) + Cu(s)$$

ab, und es bildet sich ein rötlich-braun-schwarzer Niederschlag von Kupfer. Bei Raumtemperatur stellt sich das Gleichgewicht bei einer Konzentration ein, die einem Verhältnis der Zn^{2+}- zu den Cu^{2+}-Ionen von 2×10^{37} zu 1 entspricht. Hätten wir also eine Kupfersulfatlösung, die das Volumen der Erdkugel einnimmt, und würden wir genügend Zinkmetall dazugeben, so befänden sich im Gleichgewicht nur einige Dutzend Cu^{2+}-Ionen in der gesamten Lösung. Mit einem einzigen Cu^{2+}-Ion mehr, als es diesem Gleichgewicht entspricht, wäre das Universum weniger ungeordnet, ebenso mit einem einzigen Ion weniger.

Es gibt auch Reaktionen, die sich schon im dynamischen Gleichgewicht befinden, wenn die Reaktion noch kaum begonnen hat. Stellen wir uns zum Beispiel vor, wir hätten ein Reaktionsgefäß von der Größe der Erde, das mit einer Lösung von Zinksulfat gefüllt ist, in dem sich einige Stücke Zink befinden. Würden wir nun einige hundert Cu^{2+}-Ionen zu dieser Lösung geben, dann würde etwa die Hälfte von ihnen durch das Zink reduziert, und eine gleich große Anzahl Zn^{2+}-Ionen ginge in Lösung. Dann wäre die Reaktion beendet, denn wenn mehr Zn^{2+}-Ionen gebildet würden, nähme die Unordnung des Universums wieder ab. Mit Recht würden wir sagen, die Reaktion „läuft nicht ab".

Viele Reaktionen, die nicht ablaufen, tun es aus diesen Gründen nicht. Die Reaktanten befinden sich schon so dicht bei der Gleichgewichtszusammensetzung der Reaktion, daß die Bildung der kleinsten Menge des Produkts die Reaktion beendet. Das Entropiemaximum liegt in diesen Fällen fast unendlich dicht bei der Zusammensetzung, die die Ausgangsstoffe schon haben.

In allen seinen chemischen Vorführungen, einschließlich der Verbrennung einer Kerze und der Zersetzung von Wasser durch die Elektrolyse, förderte Faraday das Verständnis seiner Zuhörer, indem er unwissentlich zur Unordnung der Welt beitrug. Manchmal konnte er eine spontane Reaktion mit ganz einfachen technischen Mitteln auslösen, zum Beispiel, wenn er eine Kerze anzündete. Manche Reaktionen würden allerdings in eine unerwünschte Richtung ablaufen, wenn sie nicht an einen stärker spontanen Prozeß angehängt würden. Diese Kopplung von Reaktionen erfordert technologische Verfeinerungen, die erst auf einer viel späteren Entwicklungsstufe der Zivilisation verfügbar wurden. Eine Reaktion dieser Art ist die Elektrolyse von Wasser, die Faraday erzwingen konnte, indem er sie an den Elektronenfluß anschloß, den eine andere Reaktion erzeugte. Alle Reaktionen aber können sich selbst begrenzen, denn in allen Fällen tritt ein Beitrag zur Unordnung der Welt auf, der aus der gleichzeitigen Anwesenheit von Reaktanten und Produkten entsteht. Die maximale Unordnung – und damit zugleich das Ende einer weiteren Produktanhäufung – wird erreicht, wenn alle Reaktionspartner gleichzeitig vorliegen. Alle Reaktionen werden getrieben vom Sturz der Welt in ein immer größeres Chaos. Selbst wenn Faraday zum besseren Verständnis eine größere Ordnung in den Köpfen seiner Zuhörer herbeizauberte, leistete er dabei letzten Endes einen Beitrag zum Chaos.

Die Hürde auf dem Weg

5

Es ist erstaunlich, wie die einzelnen Substanzen abwarten — wie einige warten, bis die Temperatur ein klein wenig erhöht ist, und andere, bis sie beträchtlich erhöht ist.

MICHAEL FARADAY, Sechste Vorlesung

5.1 Viele Reaktionen setzen erst dann ein, wenn man die Temperatur erhöht oder sie auf andere Weise in Gang bringt, obwohl sie eine Neigung haben, freiwillig abzulaufen. Das ab-gebildete Streichholz entzündet sich erst, wenn die dazu notwendigen Reaktionen durch die Reibungswärme ausgelöst worden sind.

Faradays Kerze wartete. Obwohl die Verbrennung von Kohlenwasserstoffen spontan abläuft, mußte Faraday seine Kerze erst anzünden, um sie zum Leben zu erwecken. Nachdem die Flamme einmal entzündet war, unterhielt die Wärme, die sie erzeugte, die Reaktion. Sie konnte auch benutzt werden, um die Verbrennung anderer Substanzen in Gang zu setzen. Die Umwandlung von Wachs in Kohlendioxid ist spontan, aber sie läuft bei Raumtemperatur so langsam ab, daß praktisch keine Umwandlung erfolgt. Kerzen können unendlich lange aufbewahrt werden. Nur bei den erhöhten Temperaturen, die für eine Flamme charakteristisch sind, wird diese Spontanität deutlich: Das Wachs verbrennt, wie es seinem chemischen Schicksal entspricht.

Warum die Reaktion bei Raumtemperatur so langsam abläuft, ist leicht herauszufinden: Die Atome werden in den Molekülen, aus denen die Kerze besteht, durch starke Bindungen zusammengehalten. Obwohl bald Energie frei werden wird, weil noch stärkere Bindungen gebildet werden, erfordert die Befreiung der Atome aus ihren ursprünglichen Bindungen zunächst eine beträchtliche Investition an Energie. Die Atome der Kerze sind begierig auf die Umwandlung, aber sie können sie nicht erlangen, ähnlich wie ein See, den ein Staudamm zurückhält. Wir sagen, es besteht eine „kinetische" Barriere für ihre Umordnung (weil man das Studium der Reaktionsgeschwindigkeiten in der Chemie „chemische Kinetik" nennt): Die Atome besitzen nicht genügend Energie, um ihre Partner zu wechseln, obwohl sie die natürliche Tendenz dazu haben. Nicht nur Faradays Kerze, sondern alle Wälder unseres Planeten, alles Leben auf ihm bewegt sich am Rand des Feuertodes; aber ihre Atome werden so fest zusammengehalten, daß die Welt nicht kopfüber ins Chaos stürzt (außer da und dort), sondern sich in bunter Fülle entfaltet. Reaktionen können warten, damit eine komplexe Welt möglich wird.

Der Energieeinsatz, den die Reaktionen benötigen, variiert stark. Deshalb laufen sie mit sehr verschiedenen Geschwindigkeiten ab. Die Ausfällung von unlöslichem Calciumcarbonat setzt praktisch augenblicklich ein. Sobald sich Calciumionen und Carbonationen in der gleichen Lösung befinden, ziehen sich die Ionen des Niederschlags an. Die Neutralisation der Kohlensäure durch eine Base erfolgt ebenfalls fast sofort, weil Protonen sehr beweglich sind. Aber manchmal, wie es uns vom Kochen her bekannt ist, können Substanzen stundenlang zusammengemischt sein, ehe sich eine merkliche Menge Produkt bildet. Oft tritt überhaupt keine Umsetzung ein, bis die Mischung erhitzt wird.

Ein Beispiel für eine relativ langsame Reaktion ist das Analogon zu jenem biochemischen Prozeß, mit dem die Natur das Wachs für Faradays Kerzen synthetisierte. Moderne Kerzen bestehen überwiegend aus Paraffin — einem weißen Feststoff, den man aus Petroleum gewinnt. Petroleum ist eine Mischung aus Kohlenwasserstoffmolekülen, die zwischen 18 und 32 Kohlenstoffatome enthalten. Faradays Kerzen, wie manche wertvollen Kerzen noch heu-

5.2 Eine Biene preßt Wachsplättchen aus den Drüsen ihres Hinterleibes.

te, wurden aus Talg, Walrat (als Wale noch ungehemmt gejagt wurden) oder Bienenwachs hergestellt, denn zu seiner Zeit waren Petroleumprodukte noch eine ziemliche Seltenheit. Ein echtes Tierwachs ist eine komplexe Mischung aus organischen Molekülen, darunter langkettigen Kohlenwasserstoffen, Carbonsäuren (Verbindungen mit der Gruppe —COOH) und Ester, die in der Reaktion einer langkettigen Carbonsäure mit einem langkettigen Alkohol entstehen (ein Alkohol ist eine Verbindung mit einer —OH-Gruppe, die an ein Kohlenstoffatom gebunden ist). Die Bildung der langkettigen Ester des Bienenwachses erfolgt durch Enzyme im Hinterleib der Biene. Aber das Verschweißen eines Moleküls mit einem anderen zu einem Ester kann man unter viel einfacheren Bedingungen durchführen: Man erhitzt lediglich eine Mischung der organischen Säure und des Alkohols. Dabei tritt eine „Veresterung" ein:

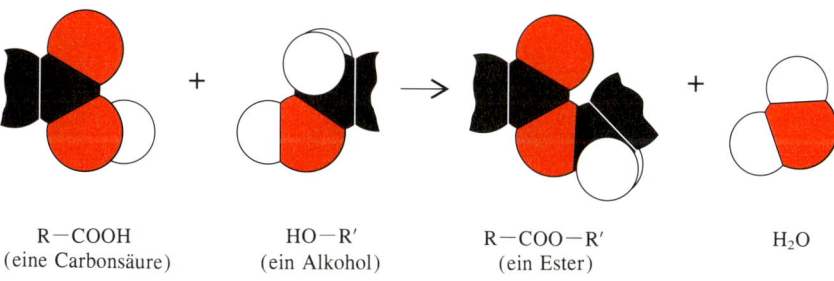

R—COOH   HO—R′   R—COO—R′ H_2O
(eine Carbonsäure)   (ein Alkohol)   (ein Ester)

115

Veresterungen wie diese (und auch die echte Wachsbildung) laufen recht langsam ab. Es kann viele Minuten, manchmal sogar Stunden dauern, bis die Reaktion schließlich ihr Gleichgewicht erreicht.

In diesem Kapitel untersuchen wir einige Faktoren, die für die Geschwindigkeiten jener Reaktionen bestimmend sind, die Faradays Flamme in die Welt brachte. Wir werden verstehen, warum manche Reaktionen offensichtlich davon zurückgehalten werden, sofort Produkte zu bilden, während andere kopfüber in ihr chemisches Schicksal stürzen. Die Gründe für die unterschiedlichen Geschwindigkeiten von chemischen Reaktionen und unsere Möglichkeiten, sie in vielen Fällen zu beeinflussen – die schnellen zu bremsen und die langsamen zu beschleunigen –, werden die immer wiederkehrenden Themen dieses Kapitels sein.

Arrhenius-Verhalten

Fast immer läuft eine Reaktion schneller ab, wenn man die Temperatur erhöht. Dies gilt auch für die oben beschriebene Veresterung. Ganz wenige Reaktionen verlaufen bei höherer Temperatur erstaunlicherweise langsamer. Aber diese chemischen Sonderfälle brauchen uns bis zum nächsten Kapitel nicht zu beunruhigen. Wir nutzen die Temperaturabhängigkeit der Reaktionsgeschwindigkeit aus, wenn wir Lebensmittel einfrieren, um die Reaktionen zu verlangsamen, die zu ihrem Verfall führen. Oder wenn wir sie kochen, um schneller die Bestandteile freizusetzen, die zu ihrem Geschmack und Aroma beitragen – bevor die Nahrungsmittel den langsamen Reaktionen erliegen, die wir als Fäulnis bezeichnen. Der Körper bedient sich der Methode, die Temperatur zu erhöhen, um so Reaktionen zu beschleunigen, die ihm helfen, sich gegen Infektionen zu verteidigen. Wenn sich im Fieber die Körpertemperatur erhöht, ist das ein Versuch, die angreifenden Bakterien dadurch abzutöten, daß die fein abgestimmte Balance der Geschwindigkeiten ihrer biochemischen Reaktionen gestört wird.

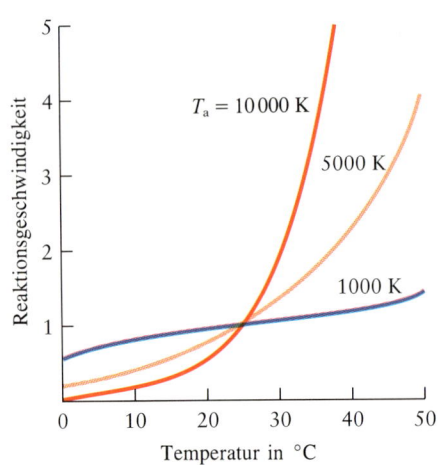

5.3 Je größer die Aktivierungstemperatur einer Reaktion ist, desto stärker hängt die Reaktionsgeschwindigkeit von der Temperatur ab.

Die Änderung der Reaktionsgeschwindigkeit mit der Temperatur folgt einer einfachen Regel, die der holländische Chemiker Jacobus van't Hoff 1884 aufstellte (in seiner ersten Abhandlung über Reaktionsgeschwindigkeiten, seinen *Studien zur chemischen Dynamik*) und die Svante Arrhenius 1889 erklärte. Diese Regel besagt, daß die Geschwindigkeit vieler Reaktionen mit einer Exponentialfunktion der Temperatur (T) beschrieben werden kann:

$$\text{Reaktionsgeschwindigkeit} \propto e^{-T_a/T}$$

(T wird in Kelvin gemessen, das heißt $T = 0$ bei -273 Grad Celsius). Man sagt von Reaktionen, deren Geschwindigkeiten auf diese Weise von der Temperatur abhängen, daß sie „Arrhenius-Verhalten" zeigen. Die Größe T_a ist von Reaktion zu Reaktion verschieden. Wir werden sie als die „Aktivierungstemperatur" der Reaktion bezeichnen. Die praktische Bedeutung der Aktivierungstemperatur liegt darin, daß sie uns anzeigt, wie empfindlich die Reaktionsgeschwindigkeit von Temperaturänderungen beeinflußt wird. Eine Aktivierungstemperatur von Null bedeutet, daß die Reaktionsgeschwindigkeit überhaupt nicht von der Temperatur abhängt. Eine Aktivierungstemperatur von etwa 5000 K bedeutet, daß sich die Reaktionsgeschwindigkeit verdoppelt, wenn man die Temperatur von Raumtemperatur aus um 10 Grad Celsius erhöht. Typische Aktivierungstemperaturen liegen bei etwa 5000 K, aber manche Reaktionen haben Aktivierungstemperaturen nahe Null, andere solche in der Größenordnung von 10^4 K oder mehr. Diese Werte sind groß im Vergleich zur Raumtemperatur, die normalerweise weniger als 300 K beträgt, aber sie entsprechen der üblichen Langsamkeit vieler Reaktionen unter Normalbedingungen (weil $e^{-5000/300} = 6 \times 10^{-8}$). Erhöht man die Temperatur auf etwa 500 K, wie es beim Backen in einem Herd der Fall ist, vertausendfacht man die Reaktionsgeschwindigkeit (weil $e^{-5000/500} = 5 \times 10^{-5}$).

Kollisionen bei Reaktionen

Wir verstehen die Wirkung einer Temperaturerhöhung am einfachsten, wenn wir die Vorgänge betrachten, die in den verschiedenen Bereichen einer Kerzenflamme ablaufen. Das wichtigste Ereignis, das wir uns vor Augen führen müssen, ist der Zusammenstoß zweier Moleküle. Wir haben zum Beispiel im dritten Kapitel gesehen, daß einer der Vorgänge in der Flamme die Kollision eines OH-Radikals mit einem Bruchstück eines Kohlenwasserstoffmoleküls ist. Im Augenblick der Kollision kann das Radikal dem Kohlenwasserstoff ein Wasserstoffatom entreißen und es als H_2O-Molekül davontragen. Der Zusammenstoß zweier Teilchen ist das Schlüsselereignis, das ihnen eine Reaktion ermöglicht. Er ist auch die Grundlage für eine Theorie, die den Zusammenhang zwischen Reaktionsgeschwindigkeit und Temperatur erklärt.

Die „Stoßtheorie" der Reaktionen geht von einem Modell für ein Gas aus, in dem sich alle Moleküle beständig in ungeordneter Weise bewegen. Das Modell ist auf die Flamme unserer Kerze anwendbar, denn die Flamme ist ein turbulentes Gasgemisch, das sich aus Molekülen, Molekülbruchstücken und glühenden Rußteilchen zusammensetzt. Zusammenstöße passieren überall in der Flamme: Jedes Molekül stößt im Durchschnitt siebenmilliardenmal in einer Sekunde mit anderen Molekülen zusammen. Wäre jeder Stoß erfolgreich, wäre die Reaktion in ein paar Milliardstel Sekunden vorbei – sobald die Kohlenwasserstofffragmente den Docht verlassen hätten – und würde nicht in einem Volumen stattfinden, wie es eine typische Kerzenflamme einnimmt.

Wie bei den meisten Erklärungsversuchen in der Chemie schauen wir auf die Energieverhältnisse des Vorgangs, um sein rätselhaftes Verhalten zu erklären.

117

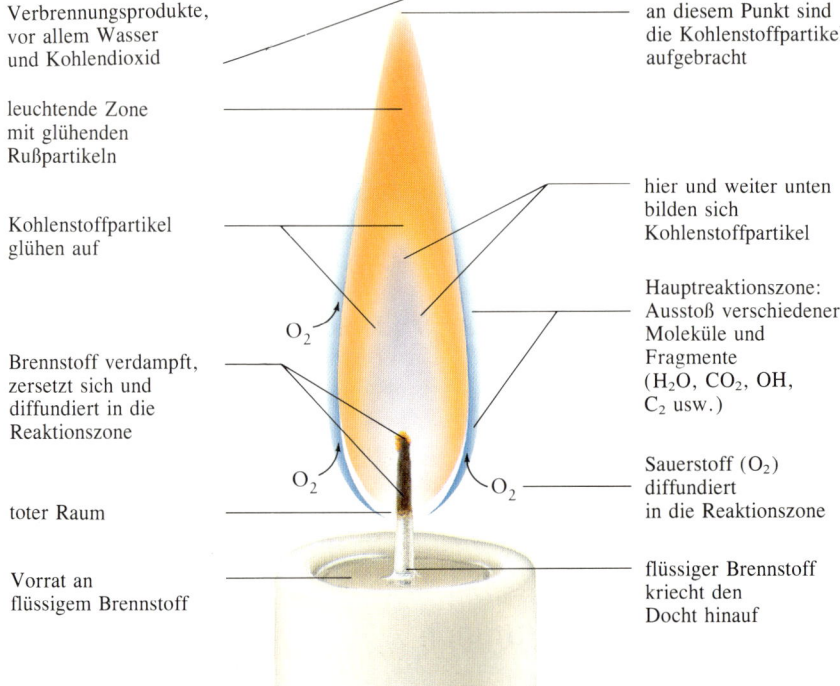

Verbrennungsprodukte, vor allem Wasser und Kohlendioxid

leuchtende Zone mit glühenden Rußpartikeln

Kohlenstoffpartikel glühen auf

Brennstoff verdampft, zersetzt sich und diffundiert in die Reaktionszone

toter Raum

Vorrat an flüssigem Brennstoff

an diesem Punkt sind die Kohlenstoffpartikel aufgebracht

hier und weiter unten bilden sich Kohlenstoffpartikel

Hauptreaktionszone: Ausstoß verschiedener Moleküle und Fragmente (H_2O, CO_2, OH, C_2 usw.)

Sauerstoff (O_2) diffundiert in die Reaktionszone

flüssiger Brennstoff kriecht den Docht hinauf

O_2

5.4 Die Struktur einer Kerzenflamme und die wichtigsten Vorgänge in den einzelnen Zonen.

In diesem Fall suchen wir den Grund dafür, warum die Reaktion im Vergleich zu der Häufigkeit der Stöße so langsam vor sich geht und warum schließlich die Anzahl der Stöße, die zu einer Reaktion führen, sich mit der Temperatur ändert. Obwohl ein Sturm von Kollisionen in der Flamme stattfindet, sind die meisten davon zu schwach (vor allem in den kälteren Bereichen), um zu einer Reaktion zu führen. Es kann vorkommen, daß ein OH-Radikal mit einem Kohlenwasserstoffbruchstück zusammenstößt und vielleicht ein Wasserstoffatom ein Stück weit von ihm löst, aber die Kollision nicht genug Energie liefert, damit es das Atom vollständig herausreißen kann. Statt dessen prallt das OH-Radikal wieder von dem Kohlenwasserstoff ab, und das Molekül bleibt unversehrt. Wenn das OH-Radikal allerdings mit zerstörerischer Wucht in den Kohlenwasserstoff einschlägt, kann ein Wasserstoffatom

5.5 Stößt ein OH-Radikal mit einer geringen Geschwindigkeit auf ein Kohlenwasserstoffmolekül, so erfolgt keine Reaktion (links). Liegt die Stoßenergie jedoch über einem Schwellenwert, werden die Atome in dem Bereich des Aufpralls gelockert. Das OH-Radikal kann dann möglicherweise dem Kohlenwasserstoffmolekül ein Atom entreißen.

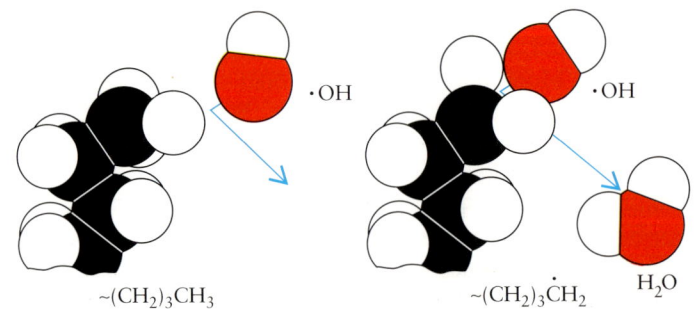

·OH

·OH

$\sim(CH_2)_3CH_3$

$\sim(CH_2)_3\dot{C}H_2$

H_2O

mitgerissen werden. Für einen Sekundenbruchteil bilden die Atome einen lose zusammenhängenden Cluster, dann wird das Wasserstoffatom losgerissen und kann abtransportiert werden. Das heißt: Die Begegnung führt zur Reaktion, wenn die Stoßenergie einen gewissen Schwellenwert übersteigt, den man „Aktivierungsenergie" der Reaktion nennt.

Die Aktivierungsenergie gibt uns die Mindestenergie an, die Moleküle mitbringen müssen, damit sie reagieren können. Wir können aber noch ein detaillierteres Bild der Energieänderungen zeichnen, die während der Reaktion eintreten. Zu Beginn haben ein ortsfestes, nichtschwingendes OH-Radikal und ein ortsfestes, nichtschwingendes Kohlenwasserstoffmolekül eine bestimmte Energie, die wir in der Abbildung 5.6 durch die Anfangshöhe der Kurve wiedergeben. Weil sich keines der Teilchen bewegt, ist die gesamte Energie „potentielle Energie". Die Energie ist in ihren chemischen Bindungen gespeichert. Die voll ausgebildeten, ortsfesten und nichtschwingenden Produktmoleküle – das H_2O-Molekül und das Kohlenwasserstoffradikal – haben wegen ihrer neuen Anordnung der Bindungen eine geringere Energie. Wenn die Reaktion fortschreitet, nähert sich ein OH-Radikal dem Kohlenwasserstoff; das

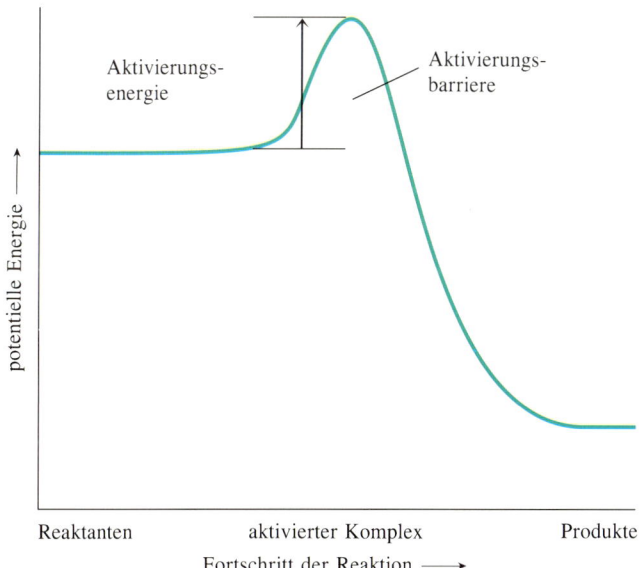

5.6 Das Reaktionsprofil für den Angriff eines OH-Radikals auf ein Kohlenwasserstoffmolekül, dem letztlich ein Wasserstoffatom entzogen wird. Die Höhe der Barriere zwischen den Reaktanten und den Produkten bestimmt die Geschwindigkeit, mit der die Reaktion abläuft.

Radikal bildet eine Bindung zu einem Wasserstoffatom des Kohlenwasserstoffes aus und beginnt, es von seinem Kohlenstoffpartner wegzuziehen. Schließlich ist die neue H—OH-Bindung voll ausgebildet, und das neue H_2O-Molekül entkommt. Die gesamte potentielle Energie des Systems ändert sich im Verlauf dieser Geschehnisse, wie es die Kurve in der Abbildung 5.6 zeigt. Wenn das OH-Radikal und der Kohlenwasserstoff nur noch wenig voneinander entfernt sind, beginnt sich eine neue O—H-Bindung auszubilden und eine

C—H-Bindung dehnt sich in dem Maße, wie das Wasserstoffatom sich allmählich von seinem Ursprungsmolekül befreit. Weil Energie aufgewendet werden muß, um die angegriffene C—H-Bindung zu dehnen, ist die gesamte potentielle Energie zu diesem Zeitpunkt höher als zu Beginn. Sie wächst auf ihren Maximalwert an, wenn der Zug beim Zerreißen am größten wird. Sie fällt ab, wenn das neu geschaffene H_2O-Molekül sich entfernt und die neue O—H-Bindung sich zu ihrer endgültigen Länge entspannen kann.

Die Kurve der potentiellen Energie, die wir gezeichnet haben, nennt man „Reaktionsprofil". Der höchste Punkt der Kurve entspricht einem mehr oder weniger gut geordneten Cluster von Atomen, der als „aktivierter Komplex" bezeichnet wird und sich für einen kurzen Moment bei der Begegnung der Reaktanten bildet. Aus diesem Cluster entstehen die Produkte. Der Unterschied zwischen dem Maximum der Kurve und der Energie der Reaktanten ist die Aktivierungsenergie der Reaktion. Sie bestimmt deshalb auch die charakteristische Temperaturabhängigkeit der Reaktionsgeschwindigkeit. Wenn sich das OH-Radikal und das Kohlenwasserstoffmolekül einander nähern, besitzen sie eine Gesamtenergie, die die Summe zweier Beiträge ist: der Bewegungsenergie der Teilchen – der „kinetischen Energie"- und der Energie, die von ihrer Position zueinander abhängt – der potentiellen Energie. In dem Maße, wie die Reaktanten sich annähern, verringert sich ihre kinetische Energie, weil sie langsamer werden, und es wächst die potentielle Energie. Nur wenn sie auf dem höchsten Punkt der Barriere noch ein wenig kinetische Energie besitzen, wird ihre Gesamtenergie größer als die Aktivierungsenergie sein. Nur dann werden sie die „Aktivierungsschwelle", den Berg im Reaktionsprofil, überwinden und als Produkte aus der Begegnung hervorgehen können.

Die Reaktionsgeschwindigkeiten in einer Kerzenflamme hängen von dem Anteil der Stöße ab, die *mindestens* mit der Aktivierungsenergie der jeweiligen Reaktion stattfinden. Diesen Anteil gibt eine der berühmtesten Beziehungen der statistischen Thermodynamik an, die „Boltzmann-Verteilung", die der Österreicher Ludwig Boltzmann Ende des 19. Jahrhunderts ableitete. Aus der Boltzmann-Verteilung kann man errechnen, daß der Bruchteil von Stößen, die in einem Gas der Temperatur T mit wenigstens der Energie E_a erfolgen, $e^{-E_a/kT}$ ist. Die Konstante k ist die „Boltzmann-Konstante", eine Fundamentalkonstante der Natur, die oft im Zusammenhang mit Energie, Entropie und der Thermodynamik im allgemeinen auftritt. Sie hat den Wert $k = 1,38 \times 10^{-23}$ J K^{-1} (Joule pro Kelvin). Weil die Reaktionsgeschwindigkeit proportional dem Anteil der Stöße ist, die mit mindestens der Energie E_a erfolgen, können wir ab sofort schreiben:

$$\text{Reaktionsgeschwindigkeit} \propto e^{-E_a/kT}$$

Die Gleichung ist identisch mit der Arrhenius-Gleichung, in der E_a durch kT_a ersetzt ist. Die Aktivierungstemperatur ist also dadurch bedingt, daß die Zusammenstöße wenigstens mit einer Minimalenergie (der Aktivierungsenergie) erfolgen müssen, damit die Begegnung zu Produkten führt.

5.7 Ludwig Boltzmann (1844–1906).

Wenn die Temperatur sich der Aktivierungstemperatur nähert, besitzt ein größerer Anteil der Stöße die Energie, die für eine Reaktion ausreicht. Bei $T = T_a$ ist ein Bruchteil von $1/e$ der Kollisionen (ungefähr 37 Prozent) erfolgreich. Erst wenn die Temperatur die Aktivierungstemperatur weit übersteigt, führt jeder Zusammenstoß zum Erfolg, weil dann fast jeder Stoß mit einer Energie stattfindet, die größer ist als die Aktivierungsenergie. Bei Temperaturen, die weit unterhalb der Aktivierungstemperatur liegen, bringt kaum ein Stoß genügend Energie für eine Reaktion auf. Aus diesem Grund reagiert der Luftstickstoff nicht mit dem Luftsauerstoff (außer in den oberen Bereichen der Atmosphäre), obwohl die beiden Molekülsorten Myriaden von Stößen ausführen: Fast alle Zusammenstöße sind zu schwach. Deshalb entgehen die unteren Bereiche der Atmosphäre der möglichen Brandkatastrophe.

Die Boltzmann-Verteilung wurzelt im Chaos, denn zu ihrer Ableitung nahm Boltzmann an, daß die einzelnen Moleküle des Systems *zufällig* irgendeine der Energien annehmen, die mit der festgelegten Gesamtenergie der betrachteten Probe vereinbar sind. Die Tatsache, daß die Boltzmann-Verteilung im Chaos begründet ist, bedeutet, daß die Geschwindigkeiten der Reaktionen gerade so wie die Triebkraft der Reaktionen Auswirkungen der Unordnung sind. Obwohl die Umwandlungen in der Natur so ablaufen, daß immer größeres Chaos entsteht, verhindert eben dieses Chaos, daß die Systeme kopfüber ins Verderben stürzen, indem es die Verfügbarkeit der Energie einschränkt: Das Chaos wirkt gleichzeitig als Köder und Halteleine in der Chemie.

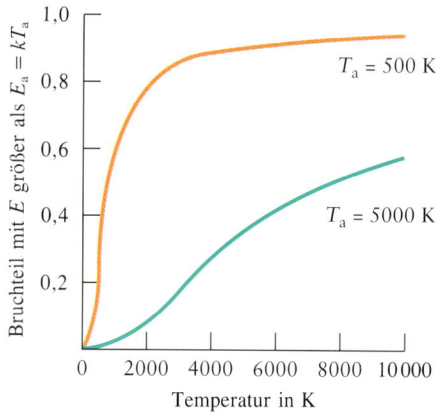

5.8 Der Bruchteil der Stöße, die mit mindestens der Energie E_a erfolgen, wächst mit der Temperatur. Je höher die Temperatur, desto größer ist der Bruchteil der Stöße, die genügend Energie übertragen, damit eine Reaktion eintreten kann.

Reaktive Stöße in Lösung

In einem Gas bewegen sich die Moleküle über beträchtliche Entfernungen, bevor sie aufeinandertreffen. In einer Flüssigkeit drängen sich die Moleküle wie Menschen in einer dichten Menschenmenge: Sie rempeln sich bei jeder Bewegung an. Jedes Molekül kann sich nur einen Atomdurchmesser fortbewegen, bevor es wieder mit einem anderen zusammenstößt. Eine Reaktion in einer Lösung können wir uns nicht so vorstellen, daß Moleküle im Flug aufeinanderprallen. Wir können aber noch immer das Konzept der Aktivierungsenergie anwenden, wenn wir davon ausgehen, daß eine Reaktion in Lösung stattfindet, weil sich Energie in einem Paar von Reaktantenmolekülen angesammelt hat, die sich zufällig dicht beieinander aufhalten. Die zufälligen Schwankungen im Energieinhalt, die bei einer großen Zahl von Stößen immer auftreten, können ein reaktionsbereites Paar von Molekülen mit der Energie versorgen, die sie zur Reaktion brauchen.

Eine Schwankung in dem Ansturm zufälliger Stöße, denen ein Paar von Molekülen dauernd ausgesetzt ist, die mindestens die Energie E_a auf die beiden überträgt, erfolgt ebenfalls mit der Wahrscheinlichkeit des Boltzmannschen Exponentialfaktors. Deshalb zeigen Reaktionen in Lösung im allgemeinen

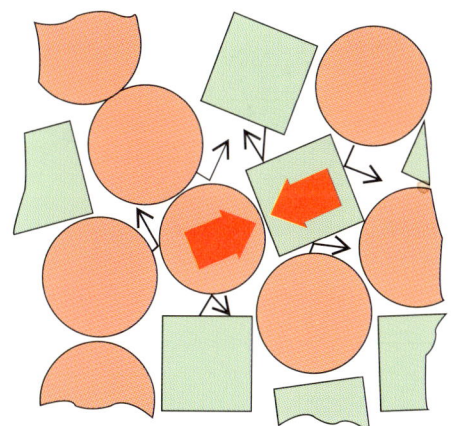

5.9 Zwei Moleküle, die sich nebeneinander befinden, können durch die Stöße der umgebenden Moleküle so viel Energie erhalten, daß sie reagieren können.

121

Arrhenius-Verhalten – gerade so wie alle diejenigen Reaktionen, die wir in der Küche in Gang setzen und die in unseren Körpern ablaufen. Die Reaktionen laufen bei hohen Temperaturen schneller ab als bei niedrigen, weil die lokalen Energieansammlungen bei hohen Temperaturen größer sind als bei tiefen. Wenn wir kochen, erhöhen wir die Kraft und die Häufigkeit lokaler Energieschwankungen, um die Reaktionen auf ihren Weg zu bringen.

Es gibt jedoch noch einen anderen Einfluß auf die Reaktionsgeschwindigkeiten in Lösung: Einige Teilchenarten reagieren, sobald sie sich begegnen, ohne Energie ansammeln zu müssen, und sie zeigen dennoch Arrhenius-Verhalten. Obwohl zum Beispiel Calciumionen und Carbonationen sich zusammenlagern, sobald sie sich treffen, tritt die Reaktion nicht sofort ein. Um sich „hautnah" zu begegnen, müssen die Ionen – „eingemummt" in ihre Mäntel aus Wassermolekülen – sich erst ihren Weg durch die Lösungsmittelmoleküle bahnen, die zwischen ihnen liegen. Jedes hydratisierte Ion muß sich erst von den schwachen Anziehungskräften der umgebenden Wassermoleküle lösen, sich anschließend aus der unmittelbaren Nachbarschaft weiterer Wassermoleküle befreien und schließlich Schritt für Schritt auf einem zufälligen Weg durch das Lösungsmittel wandern – der Fachausdruck heißt *diffundieren*. Die Diffusion durch ein Lösungsmittel ist ein „aktivierter Vorgang" in dem Sinn, daß die Ionen jeden Schritt nur dann ausführen können, wenn sie mehr als ein gewisses Energieminimum mitbringen. Ob ein bestimmtes Ion sich zu irgendeinem Zeitpunkt voranbewegen kann oder nicht, bestimmt wieder die Boltzmann-Verteilung.

Bei der Diskussion der Reaktionskinetik in Lösung unterscheidet man normalerweise zwei Typen von Prozessen, die beide Arrhenius-Verhalten zeigen. In dem einen Fall verursacht die Wanderung durch die Reaktionsmischung keine Schwierigkeiten; die Wahrscheinlichkeit, daß die Moleküle genug Energie ansammeln, um erfolgreich miteinander zu reagieren, bestimmt dann die Reaktionsgeschwindigkeit. Bei diesen „aktivierungskontrollierten Reaktionen" bestimmen die Energieverhältnisse des reagierenden Paares die Aktivierungsenergie. Das ist auch bei der Veresterung der Fall, die wir als Modell für die Bildung des Kerzenwachses benutzten. Bei dem zweiten Reaktionstyp, den man „diffusionskontrolliert" nennt, ist die Aktivierungsenergie für das reagierende Paar so klein, daß die Reaktion durch die Geschwindigkeit bestimmt wird, mit der sich die Reaktantenmoleküle durch die Lösung winden können. Die Ausfällung von Calciumcarbonat, die Faraday benutzte, um die Bildung von Kohlendioxid nachzuweisen, ist ein Beispiel für den zweiten Reaktionstyp. Haben sich die Ionen getroffen, müssen sie nur noch so viel Energie mitbringen, daß sie die Moleküle der Hydrathülle abstreifen können, um aneinander zu haften.

Verlangsamung und Beschleunigung

Weil die Aktivierungstemperaturen der meisten Reaktionen viel höher sind als die gewöhnlich vorkommenden Temperaturen, sind fast alle Moleküle einer Probe für Reaktionen nicht verfügbar. Die Moleküle, die zeitweise genug Energie besitzen, um reagieren zu können, stellen den winzigen Anteil „abenteuerlustiger Geister" dar: Ein Zusammenstoß, und schon können sie zu einer anderen Substanz werden. Reaktionen überwältigen uns nicht plötzlich, selbst die nicht, die eine natürliche Triebkraft besitzen, weil diese augenblicklich vorhandenen „abenteuerlustigen Geister" nur einen kleinen Teil des Ganzen ausmachen. Wenn den Atomen die Energie, die sie zur Reaktion benötigen, leichter verfügbar wäre, dann wäre die ganze reiche Vielfalt der Substanzen schon längst in eine einheitliche Teermasse verwandelt. Wenn diese gefährliche spontane Reaktion, die wir als Verbrennung kennen, nur eine ganz kleine Aktivierungsenergie hätte, würde jede Substanz im Augenblick ihres Entstehens in Flammen aufgehen. In der Tat gäbe es ohne Aktivierungsenergie kein Leben, denn das Leben hängt davon ab, daß nur vernünftig ausgewählte Teilchen Energiebarrieren überwinden können. Wollen wir eine Reaktion beschleunigen, müssen wir den Anteil von Molekülen vergrößern, die mehr als die Aktivierungsenergie besitzen: zum Beispiel durch eine Temperaturerhöhung, die den Schwanz der Boltzmann-Verteilung verlängert. Bei hohen Temperaturen leben alle Moleküle gefährlich.

Die klassische Methode, ein Feuer mit Wasser zu löschen, beruht auf der Boltzmann-Verteilung und der Aktivierungsenergie von Reaktionen. Die Wasserverdampfung ist ein stark endothermer Vorgang, der die Temperatur so kräftig absenkt, daß die Verbrennungsreaktion aufhört. Eine moderne Version

5.10 Wasser wird unter anderem deshalb zum Feuerlöschen benutzt, weil es endotherm verdampft. Dabei kühlt sich das brennende Material so stark ab, daß die Moleküle, die an dem Brand teilnehmen, nicht mehr genügend Energie besitzen, um die Aktivierungsbarrieren der Verbrennungsreaktionen zu überwinden.

dieser sehr wirksamen, aber umständlichen und manchmal ungeeigneten Methode ist das Besprühen der Flamme mit Aluminiumhydroxid. Die stark endotherme Entwässerungsreaktion

$$2\,Al(OH)_3 \rightarrow Al_2O_3 + 3\,H_2O$$

entzieht der Flamme alles Leben, indem es sie unter die Temperatur abkühlt, bei der sich die Kettenreaktion fortpflanzen kann.

Es ist auch möglich, eine Reaktion zu beschleunigen, ohne die Temperatur zu erhöhen. Man kann sie „katalysieren", so daß sie einen neuen Reaktionsweg findet: eine andere Folge chemischer Reaktionen, die von denselben Ausgangsmaterialien zu den Produkten führt. Ein Katalysator ist eine Substanz, die eine Reaktion erleichtert, ohne selbst in dem Prozeß verbraucht zu werden. (Die chinesischen Schriftzeichen *tsoo mei* für „Katalysator" bedeuten ganz treffend „Heiratsvermittler".) So beschleunigen die Katalysatoren in Automobilen die Oxidation von unverbrannten Kohlenwasserstoffen zu Kohlendioxid, werden aber selbst nicht aufgebraucht. Ein Katalysator eröffnet einen neuen Reaktionsweg, der eine kleinere Aktivierungsenergie erfordert als der Weg, den die Reaktion ohne ihn gehen müßte.

Faraday kannte die katalytische Wirkung einiger Metalle. (Den Ausdruck „Katalyse" prägte 1836 der große schwedische Chemiker J. J. Berzelius, der überhaupt die chemische Denkweise des frühen 19. Jahrhunderts stark beeinflußte.) In seinen Vorlesungen führte Faraday die katalytische Wirkung des Metalls Platin vor: Es glühte hell auf, als er es in einen Wasserstoffstrom hielt. Dieses Leuchten zeigt, daß ein Katalysator am Werk ist, denn die hohen Temperaturen entstehen bei einer stark beschleunigten Verbrennungsreaktion. Heute wissen wir, daß das Platin katalytisch wirkt, weil sich Wasserstoff an seiner Oberfläche in Form von einzelnen Atomen anlagern kann. Der Sauerstoff muß in der Verbrennungsreaktion die Wasserstoffatome nur noch von der Metalloberfläche abpflücken – der Beitrag zur Aktivierungsenergie, den die Spaltung der H—H-Bindungen des Gases verursacht, muß nicht mehr aufgebracht werden.

Katalysatoren sind einer der größten Beiträge, den die Chemie zum modernen Leben geleistet hat. Denn in ihrer heutigen hochentwickelten Form werden sie überall in der chemischen Industrie eingesetzt, um Reaktionswege zu eröffnen, die andernfalls den Reagentien verschlossen blieben oder einfach viel zu teuer wären. Eine Alltagsanwendung der katalytischen Wirkung des Platins kennen wir von den immer weiter entwickelten Abgaskatalysatoren der Kraftfahrzeuge. Diese Katalysatoren sollen die Verbrennung der Kohlenwasserstoffe vervollständigen, die im Zylinder begonnen hat und meist noch nicht beendet ist, wenn sie durch den Auspuff entweichen. Diese abgasmindernden Katalysatoren sollten im Idealfall auch ein weiteres Problem lösen: Wenn der Motor heiß ist, entstehen umweltschädliche Stickoxide, die zu unschädlichem Stickstoff reduziert werden müssen.

5.11 Hält man ein Platinnetz in einen Strom von Wasserstoffgas, so leuchtet es hell auf. Es katalysiert die Zersetzung von Wasserstoff, und die bei der Reaktion des Wasserstoffes mit Sauerstoff freiwerdende Reaktionswärme bringt es zum Glühen.

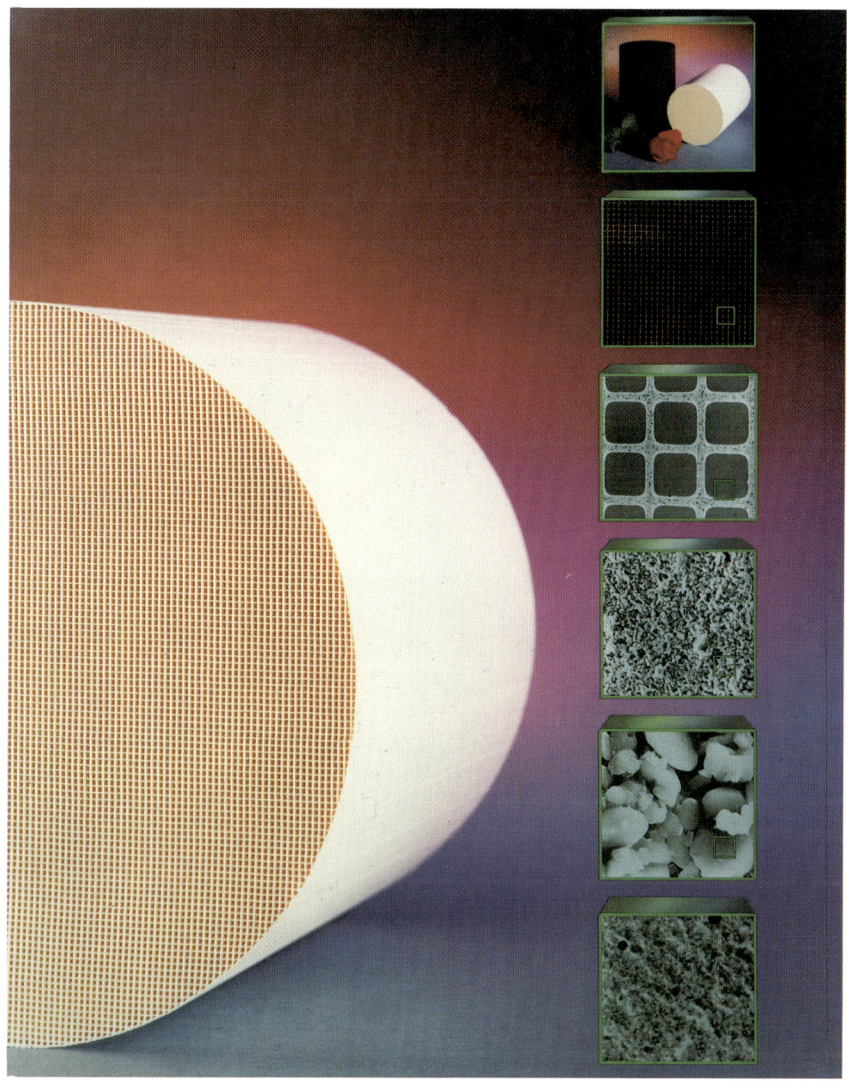

5.12 Der Aufbau eines Katalysators, wie man ihn in den Auspuffanlagen der Kraftfahrzeuge einsetzt, um die umweltschädlichen Abgase zu verringern. Die kleinen Bilder auf der rechten Seite, die mit einem Rasterelektronenmikroskop aufgenommen wurden, zeigen Ausschnitte des Katalysators mit (von oben nach unten) zunehmender Vergrößerung.

Ein gut funktionierendes Katalysatorsystem für Kraftfahrzeuge zu entwickeln ist deshalb so schwierig, weil das System gleichzeitig die Aktivierungsenergien sowohl für die Oxidations- als auch für die Reduktionsreaktionen senken muß. Der Katalysator muß auch unter sehr unterschiedlichen Betriebsbedingungen (hinsichtlich des Brennstoff- und Luftgehalts) arbeiten können, die je nach der Laune des Fahrers und der Regelmäßigkeit des Verkehrsflusses schwanken. Darüber hinaus sollte der Katalysator in fast kaltem Zustand genauso gut funktionieren wie bei normaler Betriebstemperatur (die bei etwa 400 Grad Celsius liegt), da in den ersten Sekunden nach dem Start des Motors die meisten Abgase entstehen.

Ein moderner Abgaskatalysator besteht aus drei Komponenten: Die eine reduziert die Stickoxide, die zweite erleichtert die Oxidation von Kohlenmonoxid und Kohlenwasserstoffen, und die dritte sorgt für den nötigen Sauerstoffüberschuß. Zuerst werden die Stickoxide mit einem Platinkatalysator reduziert, der ihren Zerfall in Stickstoff und Sauerstoff erleichtert. Anschließend werden die Kohlenstofffragmente an einem Platin/Rhodium-Katalysator oxidiert. Zum Schluß wird für die richtige Sauerstoffmenge gesorgt: einmal durch die Überwachung der Sauerstoffmenge, die in den Motor strömt, zum anderen durch den Einbau eines Metalloxids in den Katalysator. Dieses Metalloxid absorbiert Sauerstoff (dabei reagiert es zu einem höheren Oxid), wenn die Brennstoffmischung zu viel Sauerstoff enthält; es wandelt sich wieder in das niedere Oxid um und gibt dabei Sauerstoff ab, wenn die Mischung zu wenig davon enthält.

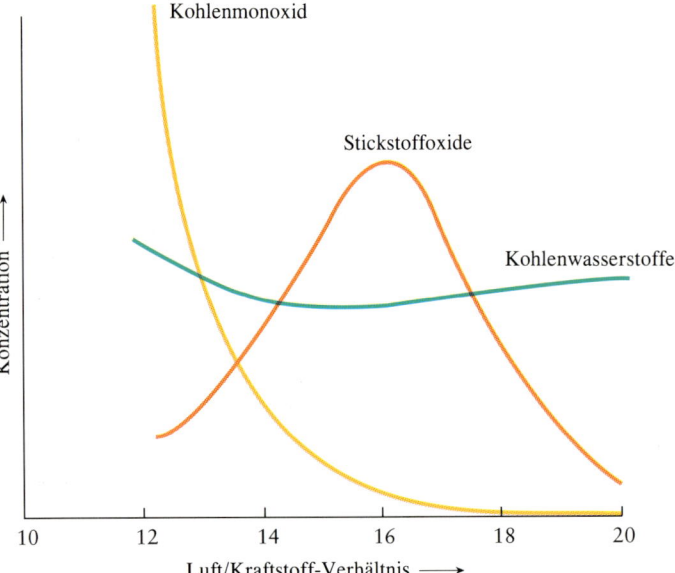

5.13 Die Konzentrationen der schädlichen Abgase, die im Innern eines Verbrennungsmotors entstehen, ändern sich mit dem Verhältnis von Luft zu Kraftstoff. Unter kraftstoffreichen Bedingungen liegt die Verbrennungstemperatur unter ihrem Maximum. Dadurch bleibt die Stickoxidbildung gering. Die Temperatur ist auch niedrig, wenn man ein mageres Gemisch verbrennt (Luftüberschuß). Dann bildet sich wiederum wenig Stickoxid.

Der Einfluß der Kernmasse

Nach dem Einfluß der Temperatur auf die Reaktionsgeschwindigkeiten betrachten wir jetzt den Einfluß der Atommassen. Tauscht man ein Atom eines Elements gegen ein Atom eines schwereren Elements aus, verändert sich die Elektronenverteilung in dem Molekül stark. So reagiert das Kohlenstoffdisulfid (CS_2) deutlich anders als das Kohlendioxid, weil die Elektronenverteilungen in den beiden Molekülen ganz verschieden sind. Um zu sehen, wie allein die Masse die Reaktionsgeschwindigkeit beeinflußt, müssen wir ein Atom eines Elements durch ein Atom *desselben Elements*, das jedoch eine andere Masse besitzt, ersetzen.

Faraday hätte sich gewundert, wenn er gehört hätte, daß — entgegen John Daltons ursprüngliche Ansicht über die Natur der Atome — die Atome eines Elements nicht alle gleich sind. Von allen Elementen gibt es verschiedene „Isotope": Die elektrische Ladung des Atomkernes ist bei allen Isotopen eines Elements gleich, aber die Masse des Kernes ist unterschiedlich. Natürlich vorkommender Wasserstoff zum Beispiel besteht fast nur aus Atomen, die lediglich ein Proton als Kern besitzen. Aber zwei von 10 000 Wasserstoffatomen haben einen Kern, der aus einem Proton und einem anderen Teilchen besteht, dem elektrisch neutralen Neutron. Diese Atome wiegen doppelt so viel wie normale Wasserstoffatome. Die schweren Atome sind Atome von Deuterium (D), einem Isotop des Wasserstoffes. Ersetzt man ein Element durch eines seiner Isotope, wie etwa Wasserstoff durch Deuterium, so bleibt die Elektronenverteilung in den Molekülen unbeeinflußt, aber es ist nun ein schwereres Atom vorhanden.

Wird ein Atom durch ein schwereres Isotop ersetzt, verlangsamt sich im allgemeinen eine Reaktion. Tauscht man zum Beispiel in einem Kohlenwasserstoff den Wasserstoff gegen Deuterium aus, dann wird bei der Ablösung eines Wasserstoffatoms durch ein OH-Radikal die $C-D$-Bindung merklich langsamer gespalten als die ursprüngliche $C-H$-Bindung. Wir würden auch intuitiv vermuten, daß das schwerere Atom langsamer reagiert, weil alles, was schwer ist, eine größere Trägheit besitzt. Die *wirklichen* Gründe für dieses Verhalten haben aber nichts mit der klassischen Trägheit eines schweren Objekts zu tun — sie sind ausschließlich quantenmechanischen Ursprungs.

Die Tatsache, daß Reaktionen aus quantenmechanischen Gründen langsamer ablaufen, wenn die Atommasse erhöht wird, führt einen allgemeingültigen Gesichtspunkt ein, den wir auf den folgenden Seiten nach und nach ausarbeiten werden: Viele Eigenschaften chemischer Reaktionen — vor allem ihre Geschwindigkeiten und die Einzelschritte, in denen sie ablaufen — basieren auf der Quantenmechanik und lassen sich nicht klassisch erklären. Wenn Chemiker scheinbar klassische Laborarbeiten ausführen wie Erhitzen, Mischen, Rühren und Destillieren, lösen sie (oft ohne es zu wissen) rein *quantenmechanische* Prozesse aus. Als Faraday seine Kerze entzündete, seine Vorstellung von den Ereignissen in der Flamme entwickelte und seine scheinbar so einfachen Reaktionen vorführte (vor allem wenn er eifrig elektrolysierte), setzte er — wiederum unbewußt — die Quantenmechanik ein, um seine Ziele zu erreichen. Wir werden hier ein wenig von dieser nichtklassischen Quantenzauberei sehen, viel mehr aber in den späteren Kapiteln.

Ein Isotop beeinflußt Reaktionsgeschwindigkeiten auf zwei Weisen: einmal durch seinen Einfluß auf die quantenmechanische „Nullpunktsenergie" einer Bindung, zum anderen durch den quantenmechanischen „Tunneleffekt". Wir beschäftigen uns nacheinander mit diesen beiden Effekten.

Die Nullpunktsenergie einer Bindung ist die kleinstmögliche Schwingungsenergie, die eine Bindung haben kann. Nach der Quantenmechanik ist es nicht möglich, alle Schwingungsenergie aus einem Oszillator zu entfernen. Selbst in dem energieärmsten Zustand einer Bindung schwingen die Atome noch um einen mittleren Bindungsabstand und lassen sich nicht völlig zur Ruhe bringen. Wir können verstehen, warum es diese Nullpunkts-Schwingungsenergie gibt, wenn wir die Folgen der Unschärferelation betrachten. Sie sagt uns, daß ein Teilchen nicht gleichzeitig einen wohldefinierten Aufenthaltsort und einen wohldefinierten Impuls haben kann. Ein Atom kann deshalb nicht unbeweglich in einer Bindung verharren, weil Unbeweglichkeit einen Impuls von Null bedeutet. Die Bewegung, die die Unschärferelation einem Atom aufzwingt, verleiht ihm auch Energie: seine Nullpunktsenergie. Daraus folgt, daß ein OH-Radikal und ein Kohlenwasserstoffmolekül etwas energiereicher sind, als es das Reaktionsprofil angibt.

5.14 Die Nullpunktsenergie der Reaktanten bewirkt, daß die kleinstmögliche Energie, die sie besitzen können, über der Energie liegt, die das Reaktionsprofil angibt. Für Bindungen, die Wasserstoff enthalten, wird die Energie stärker angehoben als für Bindungen mit Deuterium. Die Energie wird auch für die festeren Bindungen der Reaktanten und Produkte stärker angehoben als für die lockeren Bindungen des aktivierten Komplexes. Als Folge davon wird die Aktivierungsenergie für die Spaltung der C—H-Bindungen kleiner als für die Spaltung der C—D-Bindungen.

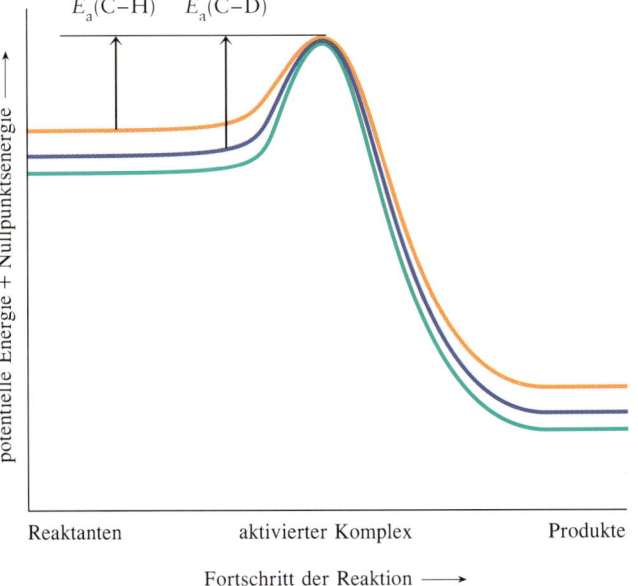

Die Nullpunktsenergie einer Bindung hängt von zwei Eigenschaften ab. Die eine ist die Steifheit der Bindung: Je fester die Atome zusammengehalten werden, desto größer ist die Nullpunktsenergie. Diesen quantenmechanischen Effekt können wir mit Hilfe der Unschärferelation erklären. Eine steife Bindung schränkt den Aufenthaltsraum stark ein. Das bedeutet, daß die Position der Atome einigermaßen sicher ist. Darum ist der Impuls ungenau bestimmt und die Nullpunktsenergie entsprechend groß. Aus diesem Grund ist auch die Nullpunktsenergie des aktivierten Komplexes viel kleiner als diejenige der Ausgangsmoleküle: Im aktivierten Komplex bilden die Atome einen losen Cluster, während in den Molekülen normale, steife chemische Bindungen die Atome festhalten. Deshalb ist die minimale Energie des aktivierten Komplexes fast identisch mit der potentiellen Energie, wie es die Abbildung zeigt.

Die zweite entscheidende Eigenschaft besteht darin, daß die Nullpunktsenergie abnimmt, wenn die Masse der schwingenden Atome zunimmt: Vergrößert sich die Masse, nähert sich das Verhalten dem klassischen Grenzfall, folglich geht die Nullpunktsenergie gegen Null. Wenn wir also ein Wasserstoffatom durch ein Deuteriumatom ersetzen, können wir erwarten, daß die Nullpunktsenergie abnimmt. Deshalb ist die minimale Energie der Reaktanten größer für die Reaktion einer C—H-Bindung als für die gleiche Reaktion einer C—D-Bindung. Weil eine Masseänderung die Energie des aktivierten Komplexes kaum beeinflußt, erhöht sich die Aktivierungsenergie für die deuterierte Verbindung. Aus diesen *quantenmechanischen* Gründen ist die Aktivierungsenergie für die Spaltung einer C—D-Bindung größer als für die Spaltung einer C—H-Bindung und die Reaktion damit langsamer.

„Tunneln" bezeichnet die Fähigkeit eines Teilchens, in klassisch verbotene Bereiche einzudringen – sie gar zu durchdringen. Nähern sich die Reaktanten der Energiebarriere im Reaktionsprofil mit einer kinetischen Energie, die kleiner ist als sie zur Überwindung der Barriere nötig wäre, so werden sie nach der klassischen Mechanik mit Sicherheit wieder zurückgeworfen. Praktisch bedeutet das, daß sich ein OH-Radikal einem Kohlenwasserstoffmolekül nähern, ihm aber kein Wasserstoffatom entreißen kann, wenn es zu wenig kinetische Energie mitbringt, um einen aktivierten Komplex zu bilden. Hören wir uns allerdings an, was die Quantenmechanik dazu sagt, dann stellen wir fest, daß sie den Reaktanten erlaubt, die Barriere zu überwinden und Produkte zu bilden, selbst wenn ihre kinetische Energie kleiner als die Aktivierungsenergie ist. Die Barriere ist also im quantenmechanischen Sinne porös.

Um den Ursprung dieser quantenmechanischen Löchrigkeit zu erkennen, erinnern wir uns an das zweite Kapitel. Wir haben dort gesehen, daß die Aufenthaltsorte der Elektronen in Atomen von Orbitalen beschrieben werden. Ganz allgemein sprechen wir von einem Orbital als der „Wellenfunktion" eines Teilchens, also einer Verteilung mit Welleneigenschaften, die nirgends sprungartig ihren Wert ändert und die festlegt, in welchem Bereich man das Teilchen finden kann. Wellenfunktionen – von Elektronen, Protonen oder einem anderen Typ von Teilchen – hören nicht plötzlich irgendwo auf, sondern fallen allmählich auf Null ab.

Die Abbildung zeigt eine Wellenfunktion für ein einzelnes Teilchen – wie etwa ein Wasserstoffatom –, das sich einer Energieschwelle nähert, die für das Teilchen mit seiner kinetischen Energie unüberwindbar sein sollte. An der Schwelle spaltet sich die Wellenfunktion des Teilchens in zwei Komponenten auf. Eine Komponente verdeutlicht die Reflexion an der Barriere. Die andere Komponente setzt sich innerhalb der Barriere fort, aber sie wird kleiner, je tiefer sie eindringt. Ist die Barriere schmal, ist die Wellenfunktion noch nicht auf Null abgesunken, wenn sie den Bereich niedriger potentieller Energie auf der anderen Seite der Schwelle erreicht. Nachdem die Wellenfunktion die Barriere passiert hat, beschreibt sie ein Teilchen, das die Barriere durchdrungen hat und nach rechts weiterfliegt. Klassisch gesprochen kann man das

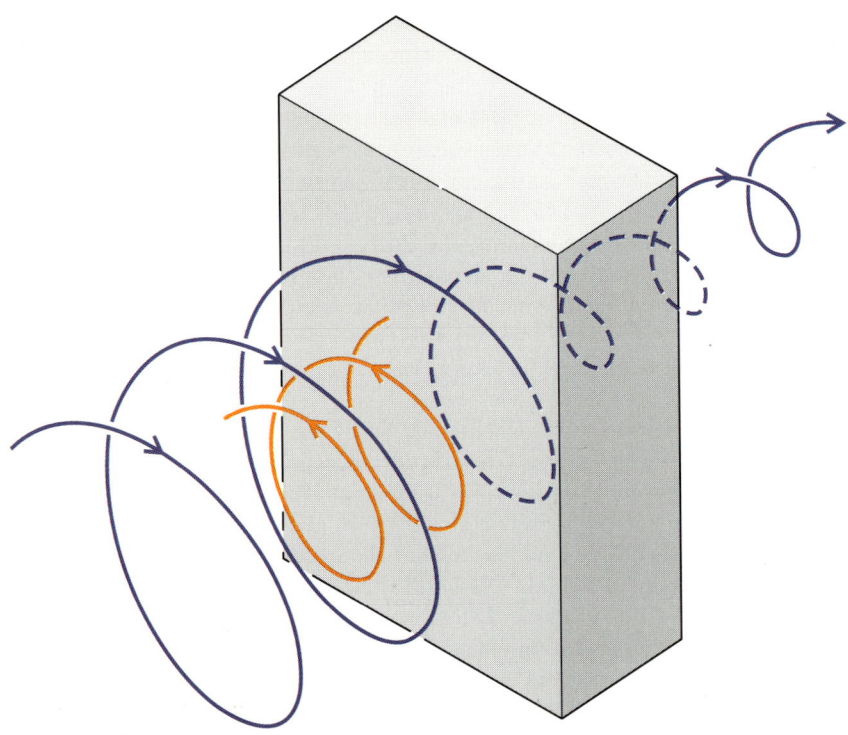

5.15 Die Wellenfunktion eines Teilchens, das von links anfliegt und auf eine Barriere trifft. Die Wellenfunktion ist in einer etwas unkonventionellen Weise gezeichnet. So verdeutlicht sie besser die Tatsache, daß ein anfliegendes Teilchen durch eine komplexe Wellenfunktion beschrieben wird (nämlich der Form $a + ib$, wobei $i = \sqrt{-1}$). Der Realteil der Wellenfunktion (den man üblicherweise zeichnet, wie zum Beispiel in Abbildung 2.3) ist die Projektion der Spirale auf eine vertikale Ebene. Der Imaginärteil ist die Projektion der Spirale auf die horizontale Ebene. Die Fortbewegungsrichtung des Teilchens ist durch die Rechtsschraube der komplexen Wellenfunktion angegeben.

Tunneln mit einem Ball vergleichen, der gegen eine Wand geworfen wurde und anschließend hinter der Wand wieder auftaucht, obwohl er mit einer Energie geworfen wurde, die zu klein war, um die Wand zu durchbrechen.

Je leichter das Teilchen ist, desto größer ist die Wahrscheinlichkeit, daß es eine vorhandene Barriere durchdringt. Deshalb wird man am wahrscheinlichsten beim Elektron (das eine sehr kleine Masse hat) beobachten können, daß es Barrieren durchdringt. Als Faraday seine Elektrolyseexperimente ausführte, machte er — ohne es zu wissen — von der Fähigkeit der Elektronen Gebrauch, zwischen seinen Elektroden und den Teilchen in der Lösung zu tunneln. Könnten die Elektronen nicht tunneln, wären sie viel stärker im Inneren der Metallelektroden gefangen, so daß die Elektrolyse undurchführbar langsam ablaufen würde. Da wir uns aber im Augenblick mit den Isotopieeffekten der Atomkerne beschäftigen, konzentrieren wir uns auf das Proton und sein schwereres Analogon, das Deuteron (den Kern eines Deuteriumatoms). Wegen des Tunneleffekts kann eine C—H-Bindung zerbrechen, obwohl weniger Energie als die Aktivierungsenergie der Reaktion verfügbar ist: Das Wasserstoffatom kann *durch* die Barriere entkommen, ohne daß es genug Energie hätte sammeln müssen, um sie überklettern zu können.

Es wäre wahrscheinlich sehr schwierig zu untersuchen, welche Auswirkungen das Tunneln auf die Reaktionen in der Kerzenflamme hat — andere Reaktionen zeigen den Effekt jedoch deutlicher. Man kann den Tunneleffekt in der Chemie dann entdecken, wenn man beobachtet, daß die Reaktionsgeschwindigkeit nicht der Temperaturabhängigkeit nach Arrhenius folgt – besonders dann, wenn man bemerkt, daß die Reaktion bei tiefer Temperatur schneller abläuft, als man es aus den Reaktionsgeschwindigkeiten, die man bei hohen Temperaturen gemessen hat, erwarten würde. Die Reaktion erfolgt bei tiefer Temperatur scheinbar mit einer kleineren Aktivierungsenergie, weil die Reaktanten durch den Tunneleffekt nicht den vollen Energiebetrag mitbringen müssen, um die Barriere zu überwinden, die sie von den Produkten trennt. Das Methylradikal ($\cdot CH_3$) kann zum Beispiel bei tiefen Temperaturen (80 K) in festem Acetonitril einem benachbarten Molekül ein Wasserstoffatom entreißen:

$\cdot CH_3$ CH_3CN CH_4 $\cdot CH_2CN$

Aufgrund der Aktivierungsenergie, die man bei normalen Temperaturen in der Gasphase gemessen hat, hätte man bei so tiefen Temperaturen überhaupt keine Reaktion zwischen den beiden Molekülen erwartet. Weil aber dennoch eine Reaktion abläuft, schließt man daraus, daß der Tunneleffekt wirksam ist. Da schwerere Teilchen weniger wahrscheinlich tunneln als leichte, dient als weiteres Zeichen für den Tunneleffekt, daß die Reaktion sehr viel langsamer verläuft, wenn man die Masse eines Reaktanten vergrößert. Die Geschwindigkeit der oben beschriebenen Reaktion vermindert sich drastisch – um den Faktor 28 000 –, wenn man CD_3CN statt CH_3CN einsetzt.

Obwohl Tunneleffekte am deutlichsten bei Protonen zu erkennen sind, gibt es einige Hinweise, daß selbst größere Teilchen – ja tatsächlich ganze Moleküle – durch gewisse Barrieren tunneln und reagieren können, auch wenn man eine Reaktion klassisch nicht erwarten würde. Ein Beispiel dafür hat man bei der Polymerisation von Formaldehyd beobachtet. Bei dieser Polymerisation hängen sich Formaldehydmoleküle (CH_2O) zu langen Ketten aneinander, wie es in der nebenstehenden Darstellung gezeigt ist:

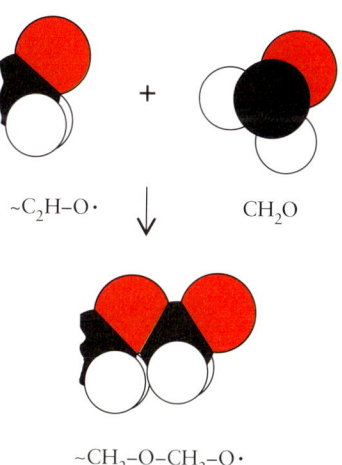

$\sim C_2H$-O$\cdot$ CH_2O

$\sim CH_2$-O-CH_2-O$\cdot$

Die Zeit, die eine CH_2O-Einheit benötigt, um sich an die Kette anzuhängen, kann man messen. Diese Zeit wird länger, wenn die Temperatur abnimmt. Im Temperaturbereich von 150 K bis hinunter zu 80 K folgt sie der Arrhenius-Gleichung. Bei 80 K beträgt sie etwa 10 Mikrosekunden (zehn Millionstel einer Sekunde). Unter 80 K jedoch verhält sich die Reaktionsgeschwindigkeit überhaupt nicht mehr nach Arrhenius: Für diese tiefen Temperaturen würde man aus der Reaktionsgeschwindigkeit bei höheren Temperaturen eine Zeitdauer von etwa 10^{30} Jahren für den Fortpflanzungsschritt ableiten. Dennoch wächst die Kette weiter, und jede Verlängerung um ein Molekül dauert nur 1 Millisekunde. Ersetzt man den Wasserstoff durch Deuterium, so ändert sich die Reaktionsgeschwindigkeit fast *nicht*. Daß gerade diese Abwesenheit eines Einflusses paradoxerweise den Tunneleffekt beweist, kann man verstehen, wenn man annimmt, daß das gesamte CH_2O-Molekül durch eine Aktivierungsbarriere tunnelt. Denn die Molekülmasse wächst nur um weniger als 10 Prozent, wenn man die beiden Wasserstoffatome gegen Deuterium austauscht. Daß ganze Moleküle tunneln, so hat man spekuliert, kann in der Kälte (10–20 K) des Weltraums wichtig sein: Einfache Moleküle wie Formaldehyd und Cyanwasserstoff auf Staubkörnern und größeren Körpern könnten reagieren, obwohl sie für klassische Reaktionen eingefroren wären.

Reaktion durch Umverteilung

Tunneln ist eine Möglichkeit, die Aktivierungsschwelle zu umgehen. Aber sie ist auf Reaktionen von Atomen und kleinen Molekülfragmenten beschränkt. Eine viel ausgeklügeltere Methode, die Barriere auszutricksen, wird erkennbar, wenn wir über den Ursprung der Arrhenius-Gleichung nachdenken. Wie wir gesehen haben, leitet sie sich aus der Boltzmann-Verteilung ab, die wiederum auf der Annahme beruht, daß die Energie sich vollkommen zufällig über die verfügbaren Zustände verteilt. Diese Energiezustände entsprechen den verschiedenen Bewegungsmöglichkeiten (Moden) eines Moleküls, das schwingt und sich fortbewegt. Angenommen aber, wir ordnen die Energie, die in den Reaktanten steckt, so an, daß sie sich nicht mehr zufällig über die möglichen Bewegungsmoden verteilt, sondern in ganz spezielle Moden umgeleitet wird: Obwohl die Aktivierungsbarriere noch immer gleich hoch ist, kann die Energie in der Bewegungsmode angesammelt werden, die am leichtesten zur Reaktion führt.

Dazu müssen wir wissen, welcher Anregungszustand sich am besten für eine bestimmte Reaktion eignet. Tritt die Reaktion mit größerer Wahrscheinlichkeit ein, wenn die Stoßenergie von zwei Molekülen allein in der kinetischen Energie ihres Fluges durch den Raum steckt, oder wäre es besser, wenn eines der Moleküle langsamer fliegen, aber gleichzeitig schwingen würde (und die gleiche Gesamtenergie hätte)? Trifft der erste Fall zu, dann würde man am einfachsten die Moleküle in Molekularstrahlen aufeinanderschießen. Der Molekularstrahl ist für den Chemiker das, was für den Physiker der Teilchenbeschleuniger ist, mit dem er die Elementarteilchen untersucht. Läuft andererseits die Reaktion eher ab, wenn ein Ausgangsmolekül stärker schwingt, kann man es durch Infrarotstrahlung zum Schwingen anregen. In vielen Fällen kann eine solche Umverteilung der Gesamtenergie von einer äußeren Bewegungsmode (dem Flug) auf eine innere Bewegungsmode (die Schwingung) eine Reaktion drastisch beschleunigen.

Um die Vorteile zu erkennen, die eine solche Umverteilung der Energie bringt, müssen wir unser Konzept des Reaktionsprofils verfeinern. Der entscheidende Schritt liegt dabei in der Erkenntnis, daß das Reaktionsprofil einen zweidimensionalen Schnitt durch die Reaktionshyperfläche darstellt. Wir werden erst erklären, was das bedeutet und anschließend zeigen, wie wir es nutzen können.

Wir werden noch weiter die Tiefen der Reaktion eines OH-Radikals mit einem Kohlenwasserstoffmolekül ausloten, in der das Radikal dem Molekül ein Wasserstoffatom entreißt und es mit sich wegträgt. Wenn wir ein Reaktionsprofil selbst dieser einfachen Reaktion zeichnen wollten, müßten wir das in einem mehrdimensionalen Raum tun. Nehmen wir an, wir wollten ausdrükken, wie die gesamte potentielle Energie zu jedem Zeitpunkt des Reaktionsverlaufs abhängt von dem jeweiligen Aufenthaltsort der drei Teilchenarten: dem OH-Radikal, dem H-Atom, das es angreift, und dem C-Atom, an das dieses Atom gebunden ist. Um den Aufenthaltsort der drei Teilchen zu beschreiben, müssen wir neun Koordinaten angeben (drei für jedes). Damit wird die potentielle Energie eine Funktion von neun Variablen. Daraus folgt, daß wir zehn Dimensionen brauchen, um die potentielle Energie graphisch darzustellen.

Glücklicherweise können wir das Wesentliche des Problems in vier Dimensionen darstellen. Aus der Symmetrie des Systems folgt, daß es tatsächlich nur vier unabhängige Koordinaten gibt: die Entfernungen der Atome, im einzelnen $R_{OH,H}$, $R_{H,C}$ und $R_{OH,C}$. Um die potentielle Energie aufzuzeichnen, benötigen wir nur die drei Dimensionen der Koordinaten und die eine für den Wert der potentiellen Energie.

Selbst vier Dimensionen sind zuviel, um sie direkt anschaulich abzubilden. (Computer können natürlich ohne weiteres mit jeder Anzahl von Dimensionen umgehen. Für sie ist es nur eine Art buchhalterischer Übung. Viele Dimensionen sind deshalb für Computerberechnungen kein prinzipielles Problem.) Aus diesem Grund werden wir auf einen Freiheitsgrad verzichten, indem wir nur Reaktionen betrachten, bei denen die Teilchen auf einer geraden Linie

5.16 Die blau gezeichneten Abstände definieren die Atompositionen für die Reaktion, bei der ein OH-Radikal (als ein einzelnes „Atom" behandelt) einem Kohlenwasserstoffmolekül ein Wasserstoffatom entreißt. Nimmt man an, daß die Atome auf einer geraden Linie liegen (rechts), reichen zwei Abstände aus, um die Positionen festzulegen.

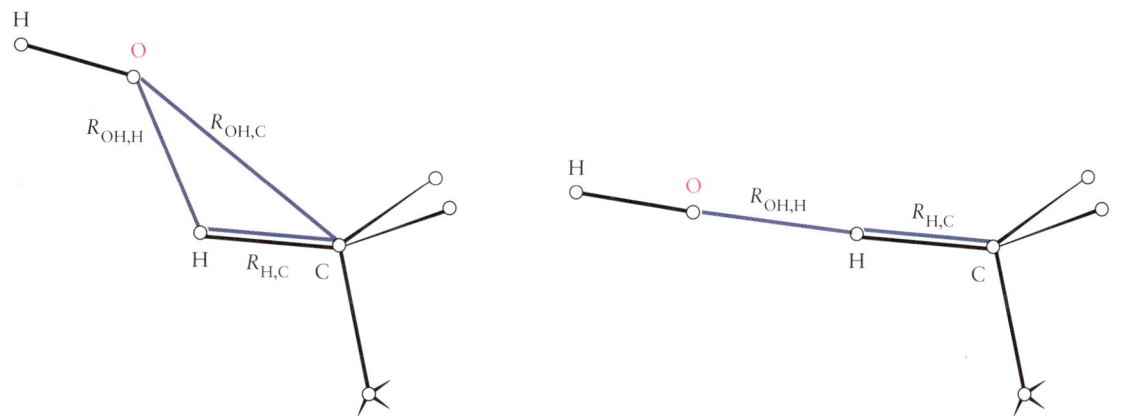

liegen. Das heißt, das OH-Radikal nähert und entfernt sich entlang der Richtung der CH-Bindung. Für diese Anordnung gilt $R_{OH,C} = R_{OH,H} + R_{H,C}$. Jetzt können wir die potentielle Energie in einem dreidimensionalen Raum darstellen. Wir sollten allerdings nicht vergessen, daß die dreidimensionale Fläche in Wirklichkeit nur einen Schnitt durch eine vierdimensionale Hyperfläche wiedergibt und daß eine Bewegung aus der Potentialfläche heraus in eine Richtung senkrecht zu den Achsen einer Bewegung der Teilchen entspricht, die ihre Kollinearität zerstört.

Die dreidimensionale Fläche der potentiellen Energie, die die Abbildung 5.17 zeigt, besitzt alle Eigenschaften, die wir erwarten sollten. Wenn das OH-Radikal sehr weit vom Kohlenwasserstoffmolekül entfernt ist, ändert sich die potentielle Energie mit der C—H-Bindungslänge, wie wir es für ein zweiatomiges Molekül erwarten würden (die grüne Kurve in der Abbildung 5.17). Das gleiche gilt am Ende der Reaktion, wenn das neue HO—H-Molekül sich weit weg vom Kohlenstoffatom seines Ursprungskohlenwasserstoffes aufhält. Jetzt verhält sich das Potential wie das einer isolierten HO—H-Bindung (die gelbe Kurve).

Was diese Darstellung der potentiellen Energie so nützlich macht, können wir schätzen lernen, wenn wir dem Verlauf der orangefarbenen Kurve durch das Tal der Potentialfläche folgen. Die interessanten Besonderheiten des Weges verdeckt der Berg davor, aber sie sind in dem Höhenliniendiagramm darunter sichtbar: Das Tal steigt allmählich bis zu einem Paß an – einem „Sattelpunkt" –, der das Tal links mit dem Tal rechts verbindet. Dann geht es abwärts in das Tal auf der rechten Seite. Das ist der Weg der geringsten potentiellen Energie, auf dem sich Reaktanten in Produkte umwandeln können. Der Anstieg des Tales zu Beginn des Weges spiegelt den Energieanstieg wider, den die Dehnung der C—H-Bindung verursacht. Aber dieser Anstieg wird teilweise ausgeglichen durch die Bindung, die jetzt allmählich zwischen HO und H entsteht, wenn sich das OH-Radikal dem Kohlenwasserstoff nähert. Die Reaktanten können diesem Weg folgen, wenn die beiden Bindungslängen sich gerade so einstellen, daß für jeden Schritt beim Übergang von Reaktanten zu Produkten die geringst mögliche Energie erreicht wird. Der Weg der geringsten potentiellen Energie ist gerade das Reaktionsprofil, das wir bisher betrachtet haben.

Wir sehen, daß die Oberfläche insofern unsymmetrisch ist, als der Sattelpunkt – der Punkt höchster Energie im Tal zwischen Reaktanten und Produkten – spät auf dem Reaktionsweg liegt. (Daß der höchste Punkt spät auf dem Weg liegt und nicht früh, ist meine Vermutung.) Physikalisch bedeutet das, daß die höchste Energie im Reaktionsprofil auftritt, wenn die ursprüngliche C—H-Bindung schon gedehnt ist und das OH-Radikal sich nahe bei dem H-Atom aufhält, das es entführen wird. Das hätten wir auch schon in dem Reaktionsprofil sehen können, das wir früher betrachtet haben, aber in drei Dimensionen kommt eine neue Besonderheit ans Licht: die Form des Tales dicht am Sattelpunkt.

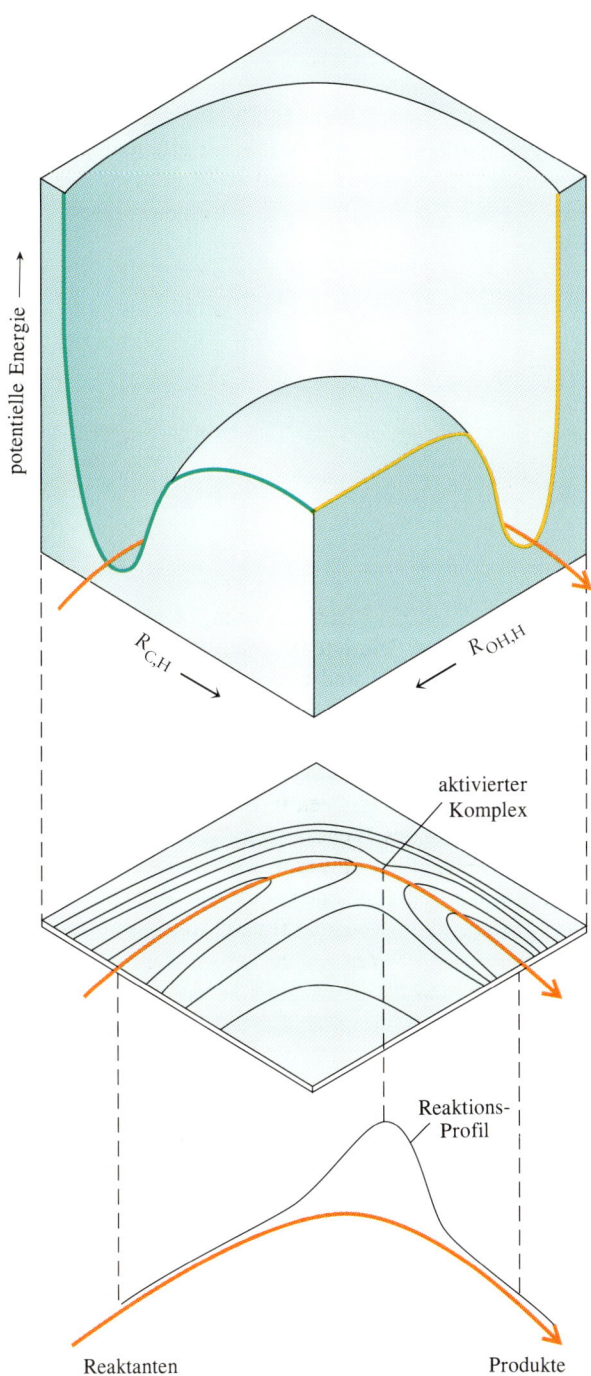

potentielle Energie →

$R_{C,H}$

$R_{OH,H}$

aktivierter Komplex

Reaktions-Profil

Reaktanten

Produkte

5.17 Die Darstellung der potentiellen Energie für die Annäherung eines OH-Radikals an die C—H-Bindung eines Kohlenwasserstoffmoleküls. Die Abbildung darunter zeigt sie als Höhenliniendiagramm, wobei die Linien die Atomanordnungen mit konstanter potentieller Energie verbinden. Das Reaktionsprofil entspricht dem Weg der minimalen potentiellen Energie. Er führt im Tal der Reaktanten aufwärts, überquert den Paß beim aktivierten Komplex und verläuft im Tal der Produkte wieder abwärts.

Das OH-Radikal, das sich dem Kohlenwasserstoffmolekül auf dem Reaktionsweg T nähert, zielt auf eine CH-Gruppe, die kaum schwingt. Auf diesem Weg zeigt sich die C—H-Bindung unnachgiebig: Sie dehnt sich nicht, der Weg bleibt links vom Sattelpunkt. Die potentielle Energie steigt an, wenn sich das Radikal der unnachgiebigen CH-Gruppe nähert, und der Weg führt das System die gegenüberliegende Talwand empor. Es ist leicht einzusehen, daß das System wieder zurückgeworfen wird (wie ein Ball, den man gegen eine Wand wirft) und daß das OH-Radikal das Kohlenwasserstoffmolekül unverändert verlassen wird.

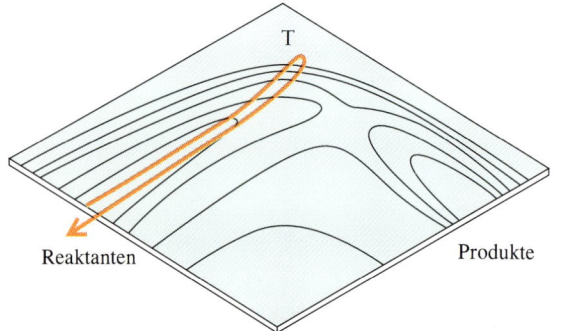 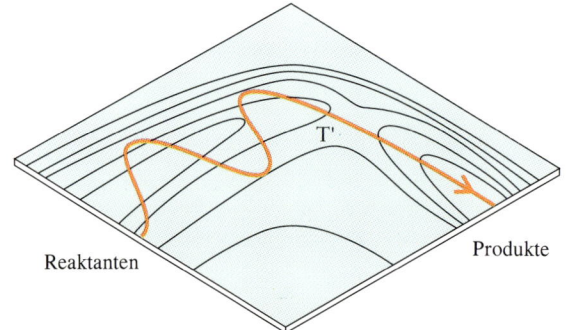

5.18 Auf dem mit T markierten Reaktionsweg (links) steckt die kinetische Energie fast ausschließlich in der Translationsbewegung des Fluges: Die C—H-Bindung bleibt fast gleich lang, wenn das OH-Radikal sich nähert. Auf dem Reaktionsweg T′ (rechts) schwingt die C—H-Bindung, wenn sich das OH-Radikal nähert, so daß die kinetische Energie sich aus zwei Beiträgen zusammensetzt. Außerdem streckt sich das Wasserstoffatom bei dieser Schwingung periodisch dem anfliegenden OH-Radikal entgegen und zieht sich wieder zurück.

Sehen wir uns jetzt den Weg T′ an, bei dem ein Teil der gesamten kinetischen Energie als Schwingungsbewegung der C—H-Bindung vorhanden ist. Nähert sich das OH-Radikal, dann dehnt und verkürzt sich die C—H-Bindung abwechselnd, so daß der Weg von einer Talseite zur anderen pendelt, wenn er dem Sattelpunkt näher kommt. Der Sattelpunkt stellt die Anordnung dar, in der der HO—H-Abstand ziemlich kurz und der C—H-Abstand groß ist — das entspricht einer gedehnten und geschwächten C—H-Bindung. Die Pendelbewegung entlang des Weges kann ausreichen, das System um die Biegung des Tales und dann weiter zu den Produkten zu lenken. Das HO-Radikal entwischt mit dem H-Atom und hält einen fast konstanten HO—H-Abstand ein: Das bedeutet, daß das Molekül in einem Zustand entsteht, in dem es nicht schwingt.

Aus dieser Analyse folgt, daß die Reaktion — und auch alle anderen Reaktionen mit ähnlichen Potentialoberflächen — mit größerer Ausbeute abläuft, wenn die Überschußenergie in der Schwingung des Kohlenwasserstoffes vorhanden ist. Ein Beispiel soll einen ersten Eindruck vermitteln, wie dieses Spiel mit den Energieerfordernissen von Reaktionen in Zukunft ausgenutzt werden könnte, wenn der Einsatz der Laserstrahlung — mit der man spezifische Schwingungen von Molekülen anregen kann — billiger wird. In einer konventionellen Reaktionsführung reagiert Bortrichlorid (BCl_3) mit Benzol (C_6H_6) zu $C_6H_5BCl_2$ in Gegenwart eines Palladiumkatalysators, allerdings nur bei Temperaturen über 600 Grad Celsius. Die Produkte bilden sich aber schon bei Raumtemperatur ohne einen Katalysator, wenn man die Reaktanten (genauer: die Zwischenprodukte) mit der 10,6-Mikrometer-Infrarot-Strahlung eines Kohlendioxidlasers zu Schwingungen anregt.

Reaktionsdynamik im Detail

Zusammen mit den Erkenntnissen der klassischen Mechanik können die Energiehyperflächen einen sehr detaillierten Einblick in chemische Reaktionen liefern. Schon seit langem ist es möglich, die genaue Bewegung der Atome auf dem Höhepunkt der Reaktion zu berechnen. Heute vermag man diese Bewegung sogar zu beobachten. Die Berechnungen zeigen, wie kurz diese Begegnung ist und — bei komplizierten Reaktionen — auch wie turbulent.

Abbildung 5.19 zeigt das Ergebnis einer derartigen Berechnung für die Bewegung dreier Atome in einer sehr einfachen Reaktion: Ein Wasserstoffatom stößt auf ein Wasserstoffmolekül und entreißt ihm eines seiner Wasserstoffatome. Die Kurven zeigen sehr deutlich die Schwingung des ursprünglichen Moleküls. Die Reaktion selbst — der Austausch der Partner — verläuft sehr schnell, fast innerhalb der Dauer einer Molekülschwingung. Das neue Molekül erzittert für einen Augenblick, geht dann aber zur gleichförmigen harmonischen Schwingung über, während das herausgestoßene Atom sich entfernt.

Abbildung 5.20 gibt eine wesentlich kompliziertere Abfolge von Ereignissen wieder. In dieser Reaktion tauschen vier Atome ihre Bindungspartner aus:

$$KCl + NaBr \rightarrow KBr + NaCl$$

Die berechneten Molekülbewegungen zeigen, daß der lose, ungeordnete Cluster der vier Atome für etwa fünf Pikosekunden existiert (eine Pikosekunde

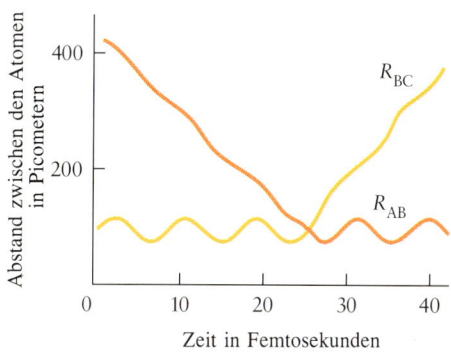

5.19 Die berechneten Atombewegungen für eine reaktive Begegnung zwischen dem Wasserstoffatom A und einem schwingenden H_2-Molekül (BC), die zur Bildung eines Moleküls AB führt. Dieser schnelle Austausch von Bindungspartnern ist ein Beispiel für eine einfache Reaktion. Eine Femtosekunde entspricht 10^{-15} Sekunden.

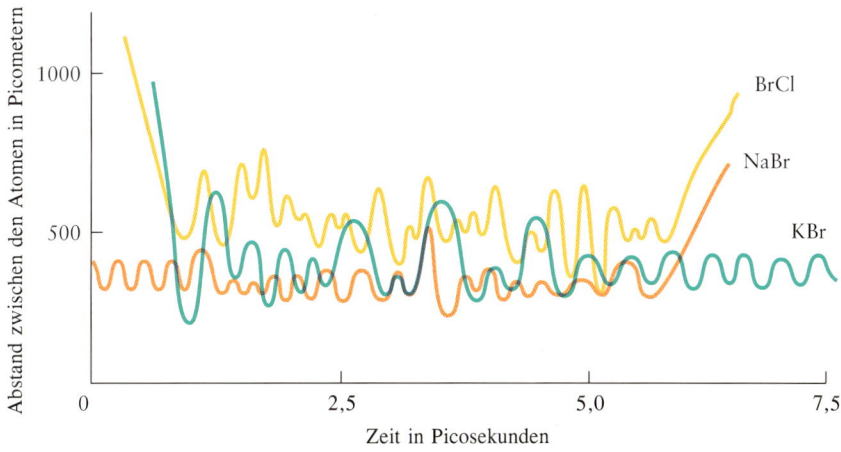

5.20 Ein Beispiel für die Atombewegungen, wie sie sich für eine komplexe Reaktion berechnen lassen. In solchen Reaktionen besitzt der Übergangszustand eine lange Lebensdauer und führt komplizierte Bewegungen aus, bevor die Produkte aus ihm hervorgehen.

entspricht 10^{-12} Sekunden, also einem Millionstel einer Millionstelsekunde). Während dieser Zeit schwingen die Atome etwa fünfzehnmal, bevor sie mit ihren neuen Partnern eigene Wege gehen.

Diese Berechnungen beruhen natürlich auf der klassischen Mechanik und nicht auf der Quantenmechanik. Bei einer streng quantenmechanischen Berechnung würde das Konzept der Molekülbewegungen bedeutungslos und durch das einer sich entwickelnden Wellenfunktion ersetzt, die zunächst die Reaktionspartner und nach der Reaktion deren Produkte beschreibt. Solche Kalkulationen sind möglich, oder zumindest lassen sich quantenmechanische Konzepte und klassische Bewegungsgleichungen koppeln, um ein ungefähres Bild der Geschehnisse zu erhalten. Diese Berechnungen führen zu quantitativ zuverlässigen Voraussagen von Reaktionsgeschwindigkeiten.

Chemische Reaktionen in Femtosekunden

Bis in jüngster Zeit konnte man Atombewegungen, wie die eben beschriebenen, nicht direkt spektroskopisch beobachten, da der Cluster von Atomen, der den Höhepunkt der Reaktion kennzeichnet, nur für einige Pikosekunden überlebt, bevor er zu den Produkten erstarrt und zerfällt. Die durchgeführten Berechnungen lassen sich jedoch inzwischen experimentell überprüfen, und zwar mit Hilfe neuentwickelter Laser, die Lichtpulse von Femtosekundendauer erzeugen (eine Femtosekunde entspricht 10^{-15} Sekunden, also einem Milliardstel einer Millionstelsekunde). Diese Laser haben die Möglichkeit eröffnet, selbst sehr schnelle Reaktionen so zu beobachten, als ob man die Zeit anhalten könnte.

In einem typischen Experiment wird mit einem Femtosekundenpuls ein Molekül so stark angeregt, daß es in seine Bruchteile zerfällt. Dann feuert man in bestimmten Intervallen nach diesem ersten einen zweiten Laserpuls von der Dauer einer Femtosekunde ab. Der zweite Puls ist auf eine Frequenz abgestimmt, die von einem der freien Zerfallprodukte absorbiert wird, so daß diese Absorption ein Maß für die Konzentration der Produkte bildet. Da die bisher gesammelten Ergebnisse nicht die Reaktionen umfassen, die in einer Kerzenflamme ablaufen, müssen wir uns etwas anderen Reaktionen zuwenden. Mit großer Wahrscheinlichkeit treffen jedoch die gleichen Ergebnisse auch auf unsere Reaktionen zu.

Wir gewinnen einen Eindruck von dem Fortschritt, der bei der Untersuchung des detaillierten Mechanismus chemischer Reaktionen gemacht wurde, indem wir die an dem Ionenpaar Na^+I^- (I^- ist das Iodid-Ion) gewonnenen Befunde betrachten. Um die Spaltung dieses Ionenpaares zu untersuchen, regte man es zunächst mit einem Femtosekundenlaserpuls in einen Zustand an, der als ein kovalent gebundenes NaI-Molekül interpretiert werden kann. Der zweite

(Analyse-)Puls, der entweder auf die Absorption des freien Na-Atoms oder des Na-Atoms als Bestandteil des Übergangskomplexes eingestellt ist, verfolgt den Zerfall des NaI-Moleküls.

Ein typisches Ergebnis ist in Abbildung 5.22 wiedergegeben. Die Absorption des gebundenen Na-Atoms schwankt mit einer Periodendauer von etwa einer Pikosekunde. Die Absorptionsintensität hängt vom Na-I-Abstand ab. Die Intensitätsschwankung zeigt daher an, daß der Komplex mit einer Periodendauer von einer Pikosekunde schwingt. Eine Absorption erfolgt immer dann, wenn das Molekül im Übergangszustand zu einem Atomabstand zurückkehrt, der dem des gebundenen Atoms entspricht. Die Intensitätsabnahme gibt die Geschwindigkeit an, mit der das NaI-Molekül zerfällt, weil die beiden Atome auseinanderschwingen. Das Molekül kann immer dann zerfallen, wenn die Schwingung seine Bindung dehnt. Weil die Gelegenheit zum Entkommen für das Na-Atom regelmäßig wiederkehrt, nimmt die Zahl der überlebenden Moleküle ab. Die Absorption durch das freie Na-Atom wächst ebenfalls in Wellenform an, weil mit jeder Schwingung mehr Atome entkommen. Die Zunahme ihrer Anzahl zeigt den gleichen zeitlichen Gang. Diese Beobachtungen lassen den Schluß zu, daß die Dauer einer Schwingung des NaI-Moleküls 1,25 Pikosekunden beträgt und das Molekül ungefähr zehn Schwingungen überlebt. Die Schwingungsfrequenz von NaBr ist ähnlich, aber das Molekül überlebt kaum eine Schwingung: Sobald die Atome auseinanderschwingen, entfliehen sie der Bindung, die sie zusammenhielt.

Das Konzept einer „Molekülstruktur" tauchte erst 1858 in einer Veröffentlichung des schottischen Chemikers A. S. Couper auf, die die erste gedruckte Darstellung einer Strukturformel enthielt. Faraday dürfte durchaus mit der Vorstellung von molekularen Strukturen vertraut gewesen sein, die während seines letzten Lebensjahrzehnts entstand. Er wäre sicher begeistert gewesen, wenn er gewußt hätte, daß heutige experimentelle Methoden die kleinsten Gestaltveränderungen sichtbar machen können, die Moleküle in Reaktionen erfahren, und daß diese Methoden uns einen tiefen Einblick geben in das, was die Geschwindigkeiten bestimmt, mit denen Atome ihre Partner austauschen, ihre Freiheit gewinnen und neue Stoffe entstehen lassen.

5.21 Mit Lasersystemen wie dem hier gezeigten versucht man, die Dynamik von Reaktionen aufzuklären, die in Femtosekunden ablaufen. Der Laser erzeugt einen Anregungspuls und einen Puls, der zur Analyse der Reaktionsprodukte dient. Beide Pulse verlassen den Laser gleichzeitig, jedoch wird der „Analysepuls" über einen etwas längeren Weg geführt, um einen Zeitunterschied von einigen Femtosekunden zwischen den beiden Pulsen zu erzeugen (Licht legt in einer Femtosekunde einen Weg von nur 0,0003 Millimetern zurück). Der Anregungspuls startet eine chemische Reaktion, der Analysepuls trifft einige Femtosekunden später ein und veranlaßt das Molekül zur Lichtemission, die dann gemessen und analysiert wird.

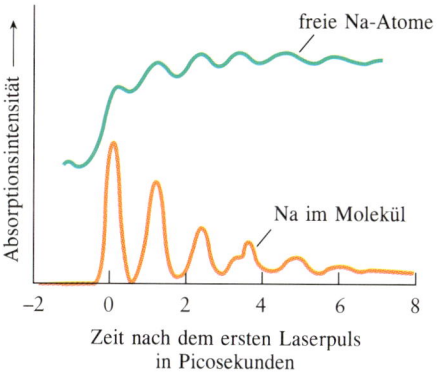

5.22 Eine spektroskopische Untersuchung in Zeitintervallen von Femtosekunden, die zeigt, wie ein NaI-Molekül in Na- und I-Atome zerfällt. Die untere Kurve gibt die Absorption des Komplexes wieder, die obere Kurve die Absorption der freien Na-Atome.

Konzentration, Oszillation und die Entstehung von Form

6

Um die Sache zu vereinfachen und um ein wenig Ordnung hineinzubringen, werde ich eine stille Flamme anzünden. Denn wer kann einen Gegenstand studieren, wenn Schwierigkeiten im Weg stehen, die gar nichts mit diesem Gegenstand zu tun haben?

MICHAEL FARADAY, Erste Vorlesung

6.1 Das Muster einer Pfauenfeder ist genetisch festgelegt und wird durch periodische chemische Reaktionen hervorgebracht. Diese Reaktionen bestimmen die Struktur der Feder. Reaktionen, die in Zeit oder Raum oszillieren, kann man als Differentialgleichungen formulieren, wie sie in diesem Kapitel beschrieben werden.

Wir haben gesehen, daß die Geschwindigkeit einer Reaktion davon abhängt, bei welcher Temperatur man sie durchführt. Die Reaktionsgeschwindigkeit hängt auch von den Konzentrationen der beteiligten Stoffe ab. Faraday mag das intuitiv geahnt haben. Er mag sogar die genauen quantitativen Zusammenhänge gekannt haben, denn die Abhängigkeit der Geschwindigkeiten bestimmter Reaktionen von den Konzentrationen hatte bereits 1850 der deutsche Chemiker Ludwig Wilhelmy in Heidelberg experimentell nachgewiesen. Die systematische Untersuchung der Reaktionsgeschwindigkeiten und ihre Diskussion in Form von Differentialgleichungen, die man „Geschwindigkeitsgesetze" nennt, erfolgten aber erst zum Ende von Faradays Lebensspanne: 1865 nutzten der Chemiker Vernon Harcourt und der Mathematiker William Esson aus Oxford gemeinsam ihre einander ergänzenden Fähigkeiten und schufen die Formulierung, die die Chemiker noch heute verwenden.

Faraday hätte wohl wenig Geschmack gefunden an der Mathematisierung einer so auf das Experiment ausgerichteten Wissenschaft, wie sie die Chemie ist. Aber wäre er aufmerksam und aufnahmebereit gewesen, hätte er erkennen können, daß die Geschwindigkeitsgesetze ein Fenster zu jenen elementaren Ereignissen öffnen, die stattfinden, wenn Moleküle reagieren. Und er hätte sich gewundert, was für einen Einblick ein so formaler, quantitativer Zugang zu den Reaktionen vermitteln kann. Er hätte sich auch über die Folgen der Verbindung zwischen der Mathematik und der Chemie gewundert. Denn durch diese Vereinigung füllen sich die abstrakten Folgerungen aus den Gleichungen mit einer substantiellen Wirklichkeit: Die Strukturen der Mathematik übersetzen sich in Strukturen, welche die Materie in Raum und Zeit durch die wechselnden Konzentrationen der Reaktanten und Produkte verwirklicht. Der heutige Wissensstand, zu dem die Weiterentwicklung von Essons Gleichungen geführt hat, hätte ihn vielleicht zu einer sarkastischen Freude veranlaßt, denn die Möglichkeit, den Verlauf von Reaktionen vorherzusagen, scheint den Chemikern aus den Händen geglitten zu sein. Sah man früher bei einer Reaktion die allmähliche Bildung der Produkte, so steht an ihrer Stelle – im Zentrum des gegenwärtigen Interesses – chaotische Entwicklung und chaotischer Zerfall.

In diesem Kapitel werden wir die Geschichte der chemischen Kinetik nachzeichnen: von Essons ursprünglicher Formulierung bis zur Steigerung seiner Gleichungen, dem Beginn des Chaos. Vor allem werden wir sehen, welche Einblicke in die Ereignisse, die die Reaktionen begleiten, man aus der Konzentrationsabhängigkeit ihrer Geschwindigkeiten gewinnen kann. Ich möchte einen Eindruck davon vermitteln, wie explosionsartig sich seit Faradays Zeiten unsere Fähigkeit entwickelt hat, die Geschwindigkeiten chemischer Reaktionen zu untersuchen und zu deuten, und welche Möglichkeiten der Computer uns gegeben hat, den Verlauf der Reaktionen zu analysieren.

Reaktionsgeschwindigkeiten

Als Geschwindigkeit einer chemischen Reaktion bezeichnet man die Konzentrationsänderung einer Teilchenart pro Zeiteinheit. In manchen Reaktionen ändern sich die Konzentrationen der Ausgangsstoffe sehr schnell in kurzer Zeit. Eine Explosion ist ein Beispiel für eine schnelle Reaktion, wie auch viele Verbrennungen. Andererseits sind die Reaktionen, die zum Ranzigwerden von Fett und zum Altern führen, barmherzig langsam.

Von Anfang an sollten wir uns merken, daß es nicht eine einzige „Geschwindigkeit" einer Reaktion gibt. Wir können grundsätzlich nicht von *der* Geschwindigkeit einer Reaktion in ihrem Verlauf sprechen, so wie wir auch nicht von *der* Geschwindigkeit eines Autos während einer Reise sprechen können. Anders aber als bei einer Reise, bei der die Geschwindigkeit sich nach der Laune des Fahrers und den Gegebenheiten auf der Straße richtet, ändern sich die Geschwindigkeiten chemischer Reaktionen in einer viel systematischeren Weise. Man kann sie in Form einer mathematischen Gleichung ausdrücken, die man das „Geschwindigkeitsgesetz" der Reaktion nennt.

Als Beispiel soll das Geschwindigkeitsgesetz für die Zersetzung des Gases Ethan (C_2H_6) dienen. Diese Reaktion tritt ein, wenn Ethan in Abwesenheit von Luft stark erhitzt wird. Wir können die Reaktion als Modell für einige jener Vorgänge betrachten, die längere Kohlenwasserstoffmoleküle auseinanderreißen, wenn diese in der Hitze der Kerzenflamme verdampfen, bevor sie zu Kohlendioxid werden. Bei der Reaktion werden Wasserstoffatome aus dem Molekül gestoßen und die Fragmente vereinigen sich wieder, so daß eine Mischung von Ethylen (C_2H_4), Methan (CH_4), Wasserstoff und etwas Butan (C_4H_{10}) entsteht. Man kann feststellen, daß unter bestimmten Bedingungen die Geschwindigkeit der Zersetzung von Ethan proportional seiner Konzentration ist:

$$\text{Geschwindigkeit der Zersetzung} = k\,[C_2H_6]$$

Die „Geschwindigkeitskonstante" k in diesem Ausdruck ist charakteristisch für die Reaktion und kann im Experiment bestimmt werden. Das Geschwindigkeitsgesetz zeigt, daß die Reaktionsgeschwindigkeit in dem Maß abnimmt – die Reaktion also langsamer wird –, wie die Ethankonzentration abnimmt. Manche Geschwindigkeitsgesetze sind komplizierter als dieses. Eine Reaktion zum Beispiel, die in der oberen Atmosphäre abläuft, ist die Zersetzung von Ozon (O_3) in molekularen Sauerstoff (O_2). Etwas vereinfacht lautet ihre Geschwindigkeitsgleichung:

$$\text{Geschwindigkeit der Zersetzung} = k\,[O_3]^2/[O_2]$$

Dieses Geschwindigkeitsgesetz zeigt unter anderem, daß die Reaktion langsamer abläuft, wenn sie in einer Umgebung stattfindet, in dem die *Produkt*konzentration groß ist: Die Bildung von Sauerstoff wirkt auf die Reaktion als

6.2 Gießt man flüssiges Brom zu festem Phosphor, so setzt eine heftige Reaktion ein. Die Mengen der Ausgangsstoffe vermindern sich sehr schnell, wenn sich das Produkt (Phosphorbromid) bildet. Dies ist ein Beispiel für eine einigermaßen schnelle Reaktion. Manche Reaktionen laufen hingegen sehr langsam mit einer bei Raumtemperatur kaum wahrnehmbaren Reaktionsgeschwindigkeit ab.

143

Bremse. Wie kommt es, daß die Gegenwart von Produkten die Geschwindigkeit vermindert, mit der die Produkte sich bilden?

Es muß einen *Grund* geben, warum eine Reaktion einem bestimmten Geschwindigkeitsgesetz folgt – warum zum Beispiel die Bildung von O_2 auf seine weitere Entstehung einwirkt. Nach diesem Grund zu suchen, stellt eine sehr wichtige Vorgehensweise für die Bestimmung des „Mechanismus" der Reaktion dar, das heißt der Abfolge von Schritten, in denen die Reaktion abläuft. Die Bestimmung des Geschwindigkeitsgesetzes einer Reaktion ist meist die erste (und manchmal die einzige) Möglichkeit, die einem Chemiker zur Bestimmung des Reaktionsmechanismus zur Verfügung steht.

Obwohl das Geschwindigkeitsgesetz ein Fenster zum Reaktionsmechanismus darstellt, ist es ein trübes Fenster. Die Chemiker haben gelernt, das, was sie durch dieses Fenster sehen, vorsichtig zu interpretieren, denn die verschiedensten Mechanismen können dasselbe Geschwindigkeitsgesetz bedingen. Obwohl sich ein Geschwindigkeitsgesetz als sehr hilfreich erweist, kann es für sich allein nur auf einen Mechanismus *hinweisen*: Es ist mit dem Mechanismus vereinbar, aber es ist kein direkter Beweis. Aus diesem Grund sprechen die Chemiker oft von dem „gegenwärtig akzeptierten" Mechanismus einer Reaktion anstatt von „ihrem" Mechanismus. Vorsichtig gehen sie davon aus, daß der „Beweis" eines Mechanismus durch die chemische Kinetik mehr einem Beweis in einem Gerichtsverfahren ähnelt: Alles spricht für den Beweis, aber er ist selten absolut zweifelsfrei führbar. Diese Einstellung ändert sich in dem Maße, wie Methoden entwickelt werden, die die Reaktionen immer genauer untersuchen, und in vielen Fällen können wir in der Tat einer kinetischen Analyse volles Vertrauen schenken. Allerdings sollten wir im Hinterkopf behalten, daß die Mechanismen, die wir in diesem Buch beschreiben, nicht unumstößlich sind: Schon bald wird sich der eine oder andere von ihnen als falsch erwiesen haben und durch einen besseren ersetzt werden müssen, der aber vielleicht ebenfalls nur für eine gewisse Zeit gültig sein wird.

Einige typische Geschwindigkeitsgesetze

Viele verschiedene Reaktionen haben Geschwindigkeitsgesetze derselben allgemeinen Form (aber mit verschiedenen Werten für *k*). Deshalb ändern sich ihre Geschwindigkeiten mit der jeweiligen Konzentration auf immer gleiche Weise. Diese Beobachtung erlaubt es uns, die Reaktionen nach ihren Geschwindigkeitsgesetzen einzuordnen. So werden wir sehen, daß viele Reaktionen „erster Ordnung" (in einem Sinn, den wir noch definieren werden), viele „zweiter Ordnung" und so weiter sind. Es ist oft sehr nützlich, wenn man weiß, zu welcher Klasse eine Reaktion gehört, weil man dann ihr Verhalten vorhersagen kann. Denn man kennt ja die allgemeinen Eigenschaften der Reaktionen, die zu dieser Klasse gehören.

Das Geschwindigkeitsgesetz für die Zersetzung von Ethan, das wir oben angegeben haben, ist ein Beispiel für ein Geschwindigkeitsgesetz „erster Ordnung", denn hier ist die Geschwindigkeit proportional zur ersten Potenz der Konzentration an Ausgangssubstanz. Andere Zersetzungsreaktionen erster Ordnung verlaufen mit anderen Geschwindigkeiten. Dieser Unterschied liegt in dem Wert von k begründet: je größer k, desto schneller erfolgt die Zersetzung (bei einer bestimmten Konzentration der sich zersetzenden Teilchenart).

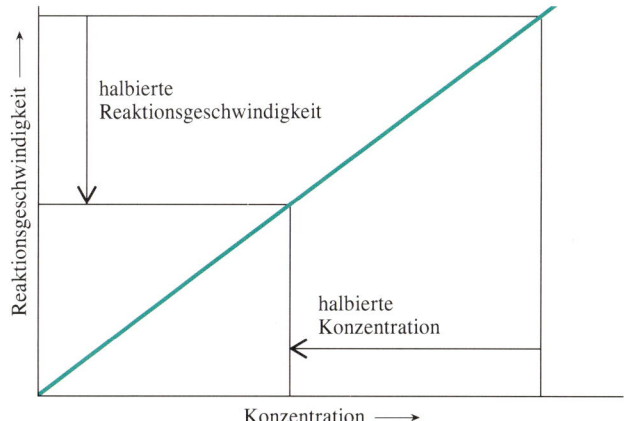

6.3 Die Geschwindigkeit einer Reaktion erster Ordnung ist proportional zur Konzentration des Reaktanten. Das bedeutet zum Beispiel, daß die Zerfallsgeschwindigkeit des Ethans auf die Hälfte des Anfangswertes abgesunken ist, wenn sich durch die Zersetzung die Konzentration des Ethans halbiert hat.

Charakteristisch für alle Reaktionen erster Ordnung ist, daß die Konzentration des Reaktanten *exponentiell* (gemäß e^{-x}) mit der Zeit abnimmt. Zu Beginn der Reaktion liegt die Ausgangskonzentration des Reaktanten vor. Mit der Zeit nähert sich die Konzentration des Reaktanten dem Wert Null. Ein exponentiell verlaufender Zerfall ist immer die Folge eines Geschwindigkeitsgesetzes, bei dem die Geschwindigkeit der Ereignisse proportional zur Konzentration der Teilchenart ist, die verbraucht wird. Nähert sich die Konzentration Null, so nähert sich die Geschwindigkeit, mit der die Teilchenart verschwindet, ebenfalls Null. Bleibt schließlich nur noch eine winzige Menge der Substanz übrig, so reagiert sie nur sehr langsam ab.

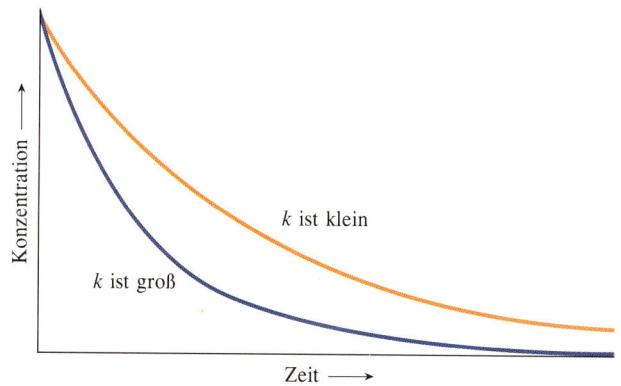

6.4 Verläuft eine Reaktion nach erster Ordnung, so fällt die Konzentration des Reaktanten exponentiell gegen Null ab. Je höher der Wert der Geschwindigkeitskonstanten, desto schneller nimmt die Konzentration ab.

In einer Reaktion „zweiter Ordnung" ist die Geschwindigkeit proportional zur zweiten Potenz der Konzentration einer Teilchenart. Zum Beispiel verbinden sich Methylradikale ($\bullet CH_3$) in einem Gas zu Ethanmolekülen nach dem Geschwindigkeitsgesetz:

$$\text{Reaktionsgeschwindigkeit} = k\,[\bullet CH_3]^2$$

Wieder bezeichnet k eine Geschwindigkeitskonstante, die von Reaktion zu Reaktion verschieden ist. Wenn die Methylradikale sich verbinden, verlangsamt sich die Reaktion drastisch. Sinkt in einer Reaktion zweiter Ordnung die Konzentration eines Reaktanten auf die Hälfte ihres Ausgangswertes ab, dann sinkt die Geschwindigkeit auf ein Viertel ihres Anfangswertes. Unter den gleichen Bedingungen hätte die Geschwindigkeit einer Reaktion erster Ordnung erst auf die Hälfte des Anfangswertes abgenommen. Die Geschwindigkeit einer Reaktion zweiter Ordnung geht viel schneller gegen Null als die einer Reaktion erster Ordnung mit der gleichen Anfangsgeschwindigkeit, so daß die Reaktanten langsamer verschwinden. Allgemein gilt, daß die Geschwindigkeit einer Reaktion um so empfindlicher auf Konzentrationsänderungen anspricht, je höher die Ordnung einer Reaktion ist.

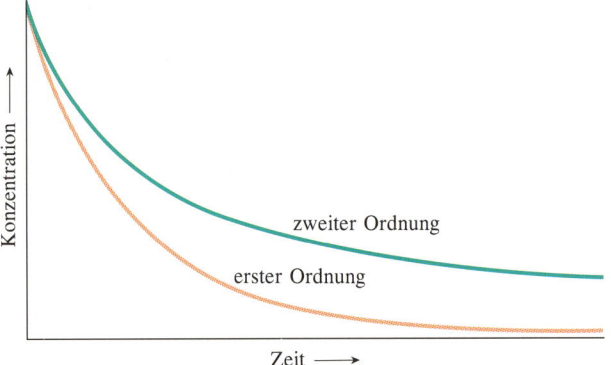

6.5 Eine Reaktion erster Ordnung (orange) und eine Reaktion zweiter Ordnung (grün) können dieselben Anfangsgeschwindigkeiten haben. Aber die Reaktion zweiter Ordnung verlangsamt sich deutlich rascher als die Reaktion erster Ordnung, so daß die Reaktanten eine viel länger Zeit benötigen, bis sie verschwunden sind.

Es gibt einen weitverbreiteten Mischtyp von Reaktionen, die erster Ordnung in bezug auf zwei verschiedene Ausgangssubstanzen und zweiter Ordnung in bezug auf die Gesamtreaktion sind. Ein Beispiel dafür ist die ursprünglich von Wilhelmy studierte Reaktion, die am Anfang der quantitativen Kinetik steht. In dieser Reaktion zersetzt sich Saccharose (Rohrzucker), ein Molekül, das aus einer Glucose- und einer Fructoseeinheit besteht, in verdünnter Säure in seine Bestandteile:

$$\text{Saccharose}\,(aq) + H_2O\,(l) \rightarrow \text{Glucose} + \text{Fructose}$$

Das Geschwindigkeitsgesetz lautet:

$$\text{Geschwindigkeit} = k\,[\text{Saccharose}]\,[H^+]$$

Die Reaktion ist erster Ordnung bezüglich der Wasserstoffionen (und damit proportional zur Säurestärke oder Acidität der Lösung, so daß die Reaktion einigermaßen schnell in der sauren Umgebung des Magens abläuft) und erster Ordnung in bezug auf die Saccharose. Aus dem Geschwindigkeitsgesetz läßt sich ablesen, daß die Geschwindigkeit sich halbiert, wenn die Konzentration *einer* der beiden Teilchenarten halbiert wird. Werden die Konzentrationen *beider* Teilchenarten halbiert, verhält sich die Reaktion wie eine Reaktion zweiter Ordnung, denn ihre Geschwindigkeit nimmt auf ein Viertel ab.

Eine der Reaktionen, die zur Entstehung des photochemischen Smogs beitragen, ist ein Beispiel für eine Reaktion dritter Ordnung. Die heißen Abgase von Kraftfahrzeugen fördern die Oxidation von Stickstoff zu Stickstoffmonoxid (NO), das in Gegenwart von Luft wiederum zu dem stechend riechenden, giftigen, braunen Gas Stickstoffdioxid (NO_2) oxidiert wird:

$$2\,NO(g) + O_2(g) \rightarrow 2\,NO_2(g)$$

$$\text{Geschwindigkeit} = k\,[NO]^2\,[O_2]$$

6.6 Der photochemische Smog (hier über Saõ Paolo, Brasilien) ist zum Teil deshalb braun, weil er Feststoffpartikel enthält, in denen sich das Licht mit einem rotbraunen Schimmer bricht. Zum Teil liegt es aber auch an dem braunen Gas Stickstoffdioxid (NO_2), dessen Bildung aus dem farblosen Gas Stickstoffmonoxid (NO) bei der Reaktion mit dem Luftsauerstoff die rechte Abbildung zeigt.

Die Ableitung einfacher Geschwindigkeitsgesetze

Mit einem Geschwindigkeitsgesetz öffnet sich uns ein Fenster zum Reaktionsmechanismus, weil seine Form von den Vorgängen bestimmt wird, die während einer Reaktion ablaufen. Wenn wir also ein Geschwindigkeitsgesetz ableiten können, haben wir die Möglichkeit, diese Vorgänge zu verstehen. Wir werden uns zwei Mechanismen ansehen, die das Verhalten von Reaktionen erster und zweiter Ordnung erklären können. Beachten Sie bitte, wie vorsichtig wir formulieren: Es gibt viele Mechanismen, die zu diesen beiden Typen des Verhaltens führen. Wir werden die *einfachsten* von ihnen betrachten.

Einige Reaktionen erster Ordnung bestehen einfach in dem Zerfall eines Moleküls, das sich in einem einzigen Schritt quasi selbst entzwei schüttelt. Um eine Reaktion erster Ordnung handelt es sich dann, wenn die Wahrscheinlichkeit, daß das Molekül in die Produkte zerfällt, in jedem Zeitintervall gleich groß ist (siehe Abbildung 6.7). Die Wahrscheinlichkeit sei 1 zu einer Milliarde, daß ein bestimmtes, energetisch angeregtes Formaldehydmolekül (H_2CO), das eben in einer Flamme entstanden ist, in einem Zeitintervall von einer Mikrosekunde ein Wasserstoffatom abgibt. Wir können nicht vorhersagen, wel-

6.7 Für jedes Molekül des Systems, das im oberen Teil der Abbildung gezeigt ist, besteht die gleiche Wahrscheinlichkeit, innerhalb eines bestimmten Zeitintervalls zu zerfallen. Deshalb erwarten wir einen exponentiellen Abfall der Konzentration der Substanz. Die untere Kurve gibt die Konzentration der zurückbleibenden Moleküle nach der Reaktion eines jeden einzelnen Moleküls wieder. Wenn Milliarden von Molekülen vorhanden sind, fällt die Konzentrationskurve exponentiell ab.

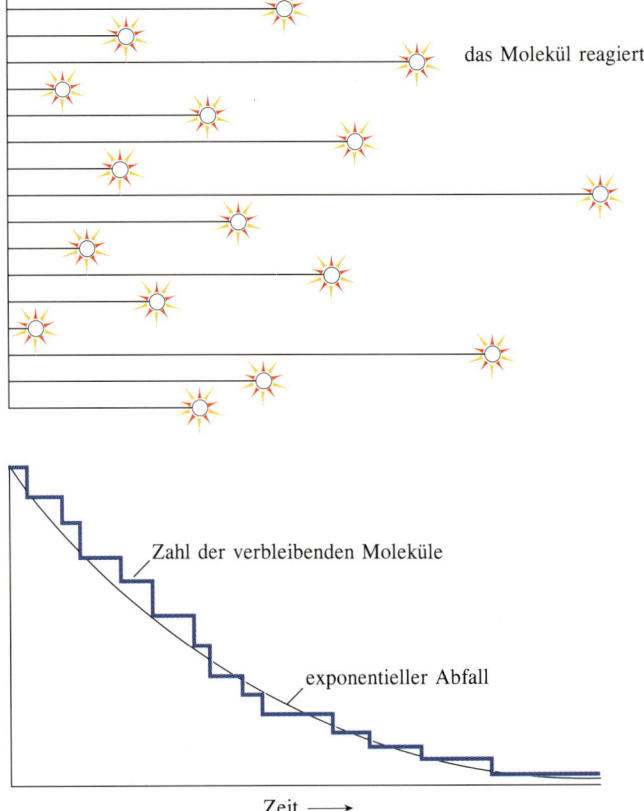

das Molekül reagiert

Zahl der verbleibenden Moleküle

exponentieller Abfall

Zeit ⟶

ches Molekül ein Atom abstoßen wird, aber wir können sicher sein, daß eines von einer Milliarde Molekülen das in diesem Zeitintervall tun wird. Wenn die Zeit fortschreitet, werden mehr und mehr Formaldehydmoleküle bereits ein Wasserstoffatom abgegeben haben. Es bleiben also immer weniger Moleküle zurück, die noch eines abgeben können. Weil mit der Zeit die Anzahl der Moleküle abnimmt, die noch zu ihrer Zersetzung in der Lage sind, nimmt die Geschwindigkeit der Zersetzung in dem Maße ab, wie die Konzentration der Formaldehydmoleküle abnimmt. Deshalb lautet das Geschwindigkeitsgesetz hier:

$$\text{Geschwindigkeit} = k\,[\text{H}_2\text{CO}]$$

Eine Reaktion, in der sich zwei Teilchen treffen müssen, bevor sie reagieren können, ist die einfachste Version mit einem Geschwindigkeitsgesetz zweiter Ordnung. Zum Beispiel müssen sich zwei Methylradikale erst irgendwo begegnen, bevor sie zu einem Ethanmolekül reagieren können. Die Häufigkeit, mit der sich zwei Teilchen begegnen, bestimmt die Geschwindigkeit dieser Reaktion. Diese Häufigkeit ist proportional zur Konzentration der Teilchen. Deshalb können wir schreiben:

$$\text{Geschwindigkeit} = k \times [\cdot\text{CH}_3] \times [\cdot\text{CH}_3] = k\,[\cdot\text{CH}_3]^2$$

Dies ist genau die Form eines Geschwindigkeitsgesetzes zweiter Ordnung.

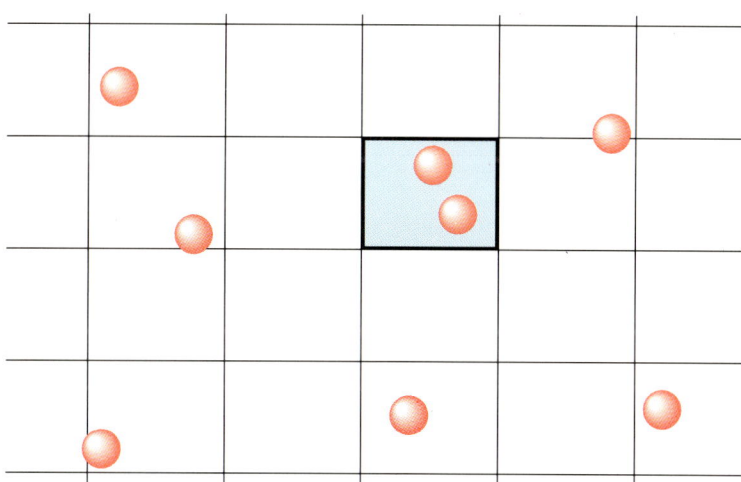

6.8 Die Wahrscheinlichkeit, daß sich zwei Moleküle begegnen, ist proportional zur Wahrscheinlichkeit, daß man beide in demselben kleinen Bereich (blau) antrifft. Die Wahrscheinlichkeit, daß sich irgendein Molekül in dem schwarz eingerahmten Bereich aufhält, ist proportional zur Konzentration der Moleküle. Deshalb ist die Wahrscheinlichkeit, daß zwei sich darin aufhalten, proportional dem Quadrat der Konzentration. Die Wahrscheinlichkeit, mit der eine Reaktion erfolgt, hängt auch von der Energie ab, die die beiden Moleküle mitbringen, wenn sie sich treffen: Diesen Punkt haben wir im fünften Kapitel diskutiert. Er geht in den Wert der Proportionalitätskonstanten k ein.

Es liegt nahe, zu vermuten, daß eine Reaktion dritter Ordnung (wie die Oxidation des Stickstoffmonoxids) die Folge eines Zusammenstoßes von drei Teilchen ist. Denn in diesem Fall wäre die Geschwindigkeit proportional dem Produkt aus den Konzentrationen von den drei Teilchen, die gleichzeitig aufeinander treffen. Dreifachstöße sind jedoch im allgemeinen äußerst selten. Nur in Ausnahmefällen (wenn sie die *einzige* Möglichkeit für eine Reaktion darstellen) muß man sie in Erwägung ziehen.

Der geschwindigkeitsbestimmende Schritt

Wenn wir die Reaktionen dritter Ordnung und noch komplexere Reaktionen erklären wollen, und wenn wir verstehen wollen, wie Reaktionen erster oder zweiter Ordnung sein können, obwohl ihre Reaktionsmechanismen komplizierter sind, als die bisher diskutierten, dann müssen wir tiefer in die Materie eindringen. Im allgemeinen laufen Reaktion schrittweise ab – es gibt zum Beispiel sehr viele Schritte, die vom Kerzenwachs zum Kohlendioxid führen. Alle diese Einzelschritte erfolgen mit den für sie charakteristischen Geschwindigkeiten. Die Gesamtgeschwindigkeit ist eine Verknüpfung aller Einzelgeschwindigkeiten. In gewissen einfachen Fällen bestimmt jedoch einer dieser Schritte im Reaktionsmechanismus die Gesamtgeschwindigkeit. Dann kann es einfach sein, das Geschwindigkeitsgesetz für die Gesamtreaktion aufzustellen.

Wie ein einzelner Schritt die Reaktionsgeschwindigkeit bestimmen kann, sehen wir an einer einfachen Reaktion mit einer erstaunlichen Eigenschaft: Sie hat eine *konstante* Geschwindigkeit. Zu einer Reaktion, deren Geschwindigkeit unabhängig von der Konzentration ist, gehört ein Geschwindigkeitsgesetz, in dem kein Konzentrationsterm auftaucht:

$$\text{Geschwindigkeit} = k$$

Man nennt sie eine Reaktion nullter Ordnung, weil eine Konzentration, die man zur nullten Potenz erhebt, gleich 1 ist ($x^0 = 1$, so daß x nicht im Geschwindigkeitsgesetz erscheint). Ein Beispiel für eine Reaktion nullter Ordnung ist die Zersetzung von Ammoniak in Stickstoff und Wasserstoff an einem heißen Wolframdraht. Sie erfolgt mit einer konstanten Geschwindigkeit, bis alles Ammoniak zersetzt ist. Dann kommt sie mehr oder weniger abrupt zum Stillstand.

Wie kann eine Reaktion mit derselben Geschwindigkeit ablaufen, wenn der Reaktant selbst dabei aufgebraucht wird – und dann plötzlich aufhören, wenn die letzten Reste des Reaktanten verschwunden sind? Die Lösung des Rätsels wird ein Beispiel dafür geben, wie verschiedene Mechanismen – heimlich und leise – ohne weiteres zu verschiedenen Geschwindigkeitsgesetzen führen. Der Schlüssel zum Mechanismus liegt in der Beobachtung, daß sich die NH_3-Moleküle sehr rasch auf der Oberfläche des heißen Metalls niederlassen. Einmal auf der Oberfläche angelagert, liefert sich das NH_3-Molekül der komplizierten Abfolge von Reaktionen aus, die schließlich in der Bildung von N_2- und H_2-Molekülen endet. Die Geschwindigkeit dieser Ereignisse bestimmt die Reaktionsgeschwindigkeit, nicht die Geschwindigkeit, mit der sich die NH_3-Moleküle auf der Oberfläche niederlassen. Aber nur die Geschwindigkeit dieser Anlagerung an die Oberfläche wird durch die Ammoniakkonzentration im Gasraum über dem Metall bestimmt. Weil aber der Anlagerungsschritt die Geschwindigkeit der Reaktion nicht mitbestimmt, wird die Geschwindigkeit unabhängig von der Konzentration des Reaktanten: Es handelt sich um eine Reaktion nullter Ordnung.

NH$_3$-Molekül

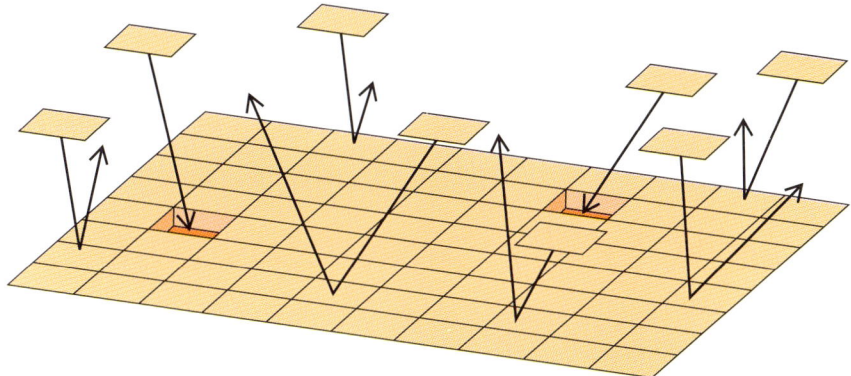

6.9 Sobald auf der Oberfläche eines Katalysators ein leerer Bindungsplatz entsteht, wird er von den Gasmolekülen erkannt, die beständig auf diese Oberfläche herabregnen. Eine Leerstelle bleibt nie lange unbesetzt.

Wie beispielhaft an der Zersetzung von Ammoniak gezeigt, legt in einer komplexen Folge von Schritten häufig die Geschwindigkeit eines *einzigen* dieser Schritte – des „geschwindigkeitsbestimmenden Schrittes" – die Gesamtgeschwindigkeit fest. Der geschwindigkeitsbestimmende Schritt wirkt wie die Mautstelle auf einer Autobahn: Obwohl der Verkehr die Zahlstelle sehr schnell erreicht, bestimmt die Geschwindigkeit, mit der man sie überwindet, die Zeit, die man letztlich für die Reise braucht. Wir können allmählich verstehen, auf welche Weise ein Geschwindigkeitsgesetz täuschen kann. Denn obwohl die Reaktion vielleicht nach einem sehr komplizierten Mechanismus abläuft, kann sie trotzdem erster oder zweiter Ordnung sein, wenn das Geschwindigkeitsgesetz des geschwindigkeitsbestimmenden Schrittes von einer dieser Ordnungen ist.

Ein schönes Beispiel für einen geschwindigkeitsbestimmenden Schritt finden wir in der Reaktion, die man für die Zersetzung des Ozons in der Stratosphäre verantwortlich macht. (Diese Reaktion ist entscheidend, wenn man den Abbau der Ozonschicht in den Polarregionen quantifizieren will, denn sie ist einer der vielen Vorgänge, die zum Fließgleichgewicht der Atmosphäre beitragen.) Das Geschwindigkeitsgesetz haben wir auf Seite 143 angegeben. Dort haben wir gesehen, daß zwar die Reaktionsgeschwindigkeit bei hohen Ozonkonzentrationen größer ist (was man auch erwarten würde für eine Reaktion, bei der zwei O$_3$-Moleküle zusammenstoßen und wieder in O$_2$-Moleküle auseinanderfallen), daß aber erstaunlicherweise die Geschwindigkeit in den Bereichen der Atmosphäre geringer ist, in denen eine hohe Sauerstoffkonzentration herrscht.

Der folgende (vereinfachte) Mechanismus wurde vorgeschlagen, um diese Beobachtungen zu erklären. Man stellt sich vor, daß sich zuerst ein energetisch angeregtes O$_3$-Molekül in einem Prozeß erster Ordnung spaltet:

$$O_3 \rightarrow O_2 + O \qquad \text{Geschwindigkeit} = k_a[O_3] \qquad \text{(a)}$$

151

Das Produkt aus der Reaktion (a) kann dann an einer von zwei möglichen Reaktionen teilnehmen. Die eine ist die Rückreaktion, bei der ein O-Atom ein O_2-Molekül angreift (nicht unbedingt seinen früheren Partner):

$$O + O_2 \rightarrow O_3 \qquad \text{Geschwindigkeit} = k_b[O][O_2] \qquad \text{(b)}$$

Oder das O-Atom kann mit einem O_3-Molekül zusammenstoßen und O_2-Moleküle erzeugen:

$$O + O_3 \rightarrow 2\,O_2 \qquad \text{Geschwindigkeit} = k_c[O][O_3] \qquad \text{(c)}$$

Ein vorgeschlagener Mechanismus ist wertlos, wenn das daraus abgeleitete Geschwindigkeitsgesetz nicht mit dem bereits für die Gesamtreaktion experimentell ermittelten übereinstimmt. Deshalb muß man als notwendigen (aber nicht ausreichenden) Test für diesen Mechanismus nachweisen, daß man aus ihm für die Gesamtreaktion das gleiche Geschwindigkeitsgesetz ableiten kann, das auch experimentell bestimmt wurde.

6.10 Die O-Atome, die bei der Zersetzung von O_3-Molekülen gebildet werden, wirken bei der Entstehung von Nordlichtern mit: Sie tragen zu ihrer karmesinroten und weißlich-grünen Farbe bei.

Mißt man die Geschwindigkeiten der Einzelreaktionen, so zeigt sich, daß der Schritt (c) bei weitem der langsamste ist — somit erkennen wir ihn als den geschwindigkeitsbestimmenden Schritt. Daraus folgt, daß die Zersetzungsgeschwindigkeit des Ozons dem Geschwindigkeitsgesetz für den Schritt (c) gehorchen sollte. Dieses Geschwindigkeitsgesetz stellt jedoch kein echtes Geschwindigkeitsgesetz für die Gesamtreaktion dar, weil es nicht nur in Abhängigkeit von den Reaktanten (O_3) und Produkten (O_2) formuliert ist, sondern auch die Konzentration eines Zwischenprodukts der Reaktion (das O-Atom) enthält. Die Konzentration des O-Atoms muß als Funktion der Konzentrationen von Reaktanten und Produkten ausgedrückt werden. Zu diesem Zweck stellen wir fest, daß die Reaktion (a) und ihre Rückreaktion (b) (verglichen mit dem geschwindigkeitsbestimmenden Schritt) so schnell ablaufen, daß sie rasch zu ihrem dynamischen Gleichgewicht finden:

$$O_3 \Leftrightarrow O_2 + O$$

In diesem dynamischen Gleichgewicht laufen Hin- und Rückreaktion gleich schnell ab. Wir können deshalb annehmen, daß für die Dauer der Gesamtreaktion gilt:

$$k_a[O_3] = k_b[O_2][O]$$
Geschwindigkeit
von (a) Geschwindigkeit von (b)

Diesen Ausdruck kann man leicht nach [O] auflösen und das Ergebnis in die Gleichung für die Gesamtgeschwindigkeit einsetzen:

$$\text{Geschwindigkeit} = k_c[O_3][O] = k_a k_c[O_3]/k_b[O_2]$$

Diese Gleichung ist identisch mit dem beobachteten Geschwindigkeitsgesetz, wenn wir die experimentell bestimmte Geschwindigkeitskonstante k mit $k_a k_c/k_b$ gleichsetzen.

Der Mechanismus offenbart den physikalischen Grund dafür, daß die Reaktion in jenen Bereichen der Atmosphäre langsamer abläuft, in denen die Sauerstoffkonzentration hoch ist: Das O_2-Molekül eröffnet den O-Atomen einen Weg, wieder O_3-Moleküle (im Schritt b) zurückzubilden, anstatt ein anderes O_3-Molekül anzugreifen und O_2-Moleküle zu produzieren (im Schritt c). Je größer deshalb die Konzentration an Sauerstoff in der Atmosphäre ist, desto mehr werden die O-Atome davon abgelenkt, das Reaktionsprodukt – O_2-Moleküle – zu bilden.

Anti-Arrhenius-Reaktionen

Geschwindigkeitsgesetze dienen manchmal dazu, die Gründe für ein ungewöhnliches Verhalten aufzudecken. Darauf haben wir schon im fünften Kapitel hingewiesen, als wir nebenbei bemerkten, daß manche Reaktionen sich gerade entgegengesetzt zu Arrhenius verhalten und bei hohen Temperaturen langsamer ablaufen. Den Grund dafür können wir jetzt recht einfach erkennen: Wie bei der Zersetzungsreaktion des Ozons, die wir eben beschrieben haben, ist die beobachtete Geschwindigkeitskonstante einer Reaktion mit einem komplexen Mechanismus aus den Geschwindigkeitskonstanten der einzelnen Reaktionsschritte zusammengesetzt. Selbst wenn alle Geschwindigkeitskonstanten mit steigender Temperatur größer werden, muß ihre Kombination nicht auch größere Werte annehmen.

Wenn beispielsweise in einer Drei-Schritt-Reaktion wie der Ozonzersetzung k_b schneller wächst als das Produkt $k_a k_c$, nimmt die beobachtete Geschwindigkeitskonstante $k = k_a k_c / k_b$ mit steigender Temperatur ab und die Reaktion läuft langsamer. Das ist bei der Ozonreaktion nicht der Fall, aber bei der Oxidation von Stickstoffmonoxid, die wir früher als Beispiel einer Reaktion dritter Ordnung angeführt haben, beobachten wir dieses Verhalten. Gemäß dem vorgeschlagenen Reaktionsmechanismus liegt der naturwissenschaftliche Grund für die Umkehr der üblichen Beziehung zwischen Geschwindigkeit und Temperatur in der Bildung des Zwischenprodukts N_2O_2:

$$NO + NO \rightarrow N_2O_2$$

Bei höheren Temperaturen bricht die thermische Bewegung der Atome das N_2O_2-Intermediat wieder in NO-Moleküle auseinander. Auf diese Weise ist weniger N_2O_2 verfügbar, um das Produkt zu bilden.

N_2O_2

Ein Schritt zu größerer Komplexität

Es sollte leicht einsichtig sein, daß selbst recht einfache Mechanismen komplexe Geschwindigkeitsgesetze bedingen können. Das ist vor allem dann der Fall, wenn es keinen dominierenden geschwindigkeitsbestimmenden Schritt im Reaktionsschema gibt, der der Kinetik seinen Charakter aufzwingt. In solchen Fällen brauchen wir einen allgemeineren Ansatz, wenn wir das Geschwindigkeitsgesetz aus dem vorgeschlagenen Mechanismus ableiten wollen.

Dieser allgemeinere Ansatz für die Formulierung von Geschwindigkeitsgesetzen knüpft an Essons Überzeugung an, die er vor mehr als hundert Jahren äußerte, daß nämlich das Geschwindigkeitsgesetz einer Teilreaktion eine Differentialgleichung ist. Diesen Gleichungstyp benutzt man, um die Geschwindigkeit einer Änderung im Laufe der Zeit zu beschreiben: Im Grunde verbirgt sich hinter dem Wort *Geschwindigkeit* in den Gleichungen, die uns bisher begegnet sind, die Vorstellung einer Geschwindigkeit (oder Rate) der Konzentrationsänderung pro Zeiteinheit.

Die Geschwindigkeiten der Einzelschritte in einer Vielschrittreaktion kann man leicht als Differentialgleichungen schreiben. Zum Beispiel kann man den ersten Schritt im Mechanismus der Ozonzersetzung formal schreiben als:

$$O_3 \rightarrow O_2 + O \qquad d\frac{[O_3]}{dt} = -k_a [O_3]$$

Das Minuszeichen erscheint auf der rechten Seite, weil der Schritt eine Abnahme der Ozonkonzentration beschreibt. Sobald wir einmal erkannt haben, daß Geschwindigkeitsgesetze Differentialgleichungen sind, können wir die bekannten mathematischen Methoden zu ihrer Lösung anwenden. Eine Differentialgleichung zu „lösen" heißt in diesem Zusammenhang, zu jeder Zeit die Konzentration der Teilchenart angeben zu können, welche die Gleichung beschreibt – vorausgesetzt, daß deren Anfangskonzentration bekannt ist.

Die Tatsache, daß Geschwindigkeitsgesetze Differentialgleichungen sind, läßt die einen verzweifeln, andere in Entzücken ausbrechen – sie bereichert aber alle. Denn solche Gleichungen bilden die Grundlage für eine außergewöhnliche Vielfalt von Phänomenen. Selbst ein sehr einfacher Reaktionsmechanismus führt zu einer komplexen Ansammlung von Gleichungen. Essons Konzepte, die zur Vereinfachung geschaffen wurden, scheinen manchmal wild aus dem Ruder zu laufen. Es gibt wenig Hoffnung, mit den bekannten klassischen Methoden Lösungen (das heißt die Konzentration jeder Substanz zu jeder Zeit) für viele der Gleichungen zu finden, die in der chemischen Kinetik auftreten. Aber die Leistungsfähigkeit der Computer in der numerischen Analyse hat den Blick auf Lösungen eröffnet, die weit außerhalb Essons ursprünglicher, notwendigerweise eingeschränkter Reichweite liegen.

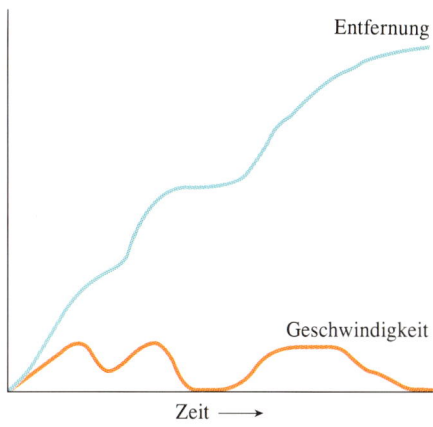

6.11 Eine Differentialgleichung zu lösen entspricht der Lösung der Geschwindigkeitsgleichung eines Autos: Wenn wir seine Geschwindigkeit an jedem Punkt der Reise kennen (die orange Kurve, sie entspricht dem Geschwindigkeitsgesetz in der Kinetik), dann können wir zu jeder Zeit seine Entfernung berechnen (die blaue Kurve), vorausgesetzt, wir wissen, wo die Reise begann.

Autokatalyse

Ein außergewöhnliches Verhalten ist vor allem dann zu erwarten, wenn der Reaktionsmechanismus einen oder mehrere „autokatalytische" Schritte enthält. In einem autokatalytischen Schritt hängt die Reaktionsgeschwindigkeit von der Konzentration eines Produkts ab. Wir können zum Beispiel das folgende Reaktionsschema betrachten:

$$A \rightarrow P \qquad \text{Geschwindigkeit} = k[A] \qquad (a)$$

$$A + P \rightarrow 2P \qquad \text{Geschwindigkeit} = k'[A][P] \qquad (b)$$

In Schritt A entsteht das Produkt P in einer einfachen Reaktion erster Ordnung. Aber sobald etwas Produkt vorhanden ist, kann Schritt (b) ablaufen, der sich beschleunigt, je mehr Produkt gebildet wird. Schritt (b) ist der autokatalytische Schritt. In diesem Fall kann die Geschwindigkeitsgleichung für die gesamte Produktion von P sehr einfach analytisch gelöst werden. Die Ergebnisse zeigen, daß die autokatalytische Reaktion sich zur Bildung einer fast explosionsartigen Flut von Produkten beschleunigt, die erst aufhört, wenn der Reaktant vollständig aufgebraucht ist.

Autokatalyse ist das chemische Analogon der positiven Rückkopplung in einem elektrischen Schaltkreis. Und wie die Rückkopplung in einem elektri-

155

schen Schaltkreis kann die Autokatalyse dazu führen, daß die Konzentrationen der Teilchen schwingen. Welche Form diese chemischen Oszillationen annehmen, hängt von den Umständen ab, unter denen die Reaktion durchgeführt wird. Wenn man das Reaktionssystem rührt, können die Oszillationen der Konzentrationen als eine periodische Änderung der Farbe, des pH-Wertes oder einer anderen meßbaren Eigenschaft sichtbar werden. Rührt man die Reaktionsmischung nicht, dann ändern sich die Konzentrationen an jedem Ort mit der Zeit. Das oszillierende Verhalten zeigt sich dann als fortschreitende Wellen, die komplizierte Muster hervorbringen. Es handelt sich nicht um einen Zufall, daß die Muster ähnlich aussehen wie die Streifen auf Fellen von Tigern und Häuten von Zebras oder die Punkte und Flecken bei Leoparden und Giraffen. Denn wie wir später sehen werden, sind diese Zeichnungen das Ergebnis von räumlich-periodischen chemischen Reaktionen, die (weitgehend ungestört) in den Häuten der betreffenden Tiere abgelaufen sind.

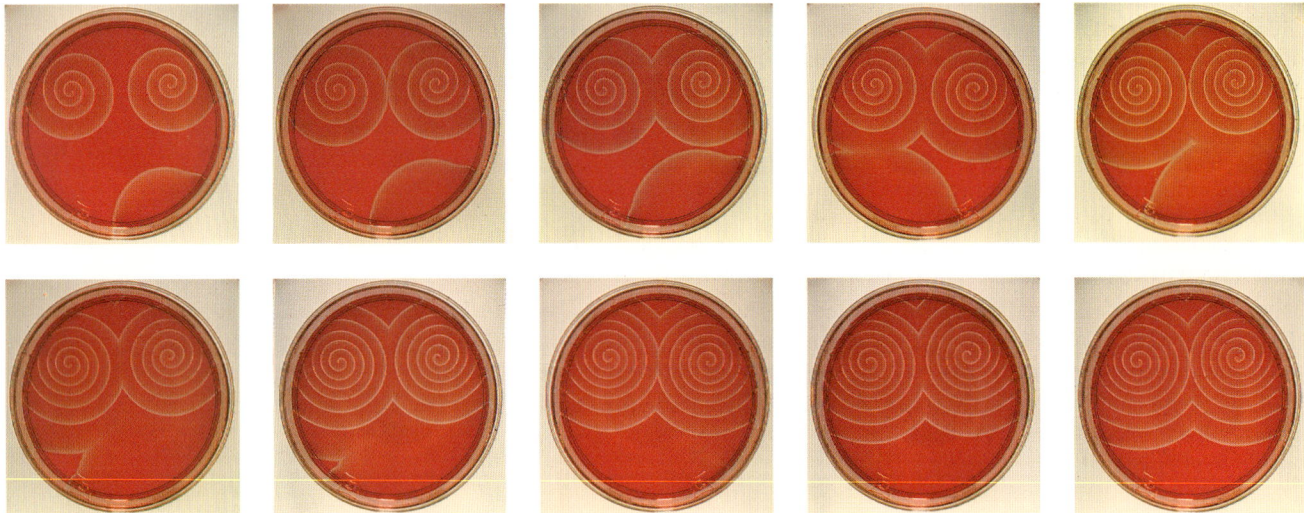

6.12 Diese Folge von Photographien zeigt die periodischen Farbänderungen, die bei der Belousov-Zhabotinsky-Reaktion auftreten. Bei dieser Reaktion reagiert eine organische Verbindung (Malonsäure) mit Brom in einer komplexen Abfolge von Reaktionen, in der Bromidionen und Bromationen in der Gegenwart von Cerionen eine Rolle spielen. Den Fortschritt der Reaktion zeigen die Farbänderungen eines organischen Farbstoffes – eines Indikators – an, von dem ein paar Tropfen zur Reaktionsmischung hinzugefügt wurden, der aber selbst nicht direkt an der Reaktion teilnimmt.

Oszillierende Reaktionen sind bei weitem mehr als nur eine Laboratoriumskuriosität. Während sie nur in einigen wenigen Fällen bei industriellen Prozessen bekannt sind, gibt es viele Beispiele in biochemischen Systemen. Oszillierende Reaktionen erhalten zum Beispiel den Rhythmus des Herzschlages aufrecht. Man findet sie auch bei der Glykolyse, einer Folge enzymatisch katalysierter Reaktionen, die aus der Glucose der Nahrung Energie gewinnen. In den Schritten dieses Stoffwechselweges wird ein Glucosemolekül unter Produktion von zwei Molekülen des energiespeichernden ATP verbraucht. Die Konzentrationen aller Metaboliten der Kette oszillieren unter bestimmten Bedingungen. Ihre Konzentrationen schwingen mit der gleichen Periodendauer, aber phasenverschoben. Obwohl wir heute wissen, daß Oszillationen in lebenden Systemen auftreten, hatte man sie anfänglich nicht als solche oszillierenden chemischen Reaktionen erkannt. Die ersten Berichte über oszillierende

Reaktionen im Reagenzglas wurden mit beträchtlichen Zweifeln aufgenommen. Eine der ersten dieser oszillierenden Reaktionen, die bekannt wurden und die man systematisch studiert hat, war die „Belousov-Zhabotinsky-(BZ-)Reaktion". Die Reaktion trägt die Namen von zwei russischen Wissenschaftlern, die sie entdeckt und erforscht haben (B. P. Belousov 1951 und A. M. Zhabotinsky 1964) und die schließlich andere Kollegen davon überzeugt haben, daß Reaktionen oszillieren können.

Wir werden die komplizierte BZ-Reaktion besser verstehen können, wenn wir zuerst eine besonders einfache autokatalytische Reaktion beschreiben, die illustriert, wie Oszillationen entstehen können. Das folgende Reaktionsschema bezeichnet man als „Lotka-Volterra-Mechanismus":

$$A + X \rightarrow 2X \qquad \text{Geschwindigkeit} = k[A][X] \qquad \text{(a)}$$

$$X + Y \rightarrow 2Y \qquad \text{Geschwindigkeit} = k'[X][Y] \qquad \text{(b)}$$

$$Y \rightarrow P \qquad \text{Geschwindigkeit} = k''[Y] \qquad \text{(c)}$$

Die Gesamtwirkung der Reaktion besteht in der Umwandlung des Reaktanten A in das Produkt P. Die Schritte (a) und (b) sind autokatalytisch. Die tatsächlichen chemischen Beispiele, einschließlich der BZ-Reaktion, die man bisher entdeckt hat, verlaufen nach einem anderen Mechanismus. Aber wie wir noch sehen werden, führt uns der Lotka-Volterra-Mechanismus zu Konzepten, denen wir auch in den wirklichkeitsnäheren Schemata begegnen.

Wenn wir die Reaktion jetzt betrachten, nehmen wir an, daß sie in einem Reaktionsgefäß abläuft, in das die Reaktanten kontinuierlich von außen einfließen und aus dem die Produkte kontinuierlich abgezogen werden. Solch ein „Durchfluß-Rührkessel-Reaktor" (continuous stirred-tank reactor, kurz CSTR) hält das Reaktionssystem weit vom Gleichgewicht und macht es möglich, daß die Oszillationen beliebig lange andauern können. Der CSTR stellt sicher, daß der Reaktant A in konstanter Menge und das Produkt P in konstanter Menge vorliegen. Die einzigen Konzentrationen, die sich also ändern, sind die der Zwischenprodukte X und Y. Das menschliche Analogon für diesen beständigen Nachschub finden wir in der Nahrungsaufnahme und der Ausscheidung ihrer Überreste. Damit werden die oszillierende Reaktion des Herzschlages und alle anderen chemischen Rhythmen des Körpers aufrechterhalten. Zugegeben: Nur wenige Menschen essen ununterbrochen, womit nur wenige dem CSTR im strengen Sinne entsprechen. Aber im Unterschied zur intervallartigen Nahrungsaufnahme sorgt der kontinuierliche Vorgang der Verdauung für einen beständigen Nachschub von Stoffwechselprodukten zu den verschiedenen Orten, an denen sie gebraucht werden. Deshalb entsprechen wir doch alle einigermaßen gut dem CSTR.

Es genügt, daß wir uns den Reaktionsmechanismus etwas genauer ansehen, um das oszillierende Verhalten der Konzentrationen vorauszusehen. Sobald

157

aus den Ausgangsstoffen etwas Zwischenprodukt X gebildet ist, steigt diese Konzentration durch den autokatalytischen Schritt (a) sprunghaft an. In dem Maß jedoch, wie X übermäßig anwächst, reagiert es mit Y zu noch mehr Y: Dieser Schritt ist ebenfalls autokatalytisch, deshalb schießt auch die Konzentration von Y in die Höhe. Dieser sprunghafte Anstieg erschöpft die Konzentration von X. Die Konzentration des Zwischenprodukts X nimmt rasch ab, wenn die Konzentration von Y wächst. Die Y-Konzentration kann nicht unbegrenzt größer werden, weil Y in der Reaktion (c) entfernt wird, deren Geschwindigkeit ansteigt, wenn die Konzentration von Y wächst. Dadurch wird die Konzentration von Y bald so gering, daß die autokatalytische Reaktion, die Y produziert, praktisch zum Erliegen kommt. So bekommt die Konzentration von X eine Chance, wieder anzuwachsen. Jetzt beginnt der Kreis von vorne, und solange man die Zufuhr von A aufrechterhält, oszillieren die Konzentrationen der beiden Intermediate weiter: So lange wir essen, wird unser Herz schlagen.

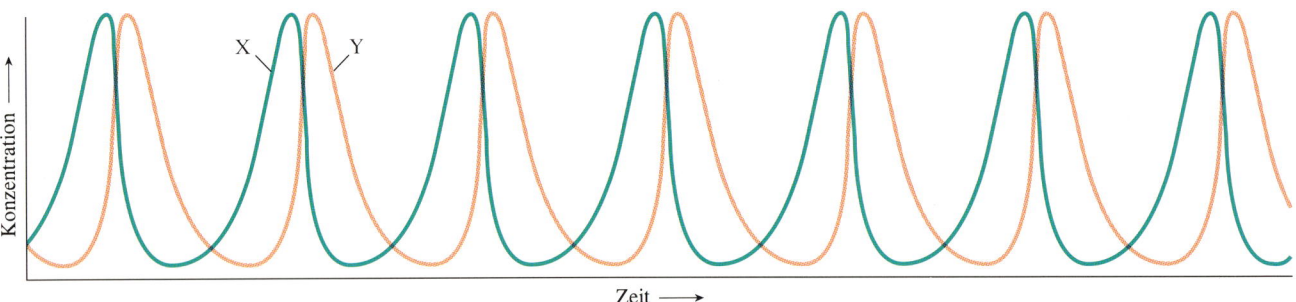

6.13 Die periodischen Änderungen der Konzentrationen [X] und [Y] im Lotka-Volterra-Mechanismus: Beachten Sie, wie dem Konzentrationsanstieg des einen Stoffes der des anderen folgt. Mit demselben Gleichungstyp hat man die Beziehung zwischen Jäger und Beute in lokal begrenzten Ökosystemen studiert. Für verschiedene Konzentrationen von A (und verschiedene Geschwindigkeitskonstanten) erhält man unterschiedliche Frequenzen und Amplituden.

Wenn wir die Geschwindigkeiten aufschreiben, mit denen sich die Konzentrationen der Zwischenprodukte ändern, sehen wir, daß sie ein unabhängiges Paar von Differentialgleichungen bilden. Sie geben an, wie die Geschwindigkeiten von den Konzentrationen von A, X und Y und den Geschwindigkeitskonstanten abhängen:

$$d[X]/dt = k[A][X] - k'[X][Y]$$

$$d[Y]/dt = k'[X][Y] - k''[Y]$$

Wir können die Konzentration, die der Reaktant A im Fließgleichgewicht einnimmt, im Reaktor verändern, indem wir die Versorgung des CSTR mit neuem A verändern. Auf diese Weise können wir über die Konzentration von A die Reaktion beeinflussen.

Wir müssen die Lotka-Volterra-Gleichungen numerisch lösen, um herauszufinden, wie die Konzentrationen der Zwischenprodukte von der Zeit abhän-

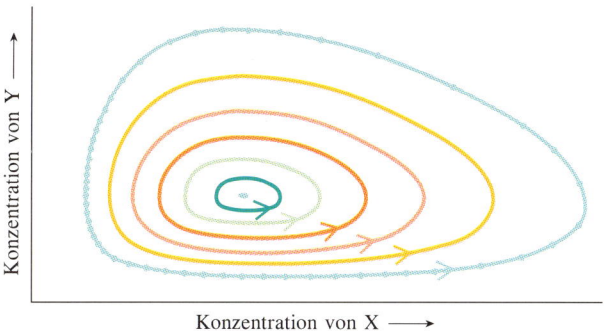

6.14 Eine andere Darstellung der Oszillation von [X] und [Y] aus der vorhergehenden Abbildung: Der Punkt, der sich auf einer der Schleifen bewegt, gibt die Konzentrationen an, die sich mit fortschreitender Reaktion einstellen. Zwischen den einzelnen Punkten liegt jeweils dasselbe Zeitintervall. Liegen die Punkte nahe beieinander, so ändert sich die Konzentration nur langsam. Liegen die Punkte weit auseinander, so ändern sich die Konzentrationen sehr schnell.

gen. Die Ergebnisse können wir auf zwei Arten darstellen. Einmal können wir [X] und [Y] gegen die Zeit auftragen. Wie Abbildung 6.13 zeigt, ändern sich die beiden Konzentrationen periodisch mit einem regelmäßigen steilen Anstieg und raschen Abfall ihrer Werte, gerade so, wie es unsere qualitative Analyse vermuten ließ. Die gleiche Information kann man noch übersichtlicher darstellen, wenn man die eine Konzentration gegen die andere aufträgt: Diese Auftragung ergibt eine Reihe geschlossener Kurven, wie sie die Abbildung 6.14 zeigt. Welche Schleife das System beschreibt, wird von der Geschwindigkeit bestimmt, mit der man dem Reaktor den Reaktanten A zuführt.

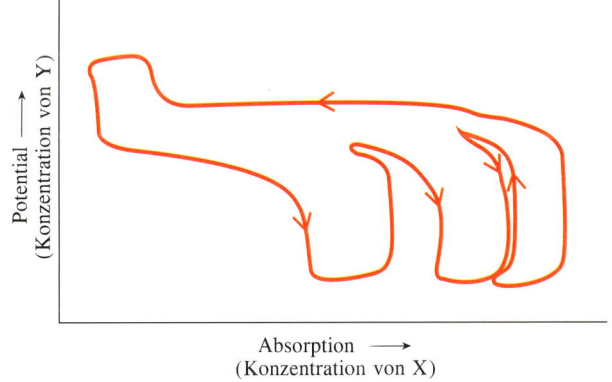

6.15 Eine komplexe Periodizität zeigt eine Bromat-Chlorit-Iodid-Reaktion. Diese Kurve hat man experimentell erhalten, indem man das Potential einer Elektrode verfolgte, die in die Reaktionsmischung eingetaucht war, und es gegen die gleichzeitig gemessene optische Absorption des Mediums bei einer bestimmt Wellenlänge aufgetragen hat. Die beiden Methoden verfolgen die Konzentrationen von verschiedenen Teilchenarten.

Einige Reaktionen zeigen ein periodisches Verhalten, das die schleifenartige Oszillation des Lotka-Volterra-Systems widerspiegelt. Allerdings ist das periodische Verhalten in manchen Fällen erheblich komplexer. Abbildung 6.15 gibt ein Beispiel für eine Reaktion, an der Bromationen, Chloritionen (ClO_2^-) und Iodidionen (I^-) beteiligt sind. Trotz des komplexen Verhaltens wiederholt sich die gleiche Abfolge von Konzentrationen immer wieder, solange man die Reagentien nachliefert.

Die Belousov-Zhabotinsky-Reaktion

Wenden wir uns jetzt derjenigen oszillierenden Reaktion zu, von der unsere Diskussion ausging: der Belousov-Zhabotinsky-Reaktion. Diese Reaktion hat wesentlich dazu beigetragen, das gegenwärtige Interesse der Chemie an dem Phänomen der oszillierenden Reaktionen zu wecken. Die BZ-Reaktion ist im Grunde die Oxidation einer organischen Verbindung durch Bromationen (BrO_3^-) in einer sauren Lösung. Die Reaktion findet in Gegenwart eines Metallions statt, das als Katalysator wirkt. Dieses Ion muß in zwei Zuständen auftreten können, die sich durch ein Elektron unterscheiden: Beispiele dafür sind die Cerionen Ce^{3+}/Ce^{4+} und die Eisenionen Fe^{2+}/Fe^{3+}. Die Oszillationen der BZ-Reaktion macht man normalerweise durch Zufügen weniger Tropfen eines „Indikators" sichtbar. Ein Indikator ist eine Substanz, die entsprechend den relativen Konzentrationen der Metallionen in ihren beiden Zuständen ihre Farbe ändert. So beobachten wir die Reaktion tatsächlich auf einem Umweg, indem wir den Indikator verfolgen, der wiederum das Hin- und Herspringen des Metallions zwischen seiner oxidierten und seiner reduzierten Form wiedergibt.

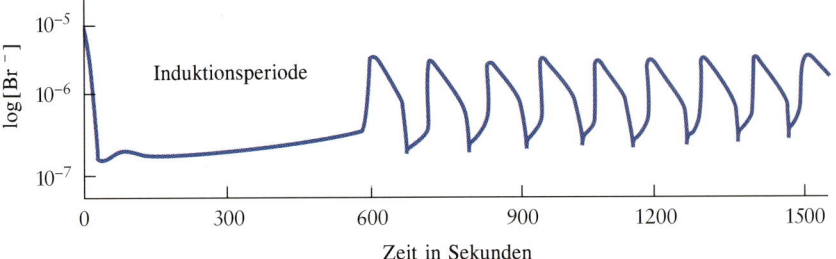

6.16 Die periodische Oszillation der Bromidionen während der BZ-Reaktion. Die Konzentration wurde elektrochemisch mit einer Elektrode bestimmt, die auf Br^--Ionen empfindlich ist. Beachten Sie die lange Induktionsperiode (etwa zehn Minuten), bevor die Oszillation einsetzt. Zu Beginn dauert eine Oszillationsperiode etwa 100 Sekunden. Auf der rechten Seite des Diagramms ist sie etwas kürzer, weil einige der BrO_3^--Ionen und die Malonsäure aufgebraucht wurden.

Wie wir sehen werden, ist der entscheidende Punkt im Mechanismus der Oszillation, daß zwei verschiedene Typen von Redoxschritten auftreten. Bei dem einen handelt es sich ausschließlich um einen Elektronentransfer (er wird deshalb durch die Metallionen katalysiert), beim anderen um den Transfer eines Sauerstoffatoms (das vom Bromation stammt), in dem der Metallionen-Katalysator keine Rolle spielt. Den Gesamtmechanismus haben Richard Field, Endre Körös und Richard Noyes 1972 aufgeklärt. Er umfaßt ein Dutzend Teilreaktionen und eine ähnliche Anzahl chemischer Verbindungen. Wir werden zuerst den beeindruckend komplizierten „wahren" Mechanismus beschreiben (wahr insofern, als er der gegenwärtig akzeptierte ist). Anschließend werden wir die wesentlichen Merkmale in einer stark vereinfachten Version zusammenfassen, die einer numerischen Analyse zugänglich ist. Dieses Modellsystem trägt den Namen „Oregonator" (weil Noyes und seine Gruppe an der University of Oregon arbeiten). Die folgende Beschreibung des Mechanismus stützt sich auf eine ausgezeichnete Darstellung von R. Field und F. W. Schneider. Der Gesamtmechanismus der BZ-Reaktion setzt sich aus zwei Hauptprozessen — Prozeß A und Prozeß B — zusammen, die über

Prozeß C miteinander verknüpft sind. Die Oszillationen entstehen, weil sich Prozeß A und Prozeß B abwechseln und weil Prozeß C für jeden von beiden die nötigen Voraussetzungen schafft und so die Kontrolle von einem Prozeß an den anderen übergibt. Die Abfolge der Ereignisse faßt Abbildung 6.17 zusammen: Obwohl sie auf den ersten Blick schrecklich kompliziert erscheinen mag (und vielleicht, ganz passend, mehr wie eine elektrische Schaltung als wie eine chemische Reaktion aussieht), kann man sie in handliche Einheiten zerlegen, wie wir jetzt zeigen werden.

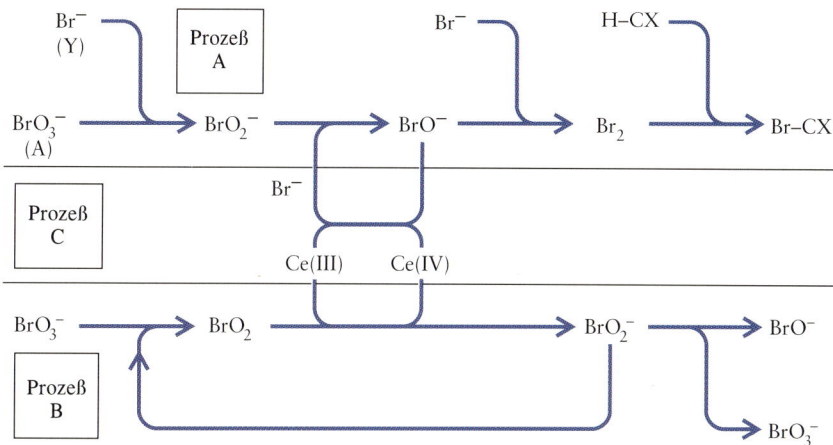

6.17 Das Netzwerk der Reaktionen, die nach dem Field-Körös-Noyes-Mechanismus wahrscheinlich an der BZ-Reaktion beteiligt sind.

Den Prozeß A können wir als aufeinanderfolgende Übertragung von Sauerstoffatomen vom Bromation (BrO_3^-) auf zwei Bromidionen (Br^-) betrachten, die in der Bildung von molekularem Brom (Br_2) gipfelt, dem Stoff, der die organische Verbindung angreift. Die einzelnen Schritte dieses Prozesses werden möglich, weil in der stark sauren Lösung, in der die Reaktion abläuft, die Bindungen durch die Anwesenheit von Wasserstoffionen geschwächt werden. Der erste und der zweite Schritt des Prozesses A sind beide Sauerstoffatom-Übertragungen:

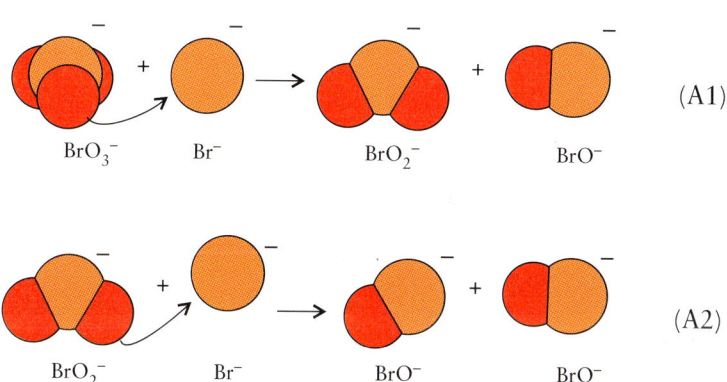

(A1)

(A2)

(Weil alle diese Reaktionen in einem stark sauren Medium ablaufen, verbinden sich die anwesenden Protonen mit den BrO^-- und BrO_2^--Ionen zu den Säuren $HBrO$ und $HBrO_2$. Für unsere Zwecke ist das ein unwesentliches Detail, und wir brauchen die Protonen nicht in den Schemata zu zeigen.) Später werden wir diese Reaktionen vereinfachen zu:

$$A + Y \rightarrow X + P$$

$$X + Y \rightarrow 2P$$

A steht dabei für BrO_3^-, Y für Br^-, X für BrO_2^- und P für BrO^-.

Im dritten Schritt der Reaktion werden weitere Bromidionen in molekulares Brom umgewandelt. Das Brom reagiert weiter mit der organischen Verbindung. In der klassischen BZ-Reaktion ist der organische Reaktant die Malonsäure, $CH_2(COOH)_2$, bei der ein Wasserstoffatom durch ein Bromatom zu $BrCH(COOH)_2$ ersetzt wird. Diese späten Schritte des Prozesses A sind jedoch nicht entscheidend für den oszillatorischen Charakter der Reaktion. Deshalb können wir für diesen Teil der Reaktion das Zwischenprodukt P als das Ende der Reaktionsfolge ansehen.

Prozeß B bildet den Kontrapunkt zu Prozeß A. Er wird aktiv, sobald Prozeß A praktisch zum Stillstand gekommen ist, nachdem der Vorrat an Br^--Ionen erschöpft ist. Denn Prozeß B unterscheidet sich von A durch seine Fähigkeit, ohne diese Ionen auszukommen. Der Prozeß B hat zwei weitere Merkmale, die ihn von Prozeß A abheben: Er beinhaltet wenigsten einen *Elektronentransfer-Redoxschritt* (im Unterschied zu den Übertragungen von Sauerstoffatomen, die während des Prozesses A erfolgen), und er ist autokatalytisch.

Der erste Schritt in Prozeß B ist die Reaktion zwischen BrO_2^- (in Schritt A1 entstanden) und BrO_3^--Ionen unter Bildung des *radikalischen* Moleküls Bromdioxid (BrO_2):

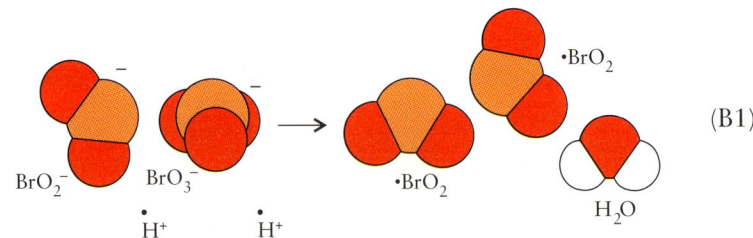

(B1)

Jetzt kommt das Metallion ins Spiel, das ein Elektron auf ein BrO_2-Radikal überträgt und es damit zu BrO_2^- reduziert, während es selbst gleichzeitig oxidiert wird. Handelt es sich um das Metall Cer, so lautet dieser Reaktionsschritt:

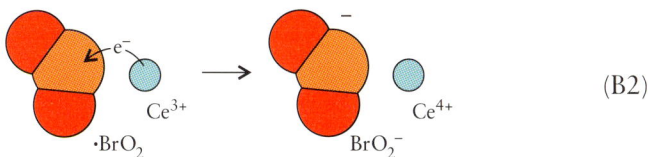

(B2)

B2 nimmt also die beiden BrO_2-Radikale, die in Schritt B1 aus *einem* BrO_2^--Ion entstanden sind, und wandelt sie in *zwei* BrO_2^--Ionen um. Netto entstehen auf diese Weise zwei Reaktantenmoleküle. Wir können die beiden ersten Schritte des Prozesses zur Gesamtreaktion

$$BrO_2^- + BrO_3^- + 2H^+ + 2Ce^{3+} \rightarrow 2BrO_2^- + 2Ce^{4+} + H_2O$$

zusammenfassen. Die Grundform dieser Gleichung lautet:

$$X + A \rightarrow 2X + Z$$

Z steht für das Ce^{4+}, das gleichzeitig entsteht. Der letzte Schritt ist die Übertragung eines Sauerstoffatoms zwischen zwei BrO_2^--Ionen, wodurch BrO^- und BrO_3^- entstehen:

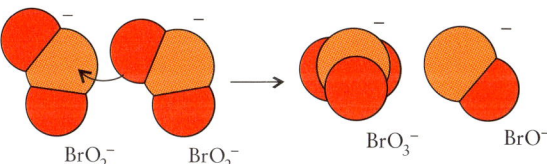

Oder einfach:

$$2X \rightarrow A + P$$

Gerade wie in Prozeß A ist der Nettoeffekt von Prozeß B die Reduktion von BrO_3^--Ionen zu BrO^-, allerdings ohne daß Br^--Ionen dazu nötig wären. Ein Nebenprodukt der Reaktion ist jedoch die Oxidation der Cerionen zu Ce^{4+}.

Die beiden Prozesse sind über den Prozeß C miteinander verknüpft. Damit abwechselnd die Prozesse A und B die Oberhand gewinnen, benötigen wir eine Reaktion, die Br^--Ionen erzeugt, so daß der Prozeß A wieder anlaufen kann, und die ebenso Ce^{3+} aus seiner erschöpften (das heißt: oxidierten) Form (Ce^{4+}) wiederherstellt, damit das Metallion die notwendige Reduktion ausführen kann, sobald Prozeß B wieder die Oberhand gewinnt. Daraus folgt, daß die Gesamtreaktionsgleichung für den Prozeß C *etwa* die Form

$$Ce^{4+} + BrO^- + \text{andere Br-Verbindungen} \rightarrow Ce^{3+} + fBr^- + \ldots$$

163

haben muß. f bezeichnet die Anzahl der Br^--Ionen, die in der Reaktion entstehen. Die abstrakte Form dieser Reaktion lautet:

$$Z \to fY$$

Hier werden Ce^{4+}-Ionen (mit Z bezeichnet) entfernt und durch Br^--Ionen ersetzt. Wir sehen, daß die Reaktion die Cerionen wieder in ihrer reduzierten Form (Ce^{3+}) herstellt und zu einer erheblichen Erhöhung der Konzentration an Br^--Ionen in der Lösung führt.

Die Oszillationen des Oregonators

Wir verstehen leichter, warum die Oszillationen der BZ-Reaktion auftreten, wenn wir die Reaktionen des Oregonators untersuchen. Die Schlüsselschritte und ihre Geschwindigkeitsgesetze sind im folgenden als die Prozesse A, B und C aufgeführt.

Prozeß A: $A + Y \to X + P$ Geschwindigkeit $= k_1[A][Y]$

$X + Y \to 2P$ Geschwindigkeit $= k_2[X][Y]$

Prozeß B: $X + A \to 2X + Z$ Geschwindigkeit $= k_3[A][X]$

$2X \to A + P$ Geschwindigkeit $= k_4[X]^2$

Prozeß C: $Z \to fY$ Geschwindigkeit $= k[Z]$

Die Entstehung der Oszillationen kann man nachvollziehen, wenn man die Rolle der Prozesse A und B getrennt betrachtet, und anschließend untersucht, wie der Prozeß C die Kontrolle über das System zwischen beiden hin- und herschiebt. Wir nehmen an, daß die Gesamtreaktion langsam abläuft im Vergleich zur Geschwindigkeit der Oszillation, die von den Konzentrationen der Zwischenprodukte X und Y (BrO_2^- und Br^-) ausgeführt wird. Das bedeutet, daß die Konzentration von A (dem BrO_3^--Ion) auf der Zeitskala der Oszillationen praktisch konstant ist. Deshalb müssen wir uns nicht mit der Wirkung befassen, die von einer Verarmung an A hervorgerufen wird.

Anfangs soll die Lösung reich an Y sein und der Prozeß A die Gesamtreaktion beherrschen. Dieser Prozeß verbraucht jedoch Y. Nach einer gewissen Zeit ist deshalb nicht mehr genug Y übrig, damit der Prozeß eine entscheidende Rolle spielen kann. Weil A schneller mit Y (Prozeß A) als mit X (Prozeß B) reagiert, findet Prozeß B kaum statt, wenn Prozeß A abläuft. Ruht Prozeß A, kann Prozeß B die Kontrolle übernehmen. Er führt (wegen seines autokatalytischen Charakters) zu einem sprunghaften Anstieg der Mengen von

X und Z. Ist Z im Überfluß vorhanden, kommt Prozeß C ins Spiel: Er erzeugt Y, das mit der Zeit wieder zu einer Konzentration anwächst, die groß genug ist, damit Prozeß A wieder einsetzen und seine beherrschende Rolle übernehmen kann. Dann beginnt der Kreislauf von neuem und dauert so lange an, wie der Reaktant A zur Verfügung steht.

Die oszillierenden Konzentrationen der Zwischenprodukte X und Y kann man so auftragen, wie wir das bei der Diskussion des Lotka-Volterra-Systems getan haben: Die Konzentration Y wird in Abhängigkeit von der Konzentration X dargestellt. Beide Konzentrationen ändern sich mit der Zeit und zeichnen dabei eine Kurve auf, die das gesamte Verhalten der Reaktion beschreibt. In diesem Fall gehen willkürliche Anfangskonzentrationen in eine geschlossene Kurve über. Die Kurve zeigt, daß die Konzentrationen immer wieder zu denselben Werten zurückkehren, wenn sie periodisch anwachsen und abfallen. Diese Schleife, ein „Grenzzyklus", ist ein wichtiges neues Charakteristikum dieser Reaktion: Obwohl die Anfangskonzentrationen über einen weiten Bereich schwanken können, wird sich die Reaktion dennoch wieder zum gleichen periodischen Verhalten hin entwickeln. Wenn sich stark unterschiedliche Anfangskonzentrationen zum gleichen Grenzzyklus entwickeln, nennt man diesen Grenzzyklus einen „globalen Attraktor". Wenn nur Konzentrationen, die nahe am Grenzzyklus liegen, in ihn übergehen, dann ist die Kurve lediglich ein „lokaler Attraktor". Nach einer Störung, wie etwa der plötzlichen Zugabe von Bromidionen in das Reaktionsgefäß, wird die Kurve zu einer neuen Form verzerrt. Sie wird jedoch zu ihrem ursprünglichen periodischen Verhalten zurückkehren, wenn der Grenzzyklus ein globaler Attraktor ist. Der Grenzzyklus ist ein notwendiges Charakteristikum eines jeden oszillierenden Systems. Andernfalls würden geringe Unregelmäßigkeiten der Konzentrationen, die immer entstehen, wenn man ein System herstellt, zu unvorhersagbaren Konzentrationsschwankungen führen, die chaotisch erscheinen würden.

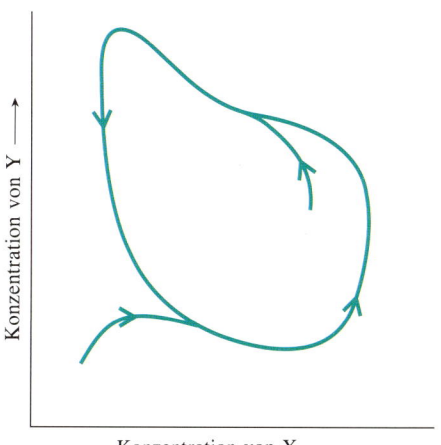

6.18 Die Auftragung der Konzentration einer Substanz gegen die Konzentration einer zweiten (wie bei den in sich geschlossenen Kurven in Abbildung 6.14 und 6.15) nennt man dann einen Grenzzyklus, wenn sich eine willkürliche Anfangskonzentration zu einer immer gleichen Abfolge von Konzentrationen hinbewegt. Die Bewegung auf den Grenzzyklus zu entspricht der Induktionsperiode in der Abbildung 6.16. Die Fortbewegung um den Grenzzyklus herum entspricht den Oszillationen.

Chemisches Chaos

Eine der verblüffenden Entwicklungen der Naturwissenschaften in den letzten Jahren war die Entdeckung eines Systems von Differentialgleichungen, deren Lösungen von Natur aus das Chaos in sich tragen. Diese Entdeckung wäre nicht möglich gewesen vor der Entwicklung von Computern, die Lösungen von Differentialgleichungen aufspüren können, die außerhalb der Methoden der klassischen Analyse liegen. Es zeigt sich, daß man die Lösungen dieser Gleichungen, obwohl sie durch die Struktur der Gleichungen voll bestimmt sind, nicht vorhersagen kann. Die kinetischen Gleichungen, die wir betrachtet haben, bergen selbst schon solche Schätze, daß es uns nicht weiter wundern sollte, daß sie – oder leichte Abwandlungen von ihnen – chaotische Lösungen besitzen. Die Reaktion zeigt dann kein periodisches oszillatorisches Verhalten, sondern die Konzentrationen gehen in chaotische Schwankungen über,

6.19 Aufeinanderfolgende Periodenverdoppelungen können zum chemischen Chaos führen: Nach vielen solchen Verdoppelungen nimmt der Grenzzyklus eine Form an, aus der nicht mehr vorhersagbar ist, wie das System sich verhält.

und die Konzentrationen der Zwischenprodukte oszillieren mit unvorhersagbaren Amplituden und Frequenzen. Solch ein Verhalten kann im wörtlichen Sinn eine Sache auf Leben und Tod sein. Denn sollte der Herzschlag chaotisch werden und das Herz flimmern, kann das zum Tod führen. Im großen Maßstab betrachtet können ganze Volkswirtschaften (deren Waren- und Geldströme man auch mit Differentialgleichungen beschreiben kann) in ein revolutionäres Chaos stürzen.

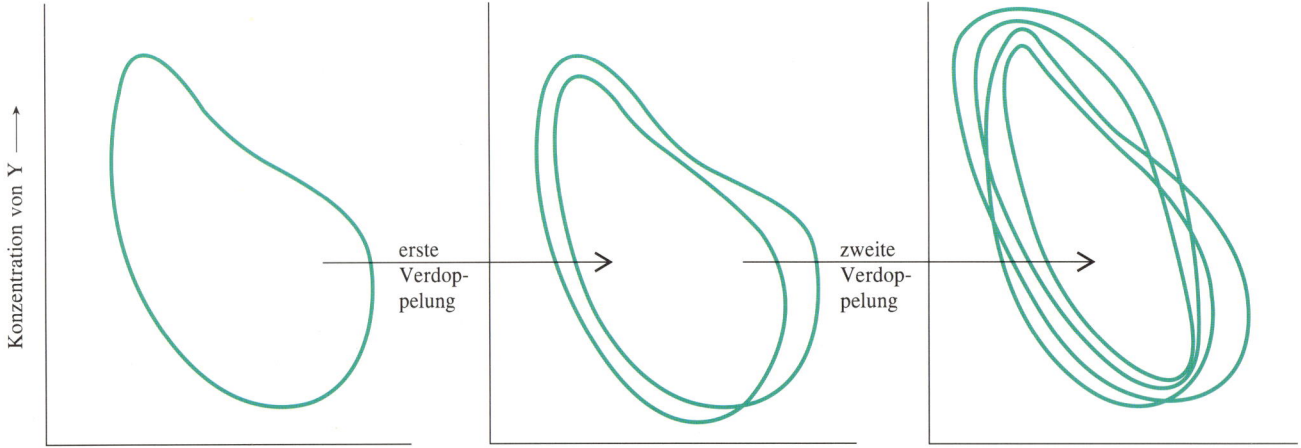

Konzentration von Y ⟶

Konzentration von X ⟶

erste Verdoppelung

zweite Verdoppelung

6.20 Die verwirbelte Rauchsäule, die von einer Kerzenflamme aufsteigt, ist ein chaotisches System, das man mit einem seltsamen Attraktor beschreiben kann.

Es gibt mehrere Wege, auf denen man eine Reaktion zu einem chaotischen Verhalten bringen und somit auch einen Herzinfarkt oder eine Revolution ganz ungefährlich im Reagenzglas simulieren kann. Es kann zum Beispiel in bestimmten Systemen der Fall sein, daß sich die Periode des Grenzzyklus beständig verdoppelt, wenn man einen Parameter (wie etwa die Fließgeschwindigkeit durch einen Reaktionskessel oder die Rührgeschwindigkeit) verändert, wie das die Abbildung 6.19 zeigt. Dann muß das System zweimal den Kreis durchlaufen, bevor die Konzentrationen wieder ein Wertepaar annehmen, das schon einmal vorlag. Ändert man den Parameter weiter, verdoppelt sich die Periode noch einmal, und der Grenzzyklus benötigt vier Umläufe, bis er sich wiederholt. Mit jeder Verdoppelung der Periode wird die Periodizität der Bewegung weniger offensichtlich. Schließlich erscheint sie als zufällige Schwankung.

Nach diesem langen Abschweifen zu den Reaktionen in Lösung kehren wir noch einmal kurz zu der Flamme zurück, von der diese Gedanken ausgingen. Denn ohne es zu wissen, führte Faraday in seinen Vorlesungen vor, was wir erst jetzt verstehen können: Eine flackernde Flamme und die sich aufwärts kräuselnde Rauchsäule befinden sich am Rande des Chaos. Die Differentialgleichungen, denen die Flamme und der aufsteigende Rauch folgen, sind kompliziert. Sie erfordern zu ihrer Beschreibung die Hydrodynamik geradeso wie die chemische Kinetik, aber ihre grundlegende Struktur ist eng verwandt mit den Differentialgleichungen, die wir bisher beschrieben haben. Der Übergang von der gleichmäßigen Verbrennung zur Turbulenz ist ein Zeichen dafür, daß in ihnen ein „seltsamer" Attraktor verborgen liegt, eine Kurve wie die in Abbildung 6.21, bei der das Verhalten der Reaktion fast völlig unvorhersagbar ist.

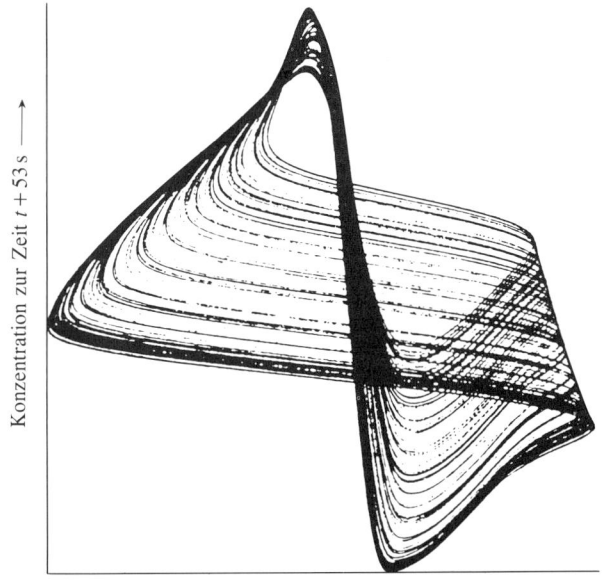

Konzentration zur Zeit $t + 53\,\mathrm{s}$ ⟶

Konzentration zur Zeit t ⟶

6.21 Das beginnende Chaos kann man noch auf eine andere Weise darstellen, indem man die Konzentration einer einzelnen Teilchenart zu verschiedenen Zeiten (die horizontale Achse) gegen die Konzentration zu einem bestimmten Zeitpunkt (in diesem Fall 53 Sekunden) nach diesen Zeiten aufträgt. Wäre die Reaktion periodisch, würde man eine einfache Kurve erhalten. Ist die Bewegung jedoch chaotisch, wird die Kurve sehr kompliziert. Diese Abbildung gibt die Konzentration der Br^--Ionen in der BZ-Reaktion wieder, nachdem die Reaktion zu chaotischem Verhalten veranlaßt wurde.

Muster und Fellzeichnungen

Zum Schluß gehen wir noch einen weiteren Schritt in Richtung Komplexität und betrachten die *räumliche* Struktur, die sich in ungerührten chemischen Reaktoren ausbilden kann. Hier kommen wir einem Verständnis derjenigen Reaktionen ganz nahe, die die charakteristischen Muster auf Tierfellen und Schmetterlingsflügeln entstehen lassen.

Periodische Muster im Raum kann man simulieren, wenn man die Wanderung der reagierenden Teilchen durch die Diffusion mit einbezieht. Wenn ein Reaktionsgefäß nicht gut durchmischt ist, kann eine Teilchenart in einer Ecke im Überfluß entstehen und sich dann durch die Diffusion in eine andere Ecke ausbreiten, wo sie durch die Reaktion mit einer Teilchenart verbraucht wird, die hier im Überfluß vorhanden ist. Mit dieser Ausbreitung von Material von einem Bereich in einen anderen kann man die hübschen Spiralen und Kreise erklären, die bei der BZ-Reaktion in einem ungerührten und deshalb räumlich inhomogenen Reaktionsgefäß entstehen. Beispielsweise ist in dieser Reaktion

167

die Konzentration der Br⁻-Ionen inhomogen, denn sie verändert sich sowohl durch Prozeß A als auch durch die Diffusion durch den Raum. Obwohl also in einem bestimmten Bereich Prozeß B die Oberhand über die BZ-Reaktion bekommt, kann in einem anderen Teil des Systems die Konzentration an Br⁻-Ionen noch hoch genug sein, damit Prozeß A das Kommando hat. Die Konzentration der Ce⁴⁺-Ionen, die in Prozeß C entstehen, ist ebenfalls inhomogen. Man kann sich also leicht vorstellen, daß sich ein komplexes *räumliches* Konzentrationsmuster (und vielleicht auch Farbmuster) bei der Reaktion ausbildet.

Die räumliche Inhomogenität gewisser Reaktionen ist für das Auftreten von Mustern auf Tierfellen verantwortlich. Das Muster auf dem Fell von Säugetieren entwickelt sich gegen Ende der Embryogenese, entsteht aber aus einem Muster, das schon viel früher angelegt wurde. Die „Leinwand", auf der das Muster später gemalt wird, besteht aus Zellen, die man Melanoblasten nennt. Sie wandern über den Embryo und werden zur gegebenen Zeit zu Melanocyten, den pigmentproduzierenden Zellen in der Epidermis. Die Melanocyten produzieren das komplizierte lichtabsorbierende Molekül Melanin, das eine dunkle Farbe ergibt. Das Melanin wandert anschließend vom Ort seiner Entstehung in der Haarwurzel in das Haar. Ob der Melanocyt Melanin produziert oder nicht, hängt von der Gegenwart einer bisher nicht identifizierten Verbindung ab. Die Diffusion dieser Verbindung schafft das Muster auf dem Fell des Tieres. Das Muster ist also im Grunde ein Indikator, der die zugrundeliegende, räumlich-periodische Verteilung eines Stoffwechselprodukts (der nicht identifizierten Verbindung) abbildet. Wie das Muster im einzelnen aussieht, hängt stark von der Form des Embryos ab, denn wie die Diffusion des Stoffwechselprodukts erfolgt, wird sehr empfindlich von der Geometrie des Bereichs beeinflußt, in dem es wandert.

6.22 Die komplizierten Muster auf Tierfellen sind die Folge von Reaktionen, die einen räumlich-periodischen Verlauf zeigen.

Die Abbildung 6.23 zeigt einige berechnete Muster für spitz zulaufende Zylinder (die als Modelle für Schwänze dienen) zusammen mit einigen Schwanzzeichnungen aus der Natur. Wie die Zeichnungen tatsächlich aussehen, bestimmt die Form des Schwanzes im Embryo und die Dehnung, die erfolgt, wenn sich der Embryo zum voll ausgewachsenen Tier entwickelt. So lassen sich die Zeichnungen auf dem Schwanz eines Leoparden damit erklären, daß sich ein reaktiv-diffusives System auf der Oberfläche eines kurzen, spitz zulaufenden Konus (diese Form hat der Schwanz eines Leopardenembryos) ausbildet, der anschließend zu einem fast gleichförmigen Zylinder ausgezogen wird. Die Punkte reichen bis fast zum Ende des Schwanzes, weil auf der spitz zulaufenden konischen Oberfläche Streifen nur ganz nahe an der Spitze auftreten.

6.23 Berechnete Muster für eine räumlich-periodische Reaktion, der eine Diffusion über die Oberfläche eines spitz zulaufenden Zylinders (oben) zugrunde liegt, sowie einige Zeichnungen von Tierschwänzen, wie sie in der Natur vorkommen (unten). Von links nach rechts: ausgewachsener Gepard (*Acinonyx jubatis*), ausgewachsener Jaguar (*Panthera onca*), ungeborene männliche Kleinfleck-Ginsterkatze (*Genetta genetta*), ausgewachsener Leopard (*Panthera pardus*). Der kleine Konus neben dem Leopardenschwanz zeigt die Schwanzform eines ungeborenen Leoparden.

Es gibt viele Reaktionen, die eine räumliche Periodizität zeigen: Es entwickelt sich Form, wo zuvor keine war. Die interessante Gemeinsamkeit dieser räumlichen Muster liegt darin, daß die Struktur als Folge (wie wir im dritten Kapitel sahen) des Sturzes ins Chaos auftaucht. Gerade so wie ein Wasserfall Wirbel und vorübergehende Muster bildet, verursachen chemische Reaktionen weitab vom Gleichgewicht ebenfalls Muster. Wir können deshalb diese Würdigung der Forschung, die vor mehr als einem Jahrhundert mit der Zusammenarbeit von Esson und Harcourt begann, beschließen, indem wir über die verwickelten Wirkungen staunen, die der globale Sturz ins Chaos hervorbringt. Mit seiner Nichtlinearität und seinen Rückkopplungsschleifen erzeugt der Zusammenbruch eine solche Komplexität, daß man leicht zu dem Gedanken verführt werden könnte, diese Komplexität wäre willentlich geschaffen.

Die Reise der Verwandlung

7

Und jetzt möchte ich Sie bitten, Ihre Aufmerksamkeit den Hilfsmitteln zu schenken, mit denen wir feststellen können, was in jedem Teil der Flamme geschieht; warum es geschieht; was es für Folgen hat; und vor allem, wohin die gesamte Kerze verschwindet.

MICHAEL FARADAY, Zweite Vorlesung

7.1 Das prächtige Netzwerk von Ereignissen in der belebten Natur, wie etwa das beim Keimen eines Samens, ist aus den Fäden einzelner Reaktionen gewirkt: Ein Atom ersetzt ein anderes, wird aus einem Molekül herausgestoßen oder lagert sich in einem Molekül um.

Eine Kerze, die anscheinend ruhig abbrennt, ist auf der Ebene der Atome im Zustand eines heftigen Umbruchs: Moleküle werden auseinandergerissen und neue Bindungen gebildet. In diesem Kapitel konzentrieren wir uns mehr auf die gewaltigen Veränderungen, die geschehen, wenn ein Molekül in ein anderes übergeht. Dabei werden wir die Einzelheiten dieser Ereignisse verstehen lernen. Wir werden weiterhin den Gegenstand, dem Faradays Interesse galt, verfolgen — wir werden jedoch erkennen, inwieweit das heutige Wissen Faradays Verständnis der Flamme, des Ursprungs und der Reaktionen des Brennstoffes und des anschließenden chemischen Schicksals des Kohlendioxids und der Verbindungen, die es bildet, übertrifft. Denn seit Faradays Zeit hat sich in unserem Verständnis eine Revolution ereignet: Unsere Vorstellungen gehen weit über die Beobachtung hinaus, daß zu Beginn der Reaktion die eine und an ihrem Ende die andere Substanz vorliegt. Wir können jetzt die Ereignisse veranschaulichen, die die Umwandlungen einzelner Moleküle begleiten — wenn etwa ein Atom entfernt und durch ein anderes ersetzt wird. Mit dem Wissen um diese Einzelheiten stellen wir uns die Moleküle nicht mehr als starre Einheiten und steife Strukturen vor. Wir sehen sie statt dessen als dynamische, lebendige, sich verändernde Teilchen, die die chemischen Persönlichkeiten der Atome zum Ausdruck bringen, aus denen sie aufgebaut sind.

Die Reaktionen in der Kerzenflamme sind vielfältig und kompliziert. Und noch vielfältiger und komplizierter sind die Reaktionen der Kohlenstoffatome, die aus dem Brennstoff freigesetzt werden. Vor allem, wenn die Photosynthese sie in die Biosphäre überführt: Leben ist praktisch endlose chemische Komplexität. Trotzdem kann man den wirren Knoten der Umwandlungen zertrennen und drei grundlegende Vorgänge identifizieren: Die *Eliminierung* eines Atoms aus einem Molekül, die *Addition* eines Atoms an ein Molekül und die *Umlagerung* der Atome eines Moleküls, die ohne Zugewinn oder Verlust von Atomen stattfindet. Alle drei Prozesse können auch mit ganzen Atom-

7.2 Die drei grundlegenden Reaktionsereignisse, die wir betrachten, sind die Eliminierung, also die Entfernung eines Atoms aus einem Molekül, die Addition, also die Anlagerung eines Atoms an ein Molekül, und die Umlagerung, also der Austausch von Atomen in einem Molekül.

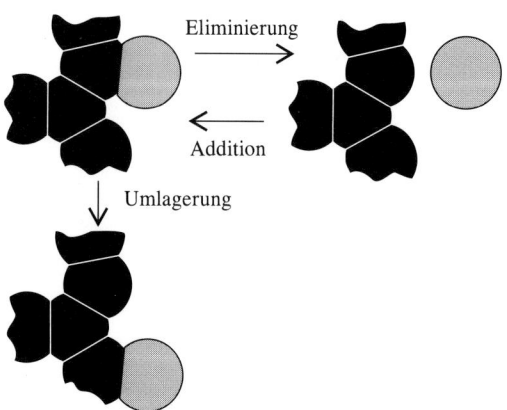

gruppen geschehen: So kann ein −Cl-Atom aus einem Molekül eliminiert und eine −NO$_2$-Gruppe an ein Molekül angefügt werden; eine −OH-Gruppe kann an einen neuen Platz innerhalb des Moleküls wandern.

Wie in einer Symphonie, die aus einzelnen Noten komponiert ist, können diese grundlegenden Prozesse nacheinander erfolgen (selten auch gleichzeitig). Die Folge, in der die einzelnen Prozesse ablaufen, nennt man den *Mechanismus* der Reaktion. Stellen wir uns zum Beispiel vor, daß in einer Flamme oder einer biologischen Zelle eine anfliegende Gruppe von Atomen ein Molekül angreift, eine bereits im Molekül vorhandene Gruppe herauswirft und an ihrer Stelle eine Bindung ausbildet. Bevor wir behaupten können, eine Reaktion vollständig zu verstehen, müssen wir unter anderem Fragen wie die folgenden beantworten: Bildet das angegriffene Molekül zu der anfliegenden Gruppe eine Bindung aus, bevor die zu ersetzende Gruppe eliminiert ist, gleichzeitig mit der Eliminierung oder erst nach abgeschlossener Eliminierung? Lagern sich Atome um? Wenn ja, wann im Verlauf der Reaktion findet dieser Vorgang statt?

Eine Reaktionsart, die *Substitution*, ist eine winzige chemische Symphonie, aus zwei Noten bestehend: Eine ist die Eliminierung, die zweite die Addition. Bei dem gesamten Vorgang wird ein Atom (oder eine Gruppe von Atomen) aus einem Molekül entfernt, und ein anderes nimmt seinen Platz ein. Eine der nützlichsten Substitutionsreaktionen ist der Ersatz eines Atoms in einem Molekül durch ein Kohlenstoffatom (zusammen mit den Atomen, die daran gebunden sind). Denn auf diese Weise kann man das Kohlenstoffskelett des Moleküls erweitern und allmählich ein kompliziertes Gerüst aufbauen. Auf genau diese Weise wuchsen die Kohlenstoffketten des Kerzenwachses in ihren lebenden Produzenten: Ein Atom nach dem anderen wurde angehängt. Und genau so kann ein Kohlenstoffatom im Kohlendioxid eines Tages wieder seine organische Rolle übernehmen, falls es abermals in die Biosphäre eintritt.

Eine Vorstellung davon, welch verwickelte Umwandlungen selbst in einer einfachen Reaktion vor sich gehen können, geben die Verzerrungen, die ein Kohlenwasserstoffmolekül erleidet, wenn es mit Ozon (O$_3$) reagiert. Diese Reaktion zerschneidet eine C=C-Doppelbindung und teilt ein Molekül entzwei. Sie läuft in der Atmosphäre ab, wo Fragmente unverbrannter Brennstoffe, die aus Kohlenwasserstoffen bestehen, durch vorhandenes Ozon sofort in kleinere Teile zerhackt werden. Die Doppelbindung wird allerdings nicht durch einen einzigen Hammerschlag eines auftreffenden Ozonmoleküls gespalten, sondern in einer ausgetüftelten Serie winziger Verschiebungen von Elektronen und Kernen. Die Reaktion mit Ozon ist insoweit typisch für viele chemische Reaktionen, als daß sich die Umwandlung in winzigen Schritten vollzieht. Bei jedem Ticken der Reaktionsuhr geschieht nur sehr wenig, aber die Gesamtwirkung kann eine umwälzende Strukturänderung sein.

Man nimmt an, daß sich im ersten Schritt der Reaktion zwei Moleküle zu einem Zwischenprodukt vereinigen. Das Ozonmolekül behält seine kettenähnliche Form, aber seine beiden äußeren Atome lagern sich an die beiden Kohlenstoffatome an, die ursprünglich die Doppelbindung bildeten:

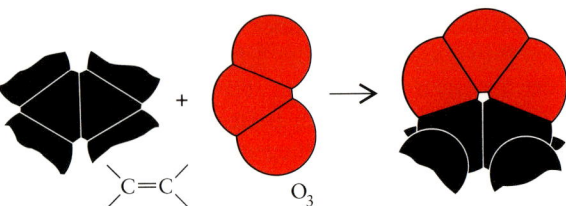

Diese Fünferringstruktur ist instabil und zerbricht, weil die Sauerstoffatome Elektronen von der gedehnten C—C-Bindung abziehen:

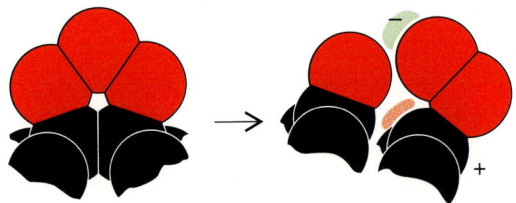

Im nächsten Schritt dreht sich eine der abgetrennten Hälften relativ zur anderen:

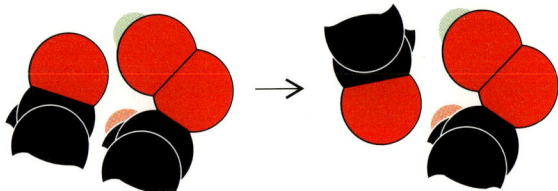

Jetzt müssen sich nur noch die Elektronen ein wenig umlagern, um ein Zwischenprodukt zu bilden, das tatsächlich isoliert wurde, ein „Ozonid":

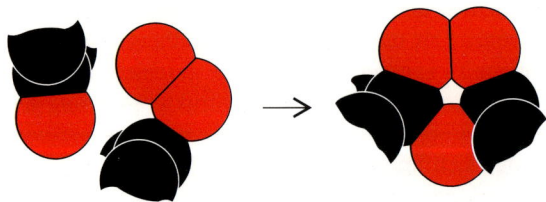

Auf dieser Stufe ersetzen zwei Sauerstoffbrücken die Doppelbindung, und die Kohlenstoffatome werden weit auseinandergehalten. Das Ozonid wird leicht gespalten: Ein einziger Zusammenstoß in der Atmosphäre kann die Brücken zerbrechen und das Molekül teilen.

Verschiedene Formen des Angriffs

Obwohl ein Kohlenstoffatom an nur drei grundlegenden Prozessen beteiligt ist, können diese Prozesse auf vielfältige Weise kombiniert ablaufen. Die Ausnutzung dieses Reichtums an Reaktionsmechanismen verleiht der Flamme ihre Kraft und dem Kohlenstoff seine strukturelle Vielfalt und reaktive Fruchtbarkeit. Viele Reaktionsmechanismen, über die der Kohlenstoff verfügt, sind auch die Ursache der Macht, die sich die Chemiker angeeignet haben, um die Materie zu manipulieren. Denn wenn sie mit dem Kohlenstoff und seinen Verbindungen zaubern, weben sie ein Netz von Umwandlungen aus diesen einfachen mechanistischen Bausteinen.

Wenn wir uns darüber klar werden, daß selbst der einfache Vorgang, eine Bindung zu Kohlenstoff zu brechen, auf drei verschiedene Arten vor sich gehen kann, können wir eine Vorstellung von den Möglichkeiten gewinnen, die in diesen Reaktionsmechanismen stecken. Zum Beispiel kann jedes Atom eines der beiden Elektronen, die die Bindung bildeten, bei sich behalten:

$$C-X \rightarrow C\bullet + \bullet X$$

Dieser Prozeß führt zu Radikalen und ist in der Flamme sehr verbreitet. Es kann aber auch eines der beiden Atome beide Elektronen in Beschlag nehmen und so entweder zu einem positiv geladenen Kohlenstoffteilchen werden, einem *Carbokation*:

$$C-X \rightarrow C^+ + :X^-$$

oder zu einem negativ geladenen Teilchen, einem *Carbanion*:

$$C-X \rightarrow C:^- + X^+$$

Weil die drei unterschiedlichen Typen von Kohlenstoffteilchen, die sich bilden können, deutlich verschieden reagieren, kann man ein bestimmtes Ergebnis dadurch erreichen, daß man es der Bindung erleichtert, in einer gewünschten Weise zu brechen. Wir müssen also verstehen, wodurch jede einzelne Art des Bindungsbruches begünstigt oder behindert wird. Denn dann werden wir begreifen können, wie sich die Symphonie der Umwandlung entwickelt, an der der Kohlenstoff teilnimmt. Wir werden sehen, daß sowohl der Charakter des Moleküls wie auch seine Umgebung mitbestimmen, welches

Ergebnis die Reaktion jeweils haben wird: natürliche Anlage (die molekulare Struktur) als auch die Umgebung (die Reaktionsbedingungen) entscheiden, wie Reaktionen verlaufen.

Zuerst müssen wir die Einflüsse der Umgebung und der Molekülstruktur begreifen, die einen Reaktionsablauf verändern und auf diese Weise auch zu unterschiedlichen Produkten führen können, damit wir die Persönlichkeit des Kohlenstoffes völlig verstehen können, der an diesen Reaktionen teilnimmt. In manchen Fällen ist das Molekül dem Angriff einer Gruppe von Atomen ausgesetzt, die sich ihm nähert. In anderen Fällen verzögert sich der Angriff so lange, bis der Abgang einer Gruppe das ursprüngliche Molekül in ein Ion verwandelt hat. Der Angriff kann sogar so lange ausbleiben, bis das Ion sich umgelagert hat. Gerade diese bühnenreife Entwicklung der Reaktionsschritte, dieser Aufbau der Partitur der Symphonie aus einer Handvoll Noten, macht den Reichtum der Natur aus. Weil diese Prozesse sorgfältig miteinander verknüpft sind, kann ein Blatt oder unser Körper sehr präzise den Aufbau neuer Moleküle aus alten kontrollieren.

Wann können wir zum Beispiel erwarten, daß eine Reaktion nach einem Radikalmechanismus abläuft, und wann können wir erwarten, daß stattdessen Carbokationen oder Carbanionen an ihr beteiligt sind? Wir haben im dritten Kapitel gesehen, daß ein polares Lösungsmittel die Auflösung eines ionischen Festkörpers dadurch begünstigt, daß es die Umgebung der Ionen im Kristall nachahmt und so die Tatsache verschleiert, daß die Ionen sich voneinander getrennt haben. Die Bildung von Carbokationen und Carbanionen ähnelt der Auflösung einer ionischen Verbindung, mit dem einzigen Unterschied, daß anstelle einer ionischen Verbindung, die in getrennte Ionen übergeht, eine kovalente Bindung in getrennte Ionen überführt wird. Wie bei einem echten Lösungsprozeß ist der Energieaufwand am geringsten, wenn das Lösungsmittel ein ionisches Medium nachahmt. Das kann es (zumindest teilweise), wenn es polar ist. Weil bei einem Gas diese Simulation nicht möglich ist – es gibt kein Lösungsmittel –, bleibt die Ionenbildung im Gaszustand ein Reaktionsweg, der sehr viel Energie erfordert und nur selten eintritt. In der höchst energiereichen Flamme einer intensiven Verbrennung, in deren Innern die Temperatur sehr hoch ist, steht allerdings genügend Energie zur Verfügung, um Ionen sowie Radikale zu produzieren. Trotzdem verlaufen die meisten Reaktionen im Gasraum einer normalen Flamme über Radikale.

Die einleitende Bildung von ionischen Teilchen geschieht normalerweise dann, wenn das Kohlenstoffatom Bestandteil eines organischen Moleküls in der wäßrigen Umgebung einer lebenden Zelle geworden ist. In gewissem Maße kann Wasser andere Ionen gut ersetzen. Durch seine ausgeprägte Fähigkeit, geladene Teilchen zu hydratisieren, erleichtert es die Bildung von Ionen. Auf diese vielfältige Reaktionsumgebung werden wir uns in diesem Kapitel konzentrieren, denn hier spielt der Kohlenstoff seine Virtuosität am klarsten aus. Wir wollen von vornherein klarstellen, daß die Reaktionen der Kohlenstoffverbindungen in lebenden Zellen sehr verwickelt sind und eine zu spezielle Abhandlung entstünde, wenn wir auch nur eine im Detail beleuchten wollten. Beispiele für solche Reaktionen sind die Photosynthese oder der Metabolismus, der zu Naturprodukten wie dem Bienenwachs und dem Walrat führt, die Faraday benutzte. Stattdessen werden die folgenden Seiten einige Einzelschritte erläutern, die in lebenden Zellen und in den Laborversionen gewisser Reaktionstypen ablaufen können. Wir werden einige Bausteine der Umwandlungen behandeln: die einzelnen Noten (und manchmal einen ganzen Takt) aus der Symphonie der Umwandlung, aber nicht das ganze Konzert.

Elektrophile und Nucleophile

Oft hängt das Ergebnis einer Reaktion von dem Ort in dem Molekül ab, an dem eine eintretende Atomgruppe angreift. Diese eintretende Gruppe kann zum Beispiel ein *Elektrophil* sein. Das ist eine Gruppe, die sich – weil sie vielleicht eine positive Ladung trägt – besonders elektronenreiche Stellen aussucht. Eine Doppelbindung in einem organischen Molekül stellt einen solchen elektronenreichen Ort dar, den sich ein Elektrophil für einen Angriff aussuchen könnte. Halten sich andererseits in einem Bereich des Moleküls besonders wenig Elektronen auf, so daß die positive Ladung eines Atomkernes durchscheint wie die Sonne durch einen Nebelschleier, dann kann das eine Stelle sein, die sich ein *Nucleophil* für seinen Angriff auswählt. Ein Nucleophil ist ein Teilchen, das den Atomkern (den Nucleus) sucht. Eine geringfügige Anhäufung von Elektronen an einem Ort kann sicherstellen, daß genau da ein Elektrophil angreift. Wird der Schleier von Elektronen an einer anderen Stelle gelüftet, kann die entblößte Kernladung wie ein Köder ein heranfliegendes Nucleophil anlocken.

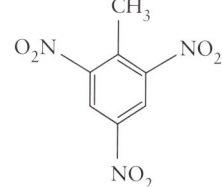

Elektrophile tragen oft eine positive Ladung, denn eine positive Ladung sucht sich Bereiche mit hoher Elektronendichte aus. Ein Beispiel ist das NO_2^+-Ion, das die Chemiker manchmal einsetzen, wenn sie eine C—N-Bindung knüpfen wollen. So auch bei der Herstellung des hochexplosiven Trinitrotoluols (TNT): Die positive Ladung des NO_2^+-Ions sucht sich Bereiche hoher Elektronendichte im Toluolmolekül. Aber die Natur hat großes Fingerspitzengefühl, und so muß ein Elektrophil nicht unbedingt positiv geladen sein. Auch das ungeladene Brommolekül (Br_2) gehört zu den Elektrophilen. Die äußersten der 35 Elektronen eines Bromatoms hält der Atomkern nur noch schwach fest, weil er tief unter den voll besetzten Schalen verborgen ist. Deshalb sind die äußersten Elektronen eines Brommoleküls einigermaßen beweglich und können der Nähe einer großen Elektronendichte ausweichen. Auf diese Weise schmiedet der Bereich hoher Elektronendichte eines Moleküls, an dem der Angriff erfolgt, selbst die Waffen, mit denen er geschlagen wird.

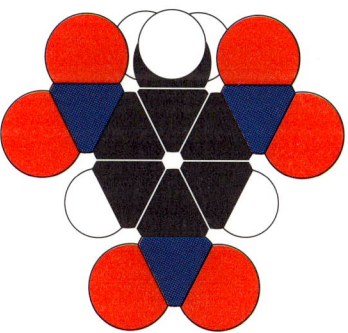

Trinitrotoluol

Das Elektrophil *par excellence* ist das Proton: Weil es so klein ist, kann es sich in die winzigsten Spalten von Molekülen zwängen und sich beinahe an

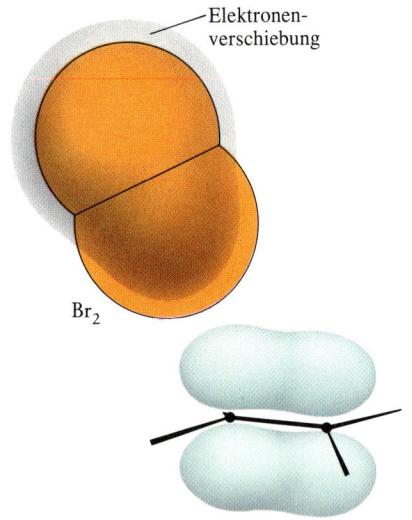

Elektronen-
verschiebung

Br$_2$

7.3 Nähert sich ein Brommolekül einem Mole-külbereich, in dem die Elektronendichte groß ist, dann werden seine Elektronen von der Frontseite nach hinten weggedrückt (weil gleichnamige Ladungen sich abstoßen). So kommt die positive Ladung des Brom-Atom-kernes zum Vorschein. Die elektronenreiche Doppelbindung zieht die freigelegte positive Ladung des Kernes an.

jedes beliebige Atom anlagern (ganz besonders an Sauerstoff- und Stickstoff-atome, die einsame Elektronenpaare zur Verfügung stellen). Das Proton spielt eine ganz besondere Rolle, weil es sich an fast jedes Molekül anlagern kann. Dadurch zwingt es die Elektronen des Moleküls, sich umzuordnen und macht das Molekül empfindlich für einen weiteren Angriff oder leitet eine Umlage-rung seiner Atome ein. Das Proton ist *das* Reagens, um Reaktionen zu er-möglichen – der Schlüssel, der die Tür zur Umwandlung öffnet. Das ist einer der Gründe, warum eine konstante Säurestärke in unseren Körperflüssigkeiten – vor allem im Blut – so lebenswichtig für die Gesundheit ist. Denn die Re-aktionen, die das Leben ausmachen, hängen empfindlich von der Verfügbar-keit oder dem Ausschluß von Protonen ab. Ihre Abwesenheit oder ihr unange-messener Überschuß kann Reaktionsfolgen einleiten, die wir als Krankheit oder Tod diagnostizieren.

Geradeso wie ein Elektrophil nicht unbedingt ein positiv geladenes Teilchen sein muß, muß auch ein Nucleophil nicht notwendig ein negativ geladenes Teilchen sein. Allerdings macht eine negative Ladung den Angriff eines Nu-cleophils noch wirkungsvoller, und einige der besten Nucleophile tragen eine negative Ladung, wie etwa das Hydroxidion (OH^-). Dieses Ion bildet durch seinen Angriff C—O-Bindungen aus, beispielsweise wenn Kohlendioxid sich in Wasser löst und Kohlensäure entsteht.

Eliminierungsreaktionen

Auch wenn wir eine Reaktion in drei grundlegende Vorgänge zerlegen kön-nen, ist jeder dieser Vorgänge selbst wieder eine zusammengesetzte und mög-licherweise komplizierte Abfolge von Ereignissen. Betrachten wir zum Bei-spiel ein besonders einfaches Ereignis, die Eliminierung von zwei Atomen von benachbarten Kohlenstoffatomen und ihren Ersatz durch eine Kohlen-stoff-Kohlenstoff-Doppelbindung:

$$\begin{array}{ccc} \overset{\displaystyle H}{\underset{\displaystyle |}{|}} & \overset{\displaystyle X}{\underset{\displaystyle |}{|}} & \\ -C-C- & \longrightarrow & -C=C- \ + \ H-X \end{array}$$

Diese Reaktion bezeichnet man als „1,2-Eliminierung". Die beiden Zahlen deuten an, daß die Atome von nebeneinander liegenden Atomen entfernt wurden.

Es gibt mehrere Gründe, warum es für ein Enzym (oder für einen Chemiker) günstig sein kann, eine Doppelbindung in ein Molekül einzuführen. Eine Doppelbindung schafft ein Zentrum erhöhter Elektronendichte, an dem ein elektrophiler Angriff in einer anschließenden Reaktion erfolgen kann. Zudem verleiht sie dem Molekül eine mechanische Starrheit, die es nicht besitzt, wenn die Atome durch Einfachbindungen miteinander verknüpft sind. Ist ein Molekülteil über eine Einfachbindung angehängt, kann er sich relativ zu einem anderen Molekülteil drehen. Das ist nicht mehr möglich, wenn die Einfachbindung durch eine Doppelbindung ersetzt ist. Denn eine Doppelbindung unterbindet eine Drehbewegung. Moleküle, die gegen Verdrehung steif sind, haben üblicherweise andere physikalische Eigenschaften als bewegliche Moleküle. Sie können auch anders reagieren. Einer der physikalischen Unterschiede besteht darin, daß große Moleküle mit Doppelbindungen strukturell weniger biegsam sind als solche mit Einfachbindungen und sich deshalb schlechter aneinanderschmiegen. Aus diesem Grund sind langkettige Ester mit mehreren Doppelbindungen Öle, während ihre gleichlangen Verwandten, die weniger Doppelbindungen oder nur Einfachbindungen enthalten, die festen Fette oder Wachse bilden, aus denen Faradays Kerzen hergestellt wurden.

7.4 Die Margarineindustrie kann die Konsistenz ihrer Produkte dadurch beeinflussen, daß sie die Anzahl der Doppelbindungen in den Substanzen festlegt, die sie herstellt. Ersetzt man die Doppelbindungen in den Kohlenwasserstoffresten der Moleküle, aus denen sich das Öl zusammensetzt (oben), durch Einfachbindungen, passen sich die Moleküle in ihrer Form besser aneinander an. Als Ergebnis erhält man ein festes Fett.

Um den Mechanismus der Eliminierungsreaktion zu untersuchen, werden wir uns zwei Extremfälle ansehen. Zuerst betrachten wir eine „E1-Reaktion". Bei dieser Reaktion ist nur ein Molekül (deshalb die Ziffer 1) am geschwindigkeitsbestimmenden Schritt der Reaktion beteiligt. Wenn wir uns klar machen wollen, was bei einer E1-Reaktion passiert, sollten wir uns als ersten Schritt vorstellen, daß das Molekül ein Carbokation bildet, indem es zerfällt:

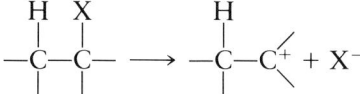

Diese Dissoziation verläuft üblicherweise langsam, weil eine beträchtlicher Energieeinsatz nötig ist, bis sie möglich wird. Wie wir schon früher festgestellt haben, kann der Energieeinsatz verringert und der Schritt begünstigt werden, wenn man ein Lösungsmittel benutzt, das stark polar ist.

Auch die Struktur des Moleküls bestimmt mit darüber, ob ein Carbokation entstehen kann. Die positive Ladung des Carbokations sitzt formal auf dem Kohlenstoffatom, an dem die Gruppe abgespalten wurde. Dadurch zieht dieses Atom die Elektronen an, die im Molekül zurückbleiben — es ist gewissermaßen der Ausgangspunkt eines elektrostatischen Stresses. Wenn Elektronen in der Nachbarschaft des C^+-Zentrums zur positiven Ladung hinwandern können, schwächt sich der Streß teilweise ab. Eine Gruppe in der Nähe, die je nach Bedarf des C^+-Zentrums Elektronen abgeben kann, wird folglich die Bildung eines Carbokations erleichtern. Kohlenwasserstoffgruppen eignen sich zu diesem Zweck, denn sie sind einigermaßen elektronenreich und enthalten keine elektronegativen Atome, die um die Elektronen konkurrieren.

Sobald sich das Carbokation gebildet hat und die Abgangsgruppe ein Stück weggediffundiert ist, kann der zweite Reaktant — der normalerweise eine Lewis-Base ist — eintreten und den Angriff abschließen. Sein Elektronenpaar richtet sich auf das Wasserstoffatom an dem Kohlenstoffatom, das sich neben dem

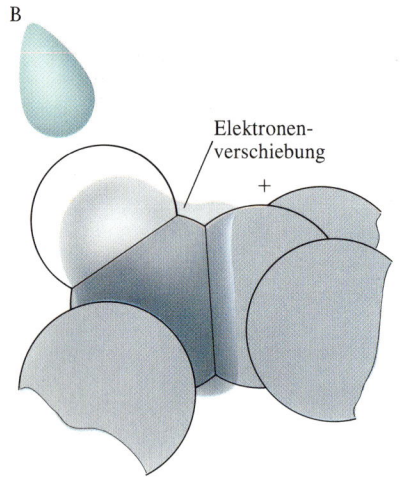

7.5 Das Wasserstoffatom an einem Kohlenstoffatom zieht das Elektronenpaar einer Lewis-Base an, weil die Kernladung des Wasserstoffes exponiert wurde. Da die C—H-Bindung geschwächt wurde, kann die angreifende Base das Proton mit sich nehmen.

Zentrum der positiven Ladung befindet. Dies ist der Fall, weil die positive Ladung Elektronendichte vom Wasserstoffatom abzieht und dadurch seinen Anteil am bindenden Elektronenpaar verringert. Damit schimmert die Ladung des Protons durch den dünnen Nebelschleier der Elektronen hindurch und liefert das Proton dem Angriff aus. Weil das Elektronenpaar sich vom Wasserstoffatom entfernt hat, ist überdies die Kohlenstoff-Wasserstoff-Bindung geschwächt worden – das Wasserstoffatom ist reif für die Ernte. (Die angreifende Gruppe nähert sich auch dem positiv geladenen Kohlenstoffatom, und somit konkurriert eine Substitutionsreaktion der Art, wie wir sie später beschreiben werden: Chemische Reaktionen, besonders die komplizierten Reaktionen der organischen Chemie, liefern selten ein einziges Produkt mit 100 prozentiger Ausbeute.)

Die Lewis-Base :B trifft wie eine ferngelenkte Rakete das teilweise positiv geladene Wasserstoffatom, spießt es mit ihrem Elektronenpaar auf, entfernt es als H—B und läßt das Elektronenpaar zurück, das ursprünglich das Wasserstoffatom im alleinigen Besitz des Carbokations hielt. Das Wasserstoffatom, das als Proton das Molekül verlassen hat, hat eine positive Ladung mitgenommen, so daß aus dem Carbokation nun wieder ein neutrales Teilchen geworden ist. Das im Stich gelassene einsame Elektronenpaar kann sich jetzt zwischen die beiden Kohlenstoffatome bewegen und damit die zweite Komponente einer Doppelbindung bilden.

Die Ereignisse, die wir eben nacheinander beschrieben haben, laufen praktisch gleichzeitig ab. Sobald sich das Carbokation gebildet hat – das ist der Bergauf-Weg der Reaktion und der Schritt, der die Gesamtgeschwindigkeit bestimmt – kann die Lewis-Base sich sehr rasch nähern, gelotst von der positiven Ladung des Carbokations. In dem Moment, in dem das Proton sich entfernt, rutscht das Elektronenpaar, das es am Kohlenstoffatom festgehalten hat, in seine Position und übernimmt seine neue Aufgabe. Sie besteht darin, als ein Bestandteil einer Doppelbindung die beiden Kohlenstoffatome zu verbinden:

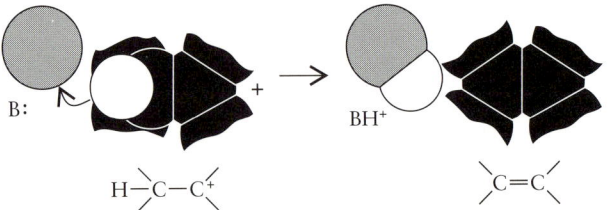

Als nächstes untersuchen wir, wie eine Eliminierungsreaktion vor sich gehen kann, wenn ein Teilchen nur sehr zögerlich dissoziiert; entweder, weil es kein Elektronenreservoir im Molekül gibt, das man anzapfen kann – so daß das Carbokation selbst nicht sehr stabil ist –, oder weil das Reaktionsmedium für ionische Teilchen ungastlich ist. Es kann immer noch eine Eliminierungsreaktion stattfinden, aber ihr Mechanismus ähnelt eher einer „E2-Reaktion", an der sich *beide* Moleküle gleichzeitig beteiligen und einen rasch vergänglichen Cluster von Atomen bilden. In dem Fall verläßt die Abgangsgruppe das Molekül in der Zeit, in der das Proton vom benachbarten Kohlenstoffatom entfernt wird. Es bildet sich zu keinem Zeitpunkt ein selbständiges Carbokation.

Wir sollten uns die Bildung der Produkte aus den Reaktanten als einen einzigen, gleitenden Prozeß über die ganze Reaktion hinweg vorstellen, bei dem die Elektronen sich an die Veränderungen, die durch das Herausreißen des Protons und die Vertreibung der anderen Gruppe eintreten, fließend anpassen. Wir könnten uns das einsame Elektronenpaar der angreifenden Lewis-Base wie einen Rammbock vorstellen, der die Elektronen durch das ganze Molekül hindurchtreibt, bis sie auf einem X⁻-Ion entkommen:

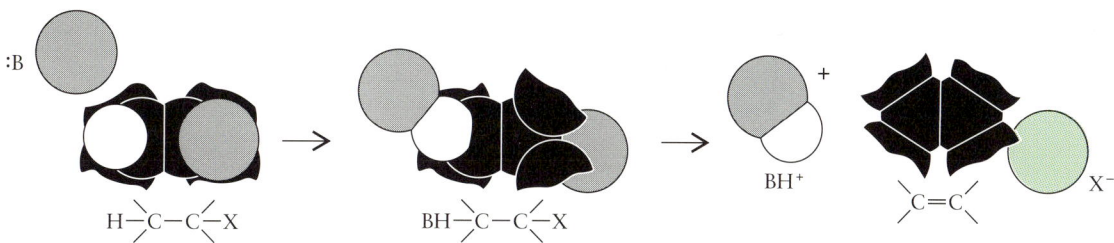

Die stereochemischen Konsequenzen von Eliminierungen

Die E1- und E2-Mechanismen sind mögliche Wege, die von den Reaktanten zu den Produkten führen – genauso wie jene Mechanismen mit leicht abgewandelten Choreographien, die zwischen diesen beiden Extremen liegen. Auf den ersten Blick würde man für beide Wege die gleichen Produkte erwarten. Aber die Chemie ist keine Wissenschaft, in der man mit einem flüchtigen Hinschauen Erfolg hat. Es gibt tatsächlich einen wesentlichen Unterschied zwischen den Produkten, die auf verschiedenen Reaktionswegen entstanden sind. Die Produkte unterscheiden sich vor allem in ihrer Stereochemie – der räumlichen Anordnung der Atome.

Nehmen wir an, wir gehen von dem Molekül aus, das in Abbildung 7.6 dargestellt ist: Hier können die zwei Produkte (a) und (b) entstehen. Diese kann man jedoch nicht durch eine Drehung ineinander überführen, weil die Doppelbindung sie steif macht. Eines der Produkte erhält man, wenn sich vor der Ausbildung der Doppelbindung die beiden Molekülteile in einer der beiden Möglichkeiten zueinander anordnen und dann in dieser Orientierung durch die neu entstehende, nicht drehbare Doppelbindung fixiert werden. Das andere

Produkte erhält man, wenn vor der Ausbildung der Doppelbindung die beiden Molekülteile die andere mögliche Orientierung zueinander einnehmen. Solch eine stereochemische Spezifität kann sehr weitreichende Konsequenzen nach sich ziehen: Eines der tragischsten Beispiele liefert das Medikament Thalidomid, bekannter unter dem Handelsnamen „Contergan". Es tritt in zwei Formen auf, die sich wie Bild und Spiegelbild zueinander verhalten. Das Handelsprodukt bestand aus einer Mischung der beiden Formen, von denen die eine angeborene Mißbildungen verursacht. Wäre bei der Herstellung nur die unschädliche Form entstanden, wären viele tragische Schicksale vermieden worden.

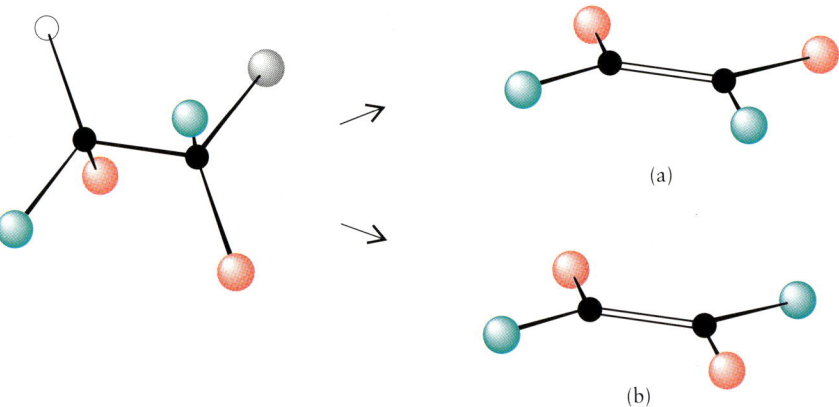

7.6 Wird ein HX-Molekül aus dem links abgebildeten Molekül eliminiert, können zwei Produkte entstehen. Man kann die Produkte nicht durch Drehung ineinander überführen, weil die Doppelbindung nicht frei drehbar ist.

(a)

(b)

In einer E1-Reaktion bildet sich das Carbokation, bevor sich die Doppelbindung entwickeln kann, denn das Proton auf dem benachbarten Kohlenstoffatom verhindert wie eine Heftnadel die Verschiebung der Elektronen. So bleibt das C^+-Ende des Moleküls um die Einfachbindung frei drehbar. Entfernt man die „Nadel", entsteht rasch die Doppelbindung und die in diesem Augenblick vorliegende Orientierung des C^+-Ions wird eingefroren. Weil sich die Doppelbindung zu jedem Zeitpunkt bilden kann, erhält man eine Mischung, die beide Produkte zu gleichen Teilen enthält.

Das Resultat einer E2-Reaktion sieht ganz anders aus, denn der eine der beiden möglichen kurzzeitig existierenden Cluster von Atomen bildet sich entschieden leichter als der andere. Es hat sich herausgestellt, daß die Abgangsgruppe X^- den Komplex im allgemeinen auf der *Unterseite* des Moleküls verläßt; das ist die Seite, die vom Angriff der Lewis-Base abgewandt ist. Das Wasserstoffatom und die austretende Gruppe entfernen sich also in entgegengesetzte Richtungen, wie es die obere Illustration in Abbildung 7.8 darstellt. Dies hat zur Folge, daß sich nur eines von zwei möglichen Produkten bildet, nämlich Produkt (a).

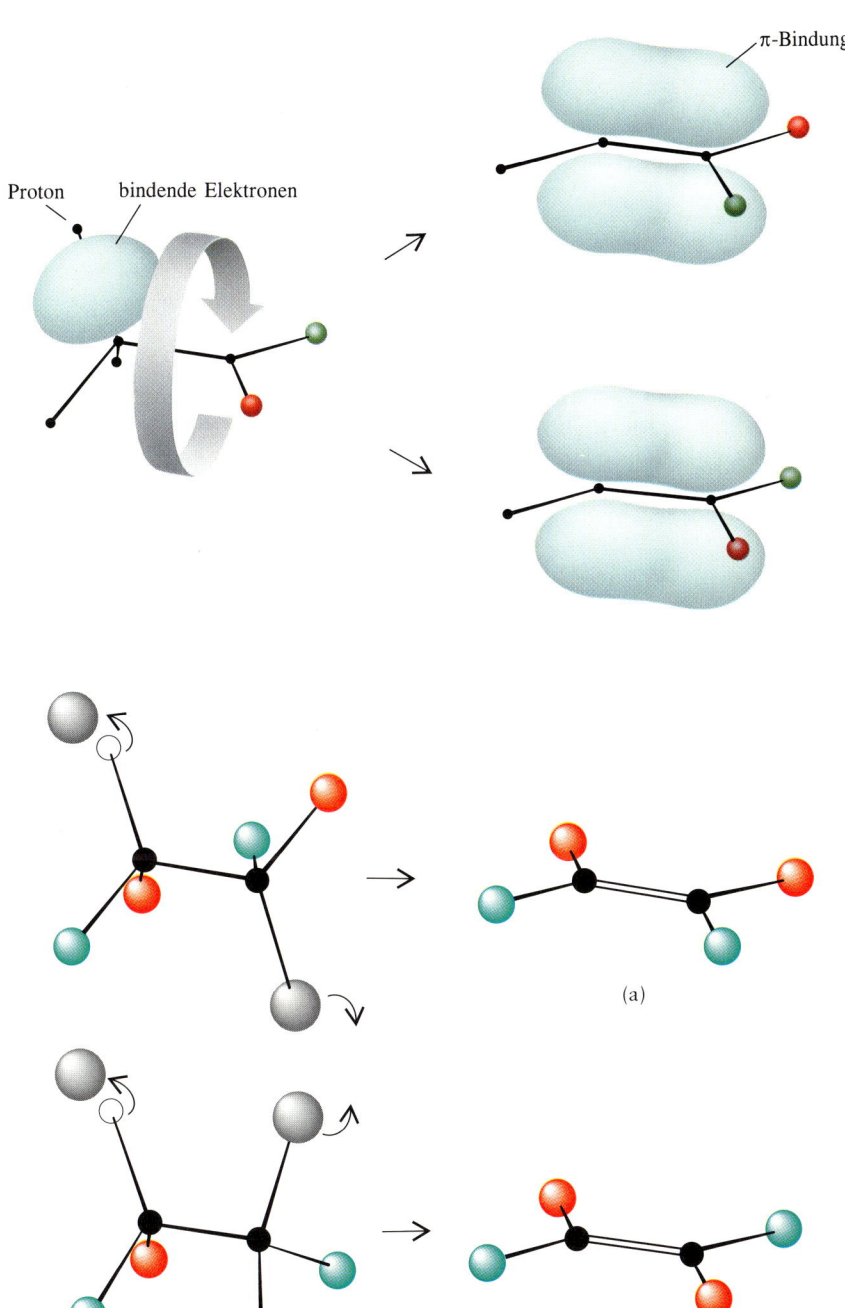

π-Bindung

Proton   bindende Elektronen

7.7 Solange in dem Zwischenprodukt einer E1-Reaktion das Proton anwesend ist und verhindert, daß Elektronen den Bereich der Bindung überfluten, kann der andere Molekülteil sich frei um die Bindung drehen. Sobald das Proton das Molekül verläßt, können Elektronen in den Bindungsbereich fließen und die zweite Komponente der Doppelbindung bilden. Das Molekül bleibt dann in seiner momentanen Orientierung gefangen.

(a)

(b)

7.8 Das Produkt einer E2-Reaktion hängt davon ab, welche Orientierung die Atome zueinander einnehmen, die das Molekül verlassen. Entfernen sie sich von entgegengesetzten Seiten des Moleküls (oben), erhält man Produkt (a). Ein anderes Produkt (b) entsteht dann, wenn sie sich von der gleichen Seite des Moleküls entfernen (unten).

183

Additionsreaktionen

Wir wenden uns nun der Umkehrreaktion der Eliminierung zu, der Addition an eine Doppelbindung:

$$X-Y + \;\; \begin{matrix} \diagdown \\ \diagup \end{matrix}C=C\begin{matrix} \diagup \\ \diagdown \end{matrix} \;\; \longrightarrow \;\; \overset{X \quad Y}{-C-C-}$$

Eine Doppelbindung ist die Narbe, die zurückbleibt, nachdem einem Molekül ein Paar benachbarter Atome in einer 1,2-Eliminierung entrissen wurden. Weil diese Narbe ein elektronenreicher Molekülteil ist, kann sie als Ziel für eine elektrophile Addition dienen, bei der die Doppelbindung aufgebrochen wird und an ihrer Stelle zwei Atome angefügt werden. Es sollte leicht zu verstehen sein, daß man durch eine wohlüberlegte Folge von Eliminierung und Addition die folgende Gesamtreaktion erzielen kann:

$$\overset{H \quad X}{-C-C-} \;\; \xrightarrow{-HX} \;\; \begin{matrix} \diagdown \\ \diagup \end{matrix}C=C\begin{matrix} \diagup \\ \diagdown \end{matrix} \;\; \xrightarrow{YZ} \;\; \overset{Y \quad Z}{-C-C-}$$

Auf diese Weise können zwei Reaktionen, die man nacheinander ausführt, ein Molekül beträchtlich verändern.

Bemerkenswert an einer Additionsreaktion ist der Einfluß, den das Medium auf die Stereochemie des Produkts ausüben kann. Zur Verdeutlichung betrachten wir eine Reaktion, bei der sich Brom an benachbarte Kohlenstoffatome addiert:

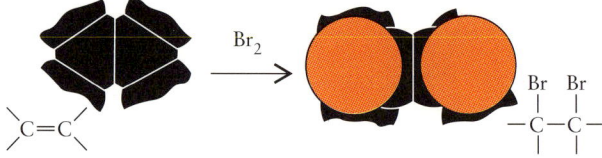

Die Addition von Bromatomen an ein organisches Molekül bietet eine Möglichkeit, das Molekül für einen weiteren Angriff zu sensibilisieren und es so zu einem Reaktanten für einen nachfolgenden Schritt in einem größeren Reaktionsschema zu machen. Die Reaktion spielt keine Rolle in lebenden Systemen, weil Brommoleküle nicht natürlich vorkommen. Sie wird jedoch in der chemischen Industrie als Sprungbrett für den Aufbau komplizierter Moleküle benutzt. Erstaunlicherweise führt die Addition von Brom nicht zu dem Produkt (a), das entstehen würde, wenn die beiden Atome die Doppelbindung von derselben Seite angreifen: Man kann die entstehende Stereochemie nur damit erklären, daß sich die Atome dem Molekül von entgegengesetzten Seiten der Molekülebene nähern.

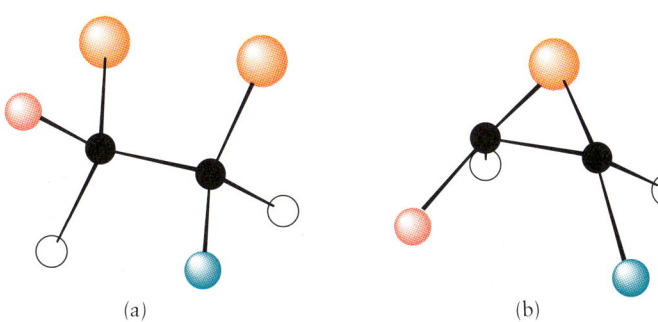
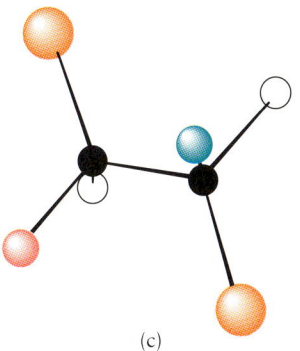

(a)   (b)   (c)

Der folgende Mechanismus verträgt sich mit dieser Beobachtung: Ein Br_2-Molekül wirkt als ein Elektrophil und greift den Bereich großer Elektronendichte an der Doppelbindung an. In dem Maße, wie die Elektronen im Brommolekül sich vom vorderen Bromatom zurückziehen, dehnt sich die Br—Br-Bindung und das hintere Bromatom bricht ab. Dabei nimmt es das bindende Elektronenpaar mit. Das entstandene organische Molekül hat das vordere Bromatom eingefangen (als ein Br^+-Ion), und das Teilchen (b) hat sich ge-

7.9 Würde sich ein Brommolekül direkt an eine Doppelbindung addieren, entstünde ein Molekül mit der in (a) gezeigten Struktur. Weil aber die Bildung des Zwischenprodukts (b) eine Seite des Moleküls gegen einen Angriff schützt, ist das Reaktionsprodukt in Wirklichkeit das Molekül (c). Obwohl eine Gruppe von Atomen sich relativ zur anderen um die C—C-Bindung drehen kann, erhält man durch Rotation von (c) niemals (a).

7.10 Das rotbraune, flüssige Element Brom entsteht bei der Oxidation einer wäßrigen Lösung von Bromidionen (Br^-) durch Chlorgas. Man setzt es in der industriellen Chemie in einer Vielzahl von Synthesen ein, weil die Anwesenheit eines Bromatoms ein organisches Molekül für einen weiteren Angriff empfindlich macht.

bildet. Das brückenbildende Bromatom schützt das Kation auf der Seite, auf der es sich befindet, gegen einen Angriff des Br^--Ions. Findet dieser Angriff schließlich statt, heftet sich das Bromatom an die Seite des Moleküls, die dem bereits anwesenden Bromatom gegenüberliegt. Damit entsteht fast ausschließlich (c).

Substitutionsreaktionen

In einer Substitutionsreaktion wird ein Atom in einem Molekül durch ein anderes ersetzt:

$$C-X + Y \rightarrow X + C-Y$$

Substitutionsreaktionen sind gängige Prozesse, die zur Ausbildung einer Vielzahl von Kohlenstoff-Element-Bindungen führen und damit für den Aufbau von immer komplizierteren Molekülstrukturen verwendet werden. Zum Beispiel kann ein CN^--Ion an einer Substitutionsreaktion teilnehmen

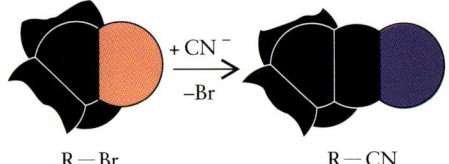

und so eine weitere C—C-Verknüpfung schaffen.

Wir werden unsere Aufmerksamkeit in diesem Teil der Betrachtung auf nucleophile Substitutionen beschränken, aber später auch zu anderen Typen (besonders den elektrophilen Substitutionen) übergehen. Alle diese Reaktionsmechanismen können wir mit S_N bezeichnen, wobei S für Substitution steht und N für nucleophil. Als die mechanistische organische Chemie sich in der ersten Hälfte dieses Jahrhunderts mit den Reaktionsmechanismen zu beschäftigen begann, erkannte man zwei grundsätzliche Arten nucleophiler Substitution: unimolekulare und bimolekulare Substitution. Sie wurden inzwischen modifiziert, aber sie werden uns als eine Einführung dienen, damit wir uns die Vorgänge veranschaulichen können, die bei solchen Reaktionen ablaufen. Wir werden – wie schon bei der Diskussion der Eliminierungs- und Additionsreaktionen – sehen, daß jede Klasse besondere stereochemische Konsequenzen mit sich bringt. So lernen wir, wann wir den einen Reaktionsweg vermeiden und wie wir einen anderen begünstigen müssen, um zu Produkten mit unterschiedlichen Eigenschaften zu gelangen.

Eine Art des Angriffs, die wir betrachten wollen, wird mit S_N1 bezeichnet (heute vorsichtiger „S_N1-Grenzfall" genannt). Sie beginnt in der gleichen

Weise wie die analoge E1-Eliminierung. Darin liegt auch der Grund, daß Eliminierungen oft die Durchführung von Substitutionen erschweren, denn sie laufen gemeinsam mit ihnen ab. Der langsame Schritt zu Beginn ist der Abgang einer Gruppe, die ein Carbokation zurückläßt:

$$R-X \rightarrow R^+ + X^-$$

Sobald das Carbokation entstanden ist und sich die Abgangsgruppe aus dessen Nachbarschaft entfernt hat, kann das Nucleophil eintreten und den Angriff abschließen. Es kann sich von beiden Seiten der Molekülebene nähern und so zu einem der beiden Produkte führen, die in Abbildung 7.11 mit (a) und (b) bezeichnet sind. Sie entstehen in etwa gleichen Mengen.

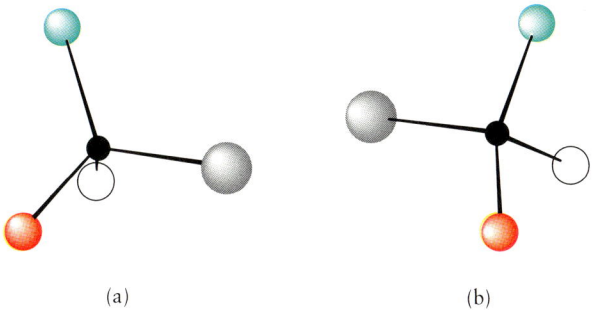

(a)   (b)

7.11 Das Carbokation-Zwischenprodukt in einer S_N1-Reaktion ist planar und kann von beiden Seiten der Molekülebene angegriffen werden. Als Folge davon entstehen die Produkte (a) und (b) in fast gleichen Mengen, wenn sich die graue Gruppe an das Zwischenprodukt anlagert.

Die zweite Art des Angriffs, die wir nun betrachten, ist davon ganz verschieden. Bei ihr bewegen sich die eintretende und die austretende Gruppe *konzertiert*. Die neue Bindung bildet sich in dem Maße, wie die alte sich löst. Man bezeichnet den Mechanismus mit S_N2, weil sich (wie in der analogen E2-Reaktion) zwei Moleküle – das vorliegende Molekül und das eintretende Nucleophil – an dem geschwindigkeitsbestimmenden Schritt beteiligen.

Ein Hauptunterschied zwischen einer S_N1- und einer S_N2-Reaktion besteht darin, daß in der letzteren eine wirkungsvolle Kontrolle über das stereochemische Ergebnis der Reaktion ausgeübt werden kann. Denn wenn die eintretende Gruppe Bestandteil des Moleküls wird und die Abgangsgruppe sich entfernt, kehrt sich das Molekül um wie ein Regenschirm, den der Wind umstülpt. Setzt man also das Molekül (a) der Abbildung 7.12 ein, wird (b) entstehen und nicht sein Partner, der wiederum umgeklappt wäre. Während also eine S_N1-Reaktion ein *Gemisch* von Produkten liefert, entsteht bei einer S_N2-Reaktion ein *einziges* Produkt mit invertierter Stereochemie.

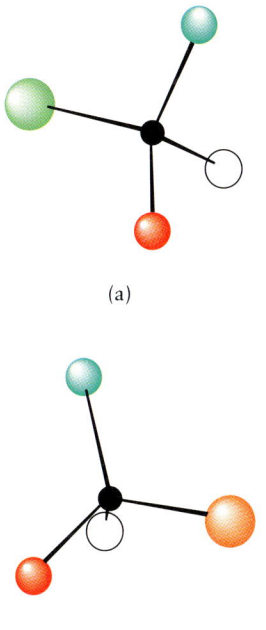

(a)

(b)

7.12 Im Unterschied zu dem Ergebnis, das die Abbildung 7.11 darstellt, gibt es nur ein Produkt bei einer S_N2-Reaktion. Setzt man das Ausgangsmaterial (a) ein, dann greift die eintretende Gruppe von der gegenüberliegenden Seite her an, und als Produkt entsteht (b): Das Molekül klappt wie ein Regenschirm um, es erleidet eine Inversion.

187

Die Quantenmechanik des Angriffs

Eine interessante Frage, auf die es, wie so oft in der Chemie, keine einfache Antwort gibt, erhebt sich in bezug auf die S_N2-Reaktion: Warum greift das Nucleophil auf der Rückseite des Moleküls an (der Seite, die der C—X-Bindung gegenüberliegt), und warum zerbricht nicht statt dessen die alte C—X-Bindung durch einen Frontalangriff? Die Erklärung scheint in einem rein quantenmechanischen Effekt zu liegen. Solche Effekte werden im nächsten Kapitel von zentraler Bedeutung sein, und der Rest dieses Kapitels soll als Brücke zu diesen Konzepten dienen.

Um verstehen zu können, was hier passiert, müssen wir zur Diskussion der Wellenfunktionen, Orbitale und der Bindung zurückkehren, die wir im zweiten Kapitel umrissen haben. Dort haben wir gesehen, daß eine Bindung entsteht, wenn ein Orbital eines Atoms mit einem Orbital eines anderen Atoms überlappt, und daß sich Elektronendichte zwischen den Atomen ansammelt, wenn das resultierende Molekülorbital mit zwei Elektronen besetzt wird. Betrachten wir jetzt, was geschieht, wenn ein Nucleophil – das wir als ein σ-Orbital mit einem einsamen Elektronenpaar darstellen können – sich einer C—X-Bindung nähert. Die Bindung ist ein bereits *gefülltes* σ-Orbital, das keine weiteren Elektronen aufnehmen kann.

Wir sollten jedoch nicht voreilig schließen, daß die Bindung geschützt ist, weil ihr Orbital voll besetzt ist. Denn nicht weit oberhalb des vollen σ-Orbitals liegt ein leeres antibindendes σ-Orbital, das im Prinzip zwei weitere Elektronen unterbringen kann. Das Molekül kann somit als Lewis-Säure wirken und ein Elektronenpaar aufnehmen. Aber nun schüttelt die Natur einen weiteren Trick aus dem Ärmel: Es muß zusätzlich noch eine Symmetriebedingung erfüllt sein. Im nächsten Kapitel wird die Symmetrie die Hauptrolle spielen, aber schon hier können wir ihre entscheidende, oft jedoch unerkannte Bedeutung erahnen.

Sehen wir uns die Form des angreifenden Orbitals an, das mit einem einsamen Elektronenpaar besetzt ist: Es ist ein σ-Orbital mit der Angriffsrichtung als Rotationsachse. Obwohl das leere antibindende Orbital σ-Symmetrie um die C—X-Achse besitzt, weist es eine π-ähnliche Symmetrie bezüglich der Angriffsrichtung auf. Während das angreifende Orbital konstruktiv mit einer Hälfte des σ-Orbitals überlappen kann, mit dem es die Bindung eingehen will, überlappt es destruktiv mit der anderen Hälfte. In der Summe entsteht keine Bindung zwischen der angreifenden Gruppe und dem attackierten Molekül: Symmetrie ist eine Waffe gegen den Angriff.

Den alternativen Angriff – nämlich von hinten – erlaubt die Symmetrie dagegen. Wenn das Orbital der angreifenden Gruppe in einer Linie mit dem Molekül liegt, überlappt es mit einem Lappen des antibindenden Orbitals, der σ-Symmetrie bezüglich der Angriffsrichtung besitzt. So kann es eine beginnende σ-Bindung ausbilden, die in dem Maße stärker wird, wie die Abgangsgruppe

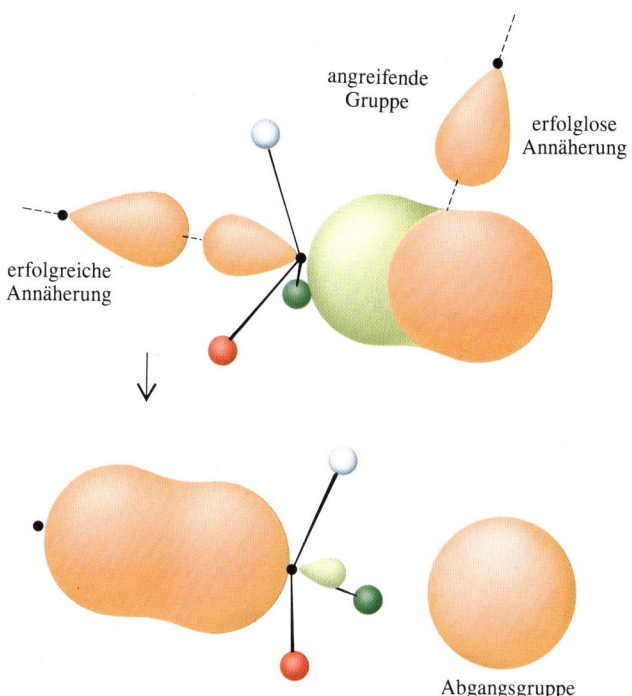

angreifende Gruppe

erfolglose Annäherung

erfolgreiche Annäherung

Abgangsgruppe

7.13 Nähert sich ein Nucleophil einer vollbesetzten Bindung, dann ist nur eine Überlappung mit dem leeren antibindenden Orbital des Reaktionspartners möglich. Der Knoten dieses Orbitals führt jedoch dazu, daß der Effekt der Überlappung in der Summe Null ist. Der Angriff verläuft deshalb erfolglos. Nähert sich das Nucleophil dem Molekül jedoch von der Seite, die der Bindung gegenüberliegt, kann es zu einer positiven Überlappung kommen. In dem Maße, wie sich die neue Bindung ausbildet, werden die drei unbeteiligten Atome in eine Ebene mit dem zentralen Kohlenstoffatom gedrückt und schließlich umgestülpt („invertiert").

sich entfernt, das Molekül sich umstülpt und das antibindende Orbital immer leichter zugänglich wird. Hier haben wir das erste Beispiel für eine Reaktion, die von der Symmetrie und der Überlappung zwischen Wellenfunktionen bestimmt wird. Wir werden später mehr über diese grundlegende Struktur der Reaktionsmechanismen erfahren.

Die elektrophile Substitution

Naturprodukte, die Benzolringe enthalten, sind weit verbreitet. Die Natur baut sie oft in einer enzymatischen Reaktion auf, bei der drei Acetationen ($CH_3CO_2^-$) zu einem sechsgliedrigen Ring aus Kohlenstoffatomen zusammengefügt werden. So kann das Kohlendioxid zum Beispiel über ein Kohlenhydrat, das in der Photosynthese entsteht, zu einem Bestandteil des Benzolringes werden: Das Kohlenhydrat wird zu Essigsäure abgebaut und dann in einen Ring integriert.

Die elektrophile Substitution ist die hauptsächliche Reaktionsweise von Verbindungen, die elektronenreiche Benzolringe enthalten. Wenn wir also nach Wegen suchen, auf denen es möglich ist, an einen Benzolring andere Gruppen anzufügen (wie bei der Herstellung von TNT, die wir zuvor erwähnten),

7.14 Benzol auf einer Graphitoberfläche, aufgenommen mit einem Rastertunnelmikroskop. Man kann die sechseckige Form der Moleküle recht gut erkennen.

müssen wir untersuchen, wie eine elektronensuchende Gruppe ihn angreift. Die klassische Reaktion (klassisch in dem Sinne, daß wir einen Großteil unseres historischen Wissens über die Reaktionen von Benzol aus ihrem Studium erhalten haben) ist die Anlagerung einer —NO$_2$-Gruppe an den Ring unter Verlust eines Wasserstoffatoms. Wir werden das Thema mit diesem Beispiel einführen. Es stellt sich die Frage, an welcher Stelle relativ zu einer schon vorhandenen Gruppe eine neue Gruppe den Ring angreift. Wo würde sich die —NO$_2$-Gruppe anlagern, wenn wir zum Beispiel Toluol, das bereits einen Substituenten am Ring enthält, nitrieren wollten: an einer benachbarten Position, an der übernächsten oder an einer beliebigen Stelle im Ring? Wie zielt die Natur — mit einem Wurfpfeil in Molekülform — auf eine bestimmte Position in einem Molekül?

Man nitriert Benzol im Labor dadurch, daß man es in einer Mischung aus konzentrierter Salpetersäure und Schwefelsäure erwärmt. Es ist bekannt, daß solch eine Mischung einen kleinen Anteil an Nitroniumionen (NO$_2^{2+}$) enthält und daß diese Teilchenart das angreifende Agens darstellt. Weil es eine positive Ladung trägt, sucht sich das Nitroniumion eine Stelle großer Elektronendichte aus — die es an jedem Kohlenstoffatom des Ringes findet. Bei seinem Angriff bildet es eine C—N-Bindung aus und schwächt die C—H-Bindung an der betreffenden Position (wie es die Abbildung 7.15 zeigt). Das Wasserstoffatom entfernt sich als Proton, und die C—N-Bindung wächst zu ihrer vollen Stärke heran.

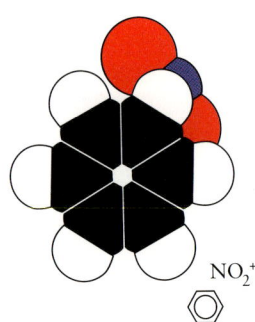 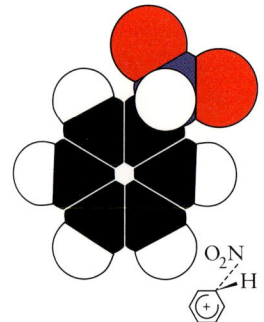 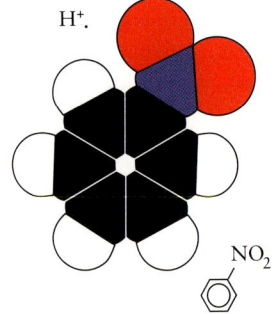

7.15 Bei der Nitrierung von Benzol nähert sich das angreifende Elektrophil NO$_2^+$ einem Kohlenstoffatom des Ringes und beginnt, eine Bindung zu ihm auszubilden. Gleichzeitig biegt sich das Wasserstoffatom, das an dieses Kohlenstoffatom gebunden ist, vom Ring weg; dadurch wird seine Bindung geschwächt. In demselben Maße, in dem die C—N-Bindung stärker wird, wird die C—H-Bindung schwächer. Am Ende dieses Vorgangs hat sich die —NO$_2$-Gruppe an den Ring angelagert und das Proton wurde vom Lösungsmittel aufgenommen.

Das Gaspedal, die Bremse und das Steuerrad, die der Natur zur Verfügung stehen, um die Geschwindigkeit und Richtung eines angreifenden Elektrophils zu bestimmen, bestehen in dem Charakter des Substituenten, der bereits vorhanden ist. Vor allem ist seine Fähigkeit ausschlaggebend, dem Ring Elektronen zu liefern oder Elektronen vom Ring abzuziehen, wenn sich das Elektrophil nähert. Ähnelt der Substituent einem Kohlenwasserstoff wie —CH$_3$, liefert er Elektronen auf die gleiche Weise, wie wir es in der Diskussion der Carbokationen gesehen haben. Die Gegenwart von Gruppen wie —CH$_3$ und —C(CH$_3$) beschleunigt daher einen elektrophilen Angriff. Andererseits zieht ein Substituent wie beispielsweise ein Halogenatom Elektronen aus dem Ring ab und wirkt auf die Reaktion wie eine Bremse. Die Auswirkungen können bedeutend sein: Die Nitriergeschwindigkeit von Toluol ist dreißigmal größer als die von Benzol selbst, und die Nitriergeschwindigkeit von Chlorbenzol ist dreißigmal kleiner.

Außer in bestimmten Einzelfällen ist die Kontrolle über die Gesamtgeschwindigkeit nicht weiter wichtig. Viel wesentlicher ist die Tatsache, daß man einen Reaktanten in eine bestimmte Position dirigieren kann. Die Reaktionsgeschwindigkeit an *ausgewählten* Stellen im Ring läßt sich nämlich dadurch kontrollieren, daß man einen Substituenten in den Ring einführt, der in einer ganz bestimmten Weise Elektronen liefert. Die Tatsache, daß man so eine Reaktion kontrollieren kann, hat ihren Grund wieder in der Quantenmechanik — man kann sie aber dennoch bildlich veranschaulichen.

Damit wir die Geschichte ganz verstehen können, müssen wir ein Stück in die Vergangenheit zurückgehen und eine Kutsche in London besteigen. Denn dort, so erzählt es eine Anekdote, hatte Friedrich Kekulé von Stradonitz einen Traum, der ihn veranlaßte, 1858 die heute berühmte Sechseckstruktur für Benzol vorzuschlagen, wie sie die Abbildung unten zeigt. Heute weiß man, daß die tatsächliche Struktur von Benzol eine Mischung aus vielen Strukturen ist, deren wichtigste diese beiden „Kekulé-Strukturen" sind. In einer guten ersten Näherung läßt es sich als ein „Resonanzhybrid" aus diesen beiden Strukturen beschreiben. Quantenmechanisch ausgedrückt ist die Struktur des Benzolmoleküls die Summe der Wellenfunktionen der beiden Kekulé-Struktu-

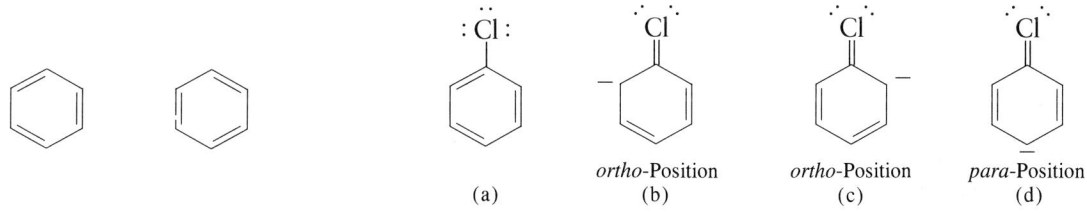

	(a)	*ortho*-Position (b)	*ortho*-Position (c)	*para*-Position (d)

Kekulé-Strukturen von Benzol   Kekulé-Strukturen von Chlorbenzol

ren, zusammen mit kleineren Beiträgen aus anderen Strukturen. Für unsere Zwecke reicht es aus, uns die Struktur als eine Mischung der zwei Kekulé-Strukturen in gleichen Anteilen vorzustellen.

Betrachten wir jetzt die Resonanzstrukturen des Chlorbenzols. Die beiden wichtigsten in dem Sinne, daß sie die wesentlichen Beiträge zur Gesamtbeschreibung des Moleküls liefern, sind die gewöhnlichen Kekulé-Strukturen, wobei ein Chloratom ein Wasserstoffatom ersetzt. Zusätzlich tragen weitere Strukturen bei, die wir erkennen, wenn wir uns bewußt machen, daß ein gebundenes Chloratom ($-\ddot{\text{C}}\ddot{\text{l}}:$) drei einsame Elektronenpaare besitzt. Wenigstens eines dieser Paare kann sich in eine bindende Position zwischen das

Kohlenstoff- und das Chloratom bewegen und so eine Doppelbindung schaffen. Das Elektronenpaar bringt damit eine negative Ladung in den Ring (zwei Atome teilen sich das Elektronenpaar, so daß effektiv *ein* Elektron auf den Ring übertragen wird). Wie wir an der Struktur (b) erkennen, trägt die entstandene Struktur eine negative Ladung auf dem Atom, das sich neben dem Kohlenstoff mit dem Chloratom befindet: Man nennt sie die *ortho*-Position. Tatsächlich gibt es zwei gleichwertige Strukturen (b) und (c), weil es zwei *ortho*-Positionen gibt.

Wenn das Chloratom ein Elektronenpaar abgibt, kann noch eine weitere Struktur entstehen. Sie trägt eine negative Ladung auf dem Kohlenstoffatom im Ring, das dem Chloratom genau gegenüber liegt, der *para*-Position (d). Wir können allerdings nicht so mit den Bindungsverhältnissen spielen, daß eine negative Ladung auf den verbleibenden zwei (gleichwertigen) Positionen resultiert, den *meta*-Positonen. (Das gelingt nur, wenn wir hochangeregte elektronische Zustände einbeziehen.) Diese sehr wichtige Feststellung bedeutet, daß sich durch die Beteiligung eines einsamen Elektronenpaares eines Substituenten am π-Bindungssystem des Ringes – die man als „mesomeren Effekt" bezeichnet – *spezifisch* Elektronen (also negative Ladung) auf den *ortho*- und *para*-Positionen ansammeln, nicht aber auf den *meta*-Positionen.

Weil der mesomere Effekt die Elektronendichte in den *ortho*- und *para*-Positionen vergrößert, veranlaßt er ein Elektrophil, bevorzugt an diesen Positionen anzugreifen. Er hilft, die neue Bindung zu stabilisieren, da er Elektronen an diese Positionen liefern kann, wenn die angreifende Gruppe sich an den Ring anlagert. Nitrieren wir also Chlorbenzol, können wir erwarten (und beobachten), daß wir vor allem Produkte mit $-NO_2$ in den *ortho*- und *para*-Positionen erhalten und kaum Moleküle mit $-NO_2$ in der *meta*-Position.

Wir haben gesehen, was die relativen Anteile von *ortho*-, *meta*- und *para*-Produkten beeinflußt, und wie ein bereits vorhandener Substituent wirkungsvoll die Bildung von *meta*-Produkten gegenüber den anderen beiden Möglichkeiten verhindern kann. Aber kann die Natur ihren Pfeil auch ausschließlich auf die *ortho*-Position werfen? Das ist nicht zu schwierig, wenn wir uns darüber klar werden, daß es auch möglich ist, das angreifende Elektrophil über einen Substituenten „hinweggleiten" zu lassen, der sich schon im Molekül befindet. Auf diese Weise wird er dazu verleitet, eine Position anzugreifen, die nahe bei der Verknüpfungsstelle des Substituenten mit dem Ring liegt.

Nehmen wir etwa an, der Substituent besitzt ein Sauerstoffatom nahe beim Ring, wie es Abbildung 7.16 zeigt. Das angreifende nitrierende Agens kann sich auf seinem Weg zum Ziel kurzzeitig an das Sauerstoffatom anlagern und dann von diesem Punkt auf das nächstgelegene Kohlenstoffatom im Ring überspringen. So liefert die Reaktion ein fast reines *ortho*-Produkt: Der unsichtbare Pfeil wurde auf eine Position im Ring gelenkt, die kaum 100 Picometer von einer alternativen Stelle für einen Angriff entfernt ist. *Das* ist Beherrschung der Materie.

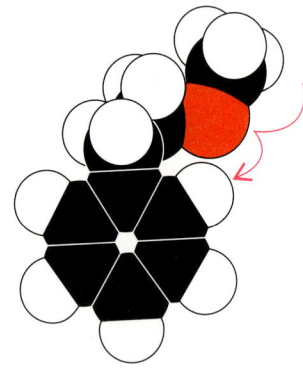

7.16 Eine Gruppe von Atomen kann als Landeplatz für den Angriff einer eintretenden Gruppe dienen und diese so zu einem bestimmten Ort im Molekül dirigieren. In diesem Beispiel lagert sich das Elektrophil kurz an das Sauerstoffatom (rot) des Substituenten an, bevor es sich endgültig dem Benzolring nähert und sich dauerhaft an das benachbarte Kohlenstoffatom bindet.

Wie wir zuvor betont haben, wollten wir etwas Einsicht vermitteln in die einzelnen Schritte, die zu einigen wenigen der Reaktionen beitragen, die ein Kohlenstoffatom eingeht. Wenn das Atom dem Kohlenwasserstoff entflieht, der es in der Kerze gefangenhält, begibt es sich in eine Umgebung, in der es all den Vorgängen unterliegt, die wir beschrieben haben (und unweigerlich noch vielen weiteren). Das chemische Schicksal eines Kohlenstoffatoms ist eine Abfolge von winzigen Veränderungen — verursacht von Atomen, die ausgetrieben werden, und anderen Atomen, die neue Bindungen ausbilden. Viele dieser Schritte laufen unter der unerbittlichen Herrschaft der Enzyme ab, welche die Symphonie der Umwandlung dirigieren. Sie können dahin führen, daß zu gegebener Zeit das Kohlenstoffatom wieder als Wachs vorliegt. Dann kann die Kerze eines späteren Faraday sie auf eine neue und unendlich vielfältige Reise der Verwandlung schicken.

Symmetrie und Schicksal

8

Ich muß noch einen weiteren kleinen Punkt erwähnen, bevor wir zu einem Ende kommen – einen Punkt, der diese Vorgänge als Ganzes betrifft. Und besonders merkwürdig und schön ist es zu beobachten, wie er sich um die Körper, mit denen wir umgehen, rankt und sich eng mit ihnen verknüpft ...

MICHAEL FARADAY, Sechste Vorlesung

8.1 Symmetrie, hier durch die wohlgeordnete sechseckige Struktur von Bienenwaben symbolisiert, ist einer der Faktoren, die das Ergebnis chemischer Reaktionen bestimmen. Wie wir in diesem Kapitel sehen werden, läßt die Symmetrie manche Reaktionen zu und unterbindet andere.

Wir haben nun ein wenig den quantenmechanischen Charakter kennengelernt, der chemischen Reaktionen innewohnt. Die Spitze dieses Eisberges wurde im siebten Kapitel erkennbar, wo wir sahen, daß eine Kombination des Pauli-Verbots und der charakteristischen Form eines antibindenden Orbitals einen Frontalangriff auf das Molekül verhinderte und die angreifende Gruppe dazu veranlaßte, sich von hinten zu nähern. Wir werden jetzt dieses Konzept zu seiner vollen Blüte bringen, weil wir erkennen werden, daß wir gewisse Reaktionen nicht verstehen können, wenn wir nicht quantenmechanische Prinzipien benutzen.

Die klassischen Prinzipien der Mechanik, mit denen Faraday vertraut war, schweigen sich fast völlig aus über die Mechanismen, nach denen chemische Reaktionen stattfinden. Die Reaktionsmechanismen jedoch, die wir in diesem Kapitel erforschen, hängen entscheidend von dem quantenmechanischen Charakteristikum ab, das wir im zweiten Kapitel die „Farbe" einer Elektronenverteilung genannt haben (und mit dem wir, in mehr formaler Weise, das Vorzeichen der Wellenfunktion meinen).

Zusätzlich zur Quantenmechanik benötigt man noch ein anderes Konzept, wenn man die Reaktionen erklären möchte, denen wir nun begegnen werden. Obwohl diese Ideen schon zu Faradays Lebzeiten auftauchten, wurden sie erst eine gute Zeit nach seinem Tod ausformuliert. Die Gruppentheorie – die mathematische Theorie der Symmetrie – entstand aus dem höchst abstrakten, aber epochemachenden Werk des jungen französischen Mathematikers Évariste Galois über die Theorie von Gleichungen, kurz bevor er durch die Kugel eines Duellanten 1832 im Alter von 21 Jahren starb. So abstrakte Überlegungen wie die von Galois haben keinen direkten Einfluß auf Faraday ausgeübt, obwohl wir heute erkennen, daß sie von entscheidender Bedeutung für unser Verständnis von der Natur der Materie sind; und – Ironie des Schicksals, aber passend zu Faraday – für das Verständnis der Stellung, die der Elektromagnetismus in dem kosmischen Spiel der Kräfte innehat.

Symmetrieüberlegungen hatten selbst auf diejenigen Naturwissenschaftler einen sehr geringen Einfluß, die mehr Geschmack an der Mathematik fanden als Faraday. Dies war der Fall bis zur Arbeit des deutschen Mathematikers George Frobenius um die Jahrhundertwende, vor fast genau einhundert Jahren. Frobenius übersetzte wirkungsvoll eine abstrakte Theorie, die sich mit algebraischen Gleichungen befaßte, in eine praktische Beschreibung der Symmetrie realer Objekte. Trotz der entscheidenden Wandlung von einer eindeutig abstrakten zu einer potentiell praktischen Angelegenheit setzte man die Symmetrie nicht in großem Umfang ein, um Beobachtungen zu erklären und Verwandtschaften zwischen offenbar Unzusammenhängendem aufzudecken. Dies änderte sich erst mit dem Auftauchen der Quantenmechanik in den zwanziger Jahren dieses Jahrhunderts, vor allem durch die Arbeit von Eugene Wigner und Herman Weyl in Göttingen und Princeton.

Bis das gruppentheoretische Gedankengut auf die Chemie übertragen wurde, dauerte es noch länger. Unter den ersten rein chemischen Anwendungen der quantitativen Konzepte der Gruppentheorie findet sich die Beschreibung von Molekülstrukturen in den dreißiger Jahren des zwanzigsten Jahrhunderts. Der für unsere Zwecke entscheidend wichtige Schritt – die Anwendung von Symmetrieargumenten auf chemische Reaktionen – fand erst mit der Arbeit der amerikanischen Chemiker Robert Woodward und Roald Hoffmann in den siebziger Jahren statt.

Wir werden uns, wie schon im siebten Kapitel, weiterhin auf Teilschritte vollständiger Reaktionen konzentrieren. Wir werden sehen, wie ein bestimmtes atomares Ereignis veranlaßt werden kann. Und wir werden erkennen, daß eine Gesamtreaktion sich aus vielen Schritten zusammensetzen kann. Um ein definiertes Objekt zu erhalten, kann ein Chemiker – wie auch der Chemiker der Natur, die biologische Zelle – eine der Reaktionen, die wir jetzt beschreiben werden, als einen einzelnen Schritt in einer kontrollierten Folge von Umwandlungen ausführen.

Eine Klasse von Reaktionen, die quantenmechanische Effekte am deutlichsten zeigt, stellte die Chemiker für viele Jahre vor Rätsel, weil sich diese Reaktionen kaum so verhielten, wie man das von den Reaktionen gewöhnt war, die wir im siebten Kapitel beschrieben haben. Einerseits sind ihre Reaktionsgeschwindigkeiten weitgehend unabhängig von Änderungen der Polarität des Lösungsmittels; das läßt vermuten, daß Carbokationen und Carbanionen nicht beteiligt sind. Andererseits lassen sich ihre Reaktionsgeschwindigkeiten auch nicht durch Teilchenarten beeinflussen, die leicht Radikale hervorbringen. Das läßt vermuten, daß auch keine Radikale beteiligt sind. Darüber hinaus konnte man auch trotz eifriger Bemühungen keine Zwischenprodukte isolieren, was darauf schließen läßt, daß gar keine entstehen und die Reaktionen in einem Zug verlaufen.

Ein wichtiges Beispiel für diese rätselhaften Reaktionen bietet die „Diels-Alder-Reaktion". Der deutsche Chemiker Otto Diels und sein Assistent Kurt Alder entdeckten diese Reaktion 1928. Im Jahr 1950 wurde ihnen der Nobelpreis für ihre Entdeckung verliehen. Bei der Diels-Alder-Reaktion bildet sich ein Ring aus sechs Kohlenstoffatomen in einer Reaktion der Art:

8.2 Robert Burns Woodward (1917 – 1979).

8.3 Roald Hoffmann (geb. 1937).

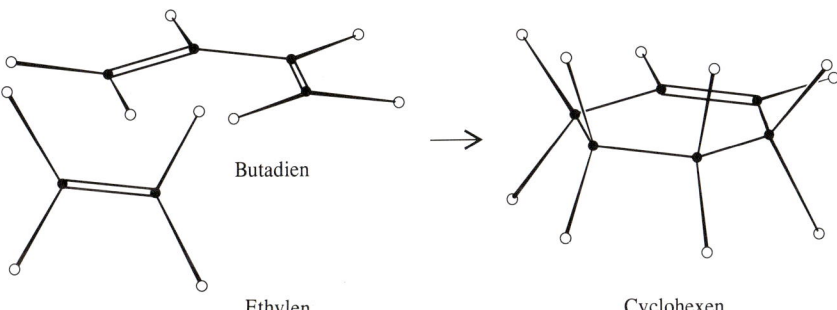

Butadien

Ethylen · Cyclohexen

197

Die Reaktion verläuft sehr bereitwillig; sie ist auch in weiten Bereichen anwendbar. Das bedeutet, daß sie zwischen vielen Molekülen abläuft, die das gleiche Bindungsmuster zeigen, wie es hier abgebildet ist. Weil die Diels-Alder-Reaktion so leicht abläuft und sich so weit einsetzen läßt, ist sie von großem Nutzen für die Synthese komplexer Produkte – vor allem zum Aufbau von Ringen aus Kohlenstoffatomen. Man verwendet sie zur Synthese einer großen Zahl von Naturprodukten, einschließlich der Steroide und Vitamine.

Die Diels-Alder-Reaktion ist, wie die anderen Reaktionen, die wir betrachten werden, ein Beispiel für eine „pericyclische Reaktion". Der Name bringt schon zwei Aspekte ihres Mechanismus zum Ausdruck. Zum einen verlaufen diese Reaktionen in einem „konzertierten Prozeß" – Bindungsbruch und Neubildung der Bindung finden gleichzeitig statt (dies ist vereinbar mit der Tatsache, daß man keine Intermediate im Verlauf der Reaktion entdecken kann). Zum zweiten beinhalten sie die Wanderung von Elektronen in einem Ring miteinander wechselwirkender Atomorbitale. Den letzten Punkt werden wir in Kürze erklären. Er wird im Mittelpunkt dieses Kapitels stehen.

Wir werden zwei Typen von pericyclischen Reaktionen betrachten. In einer „Cycloadditions-Reaktion" bilden zwei Moleküle einen Ring und eine neue σ-Bindung auf Kosten von zwei gebrochenen, alten π-Bindungen. Das ist das Grundmuster der Diels-Alder-Reaktion. Bei der Umwandlung der π- in die σ-Bindung werden wir die quantenmechanischen Effekte finden, die das Ergebnis der Reaktion bestimmen. Der andere Typ einer pericyclischen Reaktion, die „elektrocyclische Reaktion", besteht in der Öffnung oder dem Schluß eines Ringes in einem *einzigen* Molekül. Ein Beispiel ist die Ringschlußreaktion, bei der sich ein Ende eines Butadienmoleküls dem anderen Molekülende zukehrt, eine Bindung bildet und bei der Cyclobuten aus der Reaktion hervorgeht:

Butadien   Cyclobuten

Weil nur ein Molekül an dieser Reaktion beteiligt ist, werden wir die elektrocyclischen Reaktionen zuerst behandeln.

Elektrocyclische Reaktionen

Die Auswirkungen quantenmechanischer Prinzipien auf pericyclische Reaktionen werden am besten deutlich, wenn wir die folgende Frage untersuchen: Was bestimmt die Richtung der Verdrehung, die ein Molekül wie das Butadien in Cyclobuten überführt? Die Abbildung 8.4 zeigt, daß es zwei Wege gibt, einen „konrotatorischen" und einen „disrotatorischen", die das Molekül beschreiten kann, wenn es sich zu einem Ring verwindet (dieselben beiden Wege kann auch die Rückreaktion beschreiten, wenn sich der Ring öffnet).

Die Wahl des Reaktionsweges zieht wichtige Konsequenzen nach sich, denn man erhält verschiedene Produkte, wenn die Ausgangsstoffe etwas komplizierter gebaut sind als diejenigen, die wir bisher betrachtet haben. Enthält das Ausgangsmaterial verschiedene Substituenten, dann verhalten sich diese – wie die Abbildung 8.4 verdeutlicht – wie Signalflaggen. Abhängig von dem Weg, den die Reaktion beschritten hat, hißt das Endprodukt beide Flaggen auf derselben Seite oder auf entgegengesetzten Seiten des Ringes. Welcher Weg eingeschlagen wird (und damit, welches der beiden Produkte man erhält), hängt davon ab, wie man die Reaktion in Gang bringt: ob durch Erhitzen oder durch die Absorption von Licht.

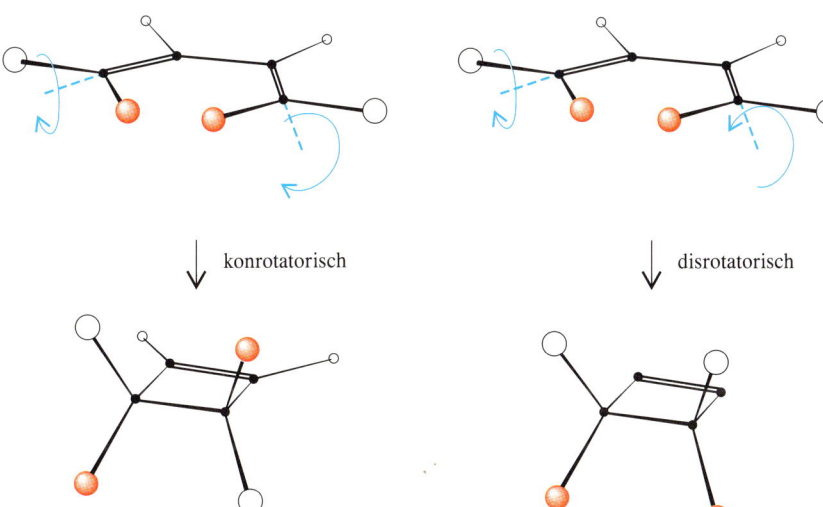

konrotatorisch   disrotatorisch

8.4 Es gibt zwei Wege, auf denen sich ein Butadienmolekül (und wie hier gezeigt seine substituierten Derivate) in ein Cyclobuten umwandeln kann. Auf dem „konrotatorischen" Weg drehen sich die CH_2-Gruppen in die gleiche Richtung, auf dem „disrotatorischen" Weg drehen sie sich gegensinnig zueinander.

Butadien und seine Analogen kann man unverändert für lange Zeit aufbewahren. Das deutet darauf hin, daß die Ringschlußreaktion ein aktivierter Prozeß ist in dem Sinne, wie wir es im fünften Kapitel erklärt haben. Wenn also das Molekül beginnt, sich in die Form zu verdrehen, die es zum Ringschluß braucht, steigt seine Energie. Nur diejenigen Moleküle, die genug Energie besitzen, um die Verwindung vollständig zu durchlaufen, können zu den Produkten abreagieren. Die Aktivierungsbarriere verhindert, daß die Moleküle sich leicht in Cyclobuten verwandeln. Sie verhindert auch, daß das Cyclobuten sich leicht in Butadien entdrillt, es sei denn, es besitzt dazu genug Energie (zum Beispiel aus einem Stoß).

Möchte man die Details der Reaktion analysieren, so sucht man nach dem Ursprung des Hindernisses auf dem Reaktionsweg. Wir werden herausfinden, daß die Höhe der Barriere – die Aktivierungsenergie der Reaktion – vom Reaktionsweg abhängt, ob er also konrotatorisch oder disrotatorisch verläuft. Deshalb kann eine Route schneller als die andere sein. Verfolgen wir die Änderungen der Molekülorbitale, die sich ergeben, wenn das Molekül sich zu einem Ring verdreht, dann können wir herausbekommen, welche Route die höhere Aktivierungsbarriere hat. Finden wir eine besonders hohe Aktivierungsenergie für eine bestimmte Umwandlung, können wir eventuell schließen, daß der Weg blockiert ist und die Umwandlung nicht abläuft. Der Schlüssel zum Verständnis der unterschiedlich hohen Aktivierungsbarrieren der konrotatorischen und disrotatorischen Wege liegt in der Symmetrie des Moleküls. Letztlich untersuchen wir, wie die Symmetrie eines Moleküls sein Schicksal bestimmt.

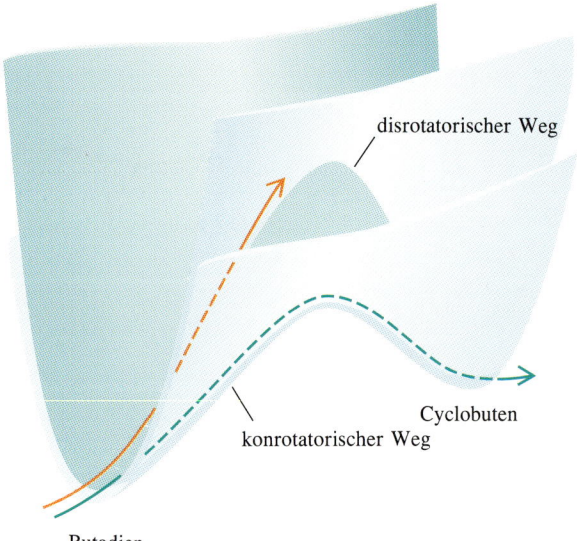

disrotatorischer Weg

8.5 Ein Weg von Reaktanten- zu Produktmolekülen mit einer niedrigen Aktivierungsbarriere läßt eine viel schnellere Reaktion zu als ein Weg, auf dem die Aktivierungsbarriere hoch ist. Ist eine Barriere besonders hoch, nimmt die Reaktion ausschließlich den anderen Weg.

Cyclobuten

konrotatorischer Weg

Butadien

Um weitere Fortschritte machen zu können, müssen wir uns auf das Material zurückbesinnen, das wir im zweiten Kapitel eingeführt haben. Dort haben wir gesehen, daß Elektronen Molekülorbitale besetzen, die sich aus den Valenzorbitalen der Atome aufbauen. Jedes Kohlenstoffatom im Butadien besitzt vier Valenzorbitale und trägt vier Elektronen zum Molekül bei. Drei der Orbitale und drei der Elektronen eines jeden Atoms sind durch die Bildung der σ-Bindungen (entweder zu Wasserstoffatomen oder zu Kohlenstoffatomen) in Anspruch genommen. So bleibt jedem Kohlenstoffatom ein Atomorbital und ein Elektron, mit denen es zum π-Molekülorbitalsystem beitragen kann. Wir werden uns auf diese π-Orbitale konzentrieren, weil in ihnen die Veränderungen stattfinden: Die σ-Orbitale dienen als Bühne, auf der die beweglichen π-Elektronen ihren Part spielen.

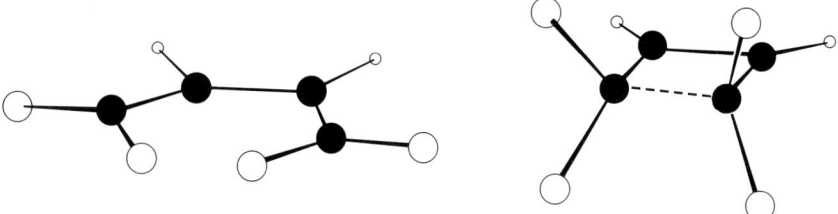

8.6 Das Gerüst aus σ-Bindungen für das Butadien- und das Cyclobutenmolekül. Wir werden uns nicht weiter mit diesen Bindungen beschäftigen, weil sie im wesentlichen bei der Reaktion unverändert bleiben. Das Gerüst dehnt und biegt sich etwas, wenn das Molekül zu einem Ring übergeht. Auf diese Weise tragen die σ-Bindungen zur Aktivierungsenergie einer Ringschlußreaktion bei.

Es gibt vier π-Molekülorbitale. Jedes setzt sich aus den vorhandenen Atomorbitalen zusammen, jedoch mit jeweils verschiedenen Verteilungen der „Farbe". Abbildung 8.7 zeigt die Orbitale. Die vier Elektronen, die jedes Kohlenstoffatom beisteuert, bilden Elektronenpaare und besetzen die beiden Orbitale mit der niedrigsten Energie; man sollte sich vorstellen, daß sie sich über alle vier Atome ausbreiten und ihren bindenden Einfluß unter ihnen aufteilen. Wenn die Reaktion stattfindet und sich der Ring schließt, dreht sich ein Lappen des Atomorbitals am einen Ende des Moleküls dem entsprechenden Lappen am anderen Molekülende zu. Die beiden Orbitallappen überlagern sich und bilden ein σ-Orbital zwischen den Endatomen der Kette aus. Auf diese Weise heften sie die Enden in einem Ring aneinander. Die Molekülorbitale, die sich aus den vier Atomorbitalen im Cyclobuten bilden können, zeigt die rechte Seite der Abbildung 8.7: Zwei der Orbitale entsprechen jetzt den bindenden und antibindenden σ-Orbitalen zwischen den Atomen, die durch den Ringschluß miteinander verbunden wurden.

Schauen wir uns die Reaktion genauer an, dann sollten wir bemerken, daß sich die *Symmetrie* des Moleküls ändert, wenn sich der Ring schließt. Wir haben bereits gesehen, daß die Symmetrie eines Moleküls und seiner Molekülorbitale eine Rolle spielt, wenn es um das Ergebnis einer Reaktion geht. Jetzt müssen wir viel vorsichtiger vorgehen als im siebten Kapitel, weil die Orbitalsymmetrien viel komplizierter sind und bei der Reaktion ein Molekül mit einer gegebenen Symmetrie in ein Molekül mit einer anderen Symmetrie übergeht. Außerdem wirken die Orbitallappen eines Moleküls wie Verzierungen — sie machen die Form eines Moleküls noch komplizierter. Wir müssen unterscheiden zwischen der Symmetrie des Moleküls und den Symmetrien der Orbitale, die auf den Atomen sitzen, während sich das Molekül von einer Form in die andere verdreht.

Wir benutzen zwei Überlegungen, um die Änderungen der Orbitale zu verfolgen, wenn das Molekül sich zu einem Ring verwindet. Zum einen können wir ein Orbital nach seiner Symmetrie identifizieren. Dabei machen wir uns die Tatsache zunutze, daß jedes Orbital einer von zwei Symmetrieklassen zugehören muß (in einem Sinne, den wir in Kürze erklären werden). Zum anderen

8.7 Links: Die vier π-Molekülorbitale, die sich aus den Atomorbitalen des Kohlenstoffes bilden können. Ihre relativen Energien lassen sich aus der Anzahl der Knoten zwischen den Atomkernen ableiten: Wie wir im zweiten Kapitel gesehen haben, ist die Energie eines Orbitals um so höher, je größer die Anzahl der Knoten (die Stellen, an denen sich verschiedene Farben treffen) ist. Das Orbital mit der geringsten Energie besitzt keinen Knoten (außer dem Knoten in der Molekülebene). Jedes Orbital kann zwei Elektronen unterbringen. Deshalb sind im Grundzustand des Moleküls 1π und 2π besetzt. Rechts: Die vier Molekülorbitale des Cyclobutens, die sich aus den vier Kohlenstoff-Atomorbitalen bilden lassen, die zu den π-Orbitalen im Butadien beitragen. Weil σ-Orbitale zwischen Kohlenstoffatomen stärker sind als π-Orbitale (und damit die antibindenden σ-Orbitale entsprechend stärker antibindend), liegen das σ-Orbital bei tiefer und sein antibindender Partner bei entsprechend hoher Energie.

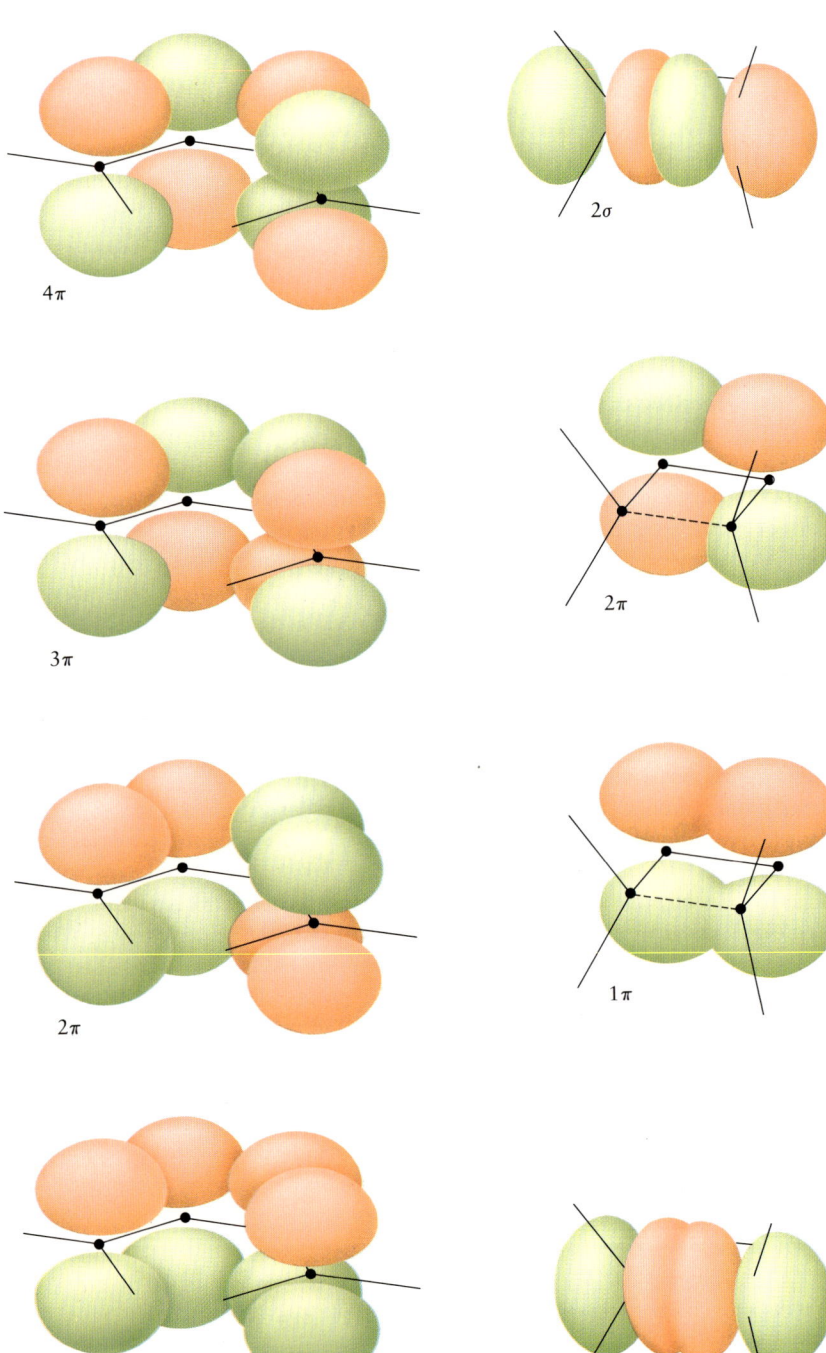

kann ein Orbital nicht plötzlich in eine neue Symmetrieklasse überspringen, wenn das Molekül sich vom Reaktanten zum Produkt wandelt. Hat also ein Orbital im Reaktanten eine bestimmte Symmetrie, wird es sie normalerweise im Verlauf der Reaktion beibehalten (während das Molekül sich zum Produkt verdreht), und es wird aus der Reaktion mit derselben Symmetrie hervorgehen, die es zu Beginn besaß.

Verfolgen wir die Änderungen der Orbitale, so stoßen wir sofort auf das Problem, daß die Symmetrie des Moleküls sich ändert, wenn es den Ring bildet, weil sich die Form des Moleküls ändert. Somit ändert sich auch die Symmetrie der Orbitale. Werden wir uns darüber klar, daß Reaktanten und Produkte bestimmte Symmetrieeigenschaften gemeinsam haben, obwohl sie verschiedene Formen annehmen, dann können wir den Orbitalen auf der Spur bleiben. Wie die Abbildung 8.8 zeigt, besitzen sowohl das Cyclobuten wie auch das Butadien eine zweizählige Drehachse und zwei Spiegelebenen. Daraus folgt, daß wir möglicherweise die Schicksale der Orbitale im Butadien nachvollziehen können, indem wir die Eigenschaften herausfinden, die im Laufe der Reaktion erhalten bleiben, und nur diese „konservierten" Eigenschaften analysieren. Verfolgen wir jedoch den Reaktionsweg, so entdecken wir, daß zwei der gemeinsamen Symmetrieeigenschaften verlorengehen, sobald sich das Molekül verdreht, und erst dann wieder auftreten, nachdem der Ring vollständig geschlossen ist. Somit bleibt nur eine Symmetrieeigenschaft während der Reaktion erhalten. Außerdem ist es auch noch jeweils eine *andere* Symmetrieeigenschaft, die auf jedem der beiden möglichen Wege erhalten bleibt: die zweizählige Achse auf dem konrotatorischen Weg und eine der Spiegelebenen auf dem disrotatorischen Weg.

Sobald wir die konservierten Symmetrieeigenschaften identifiziert haben, können wir den Veränderungen, die beim Ringschluß stattfinden, auf den Fersen bleiben, indem wir herausfinden, welches Orbital des Reaktanten zu welchem Orbital des Produkts wird. An dieser Stelle kommen die „Farben" der Orbitale ins Spiel. Durch die Farben können wir die Orbitale nach ihrem Verhalten einordnen, das sie bei einer Drehung oder Spiegelung des Moleküls zeigen: Das *Molekül* geht aus solch einer Transformation unverändert hervor, aber das *Orbital* kann seine Farbe ändern. Weil die klassische Physik farbenblind ist, konnte sie sich nicht mit diesen Eigenschaften befassen. Wir befinden uns jetzt im Herzen der Quantenmechanik von Reaktionen.

Zuerst noch eine Vereinbarung zur Schreibweise: Läßt eine Drehung oder Spiegelung des Molekülgerüsts die Farben eines Orbitals unverändert, so bezeichnen wir das Orbital als „symmetrisch" in bezug auf diese Symmetrieoperation und geben ihm das Etikett S. Werden Rot und Grün vertauscht, dann bezeichnen wir das Orbital als „antisymmetrisch" in bezug auf diese Symmetrieoperation und geben ihm das Etikett A. Betrachten wir den konrotatorischen Weg. Die zweizählige Achse bleibt auf dem Weg vom Reaktanten zum Produkt erhalten. Deshalb können wir sie dazu benutzen, die Orbitale nach S und A an allen Punkten des Weges einzuordnen. Jetzt können wir damit be-

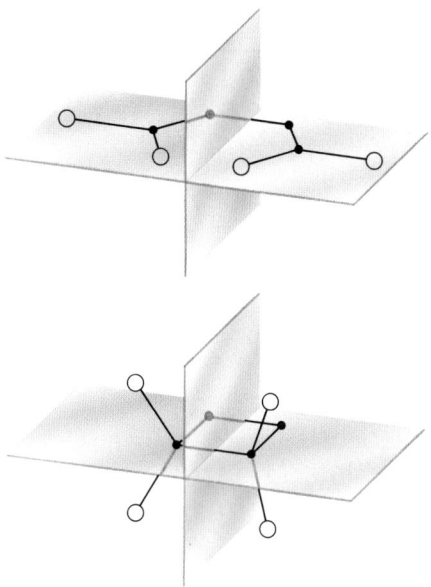

8.8 Mit dem Ausdruck „Symmetrieeigenschaft" eines Moleküls bezeichnen wir eine Transformation, die das Molekül anscheinend unverändert läßt. Ein Butadienmolekül (oben) enthält zwei „Spiegelebenen", durch die jeweils eine Hälfte des Moleküls exakt in die andere Hälfte überführt wird. Es enthält auch eine „zweizählige Drehachse", was bedeutet, daß sich anscheinend nichts ändert, wenn man das Molekül um $360°/2 = 180°$ um die Achse dreht, die durch die Schnittgerade der Spiegelebenen festgelegt wird. Trotz seiner anderen Form enthält ein Cyclobutenmolekül (unten) ebenfalls eine zweizählige Drehachse und zwei Spiegelebenen. (Die Doppelbindungen sind hier nicht gekennzeichnet.)

203

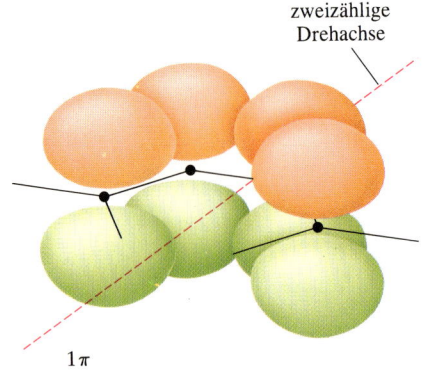

zweizählige
Drehachse

1π

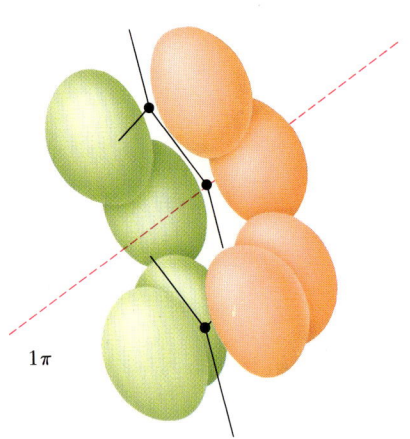

1π

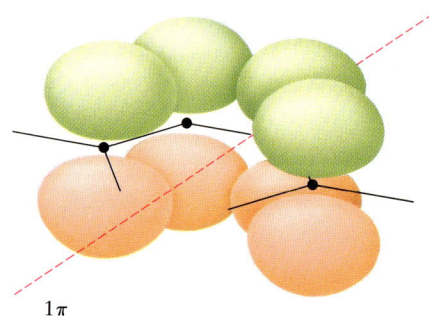

1π

8.9 Das 1π-Orbital des Butadiens ist antisymmetrisch in bezug auf die Drehung des Moleküls um die zweizählige Achse, weil die Farben des Orbitals sich dabei umkehren.

ginnen, die Orbitale vom Reaktanten zum Produkt zu verfolgen, weil wir wissen, daß die S-Orbitale des Ausgangsmaterials zu S-Orbitalen des Endprodukts werden und die A-Orbitale des Reaktanten zu A-Orbitalen des Produkts.

Aber zuerst kommen wir noch einmal an einen entscheidenden Punkt. Es gibt zwei S-Orbitale und zwei A-Orbitale bei den Reaktanten und bei den Produkten. Deshalb müssen wir wissen, zu welchem S-Orbital des Produkts jedes S-Orbital des Reaktanten wird (entsprechendes gilt für die A-Orbitale). Die Frage läßt sich mit dem „Kreuzungsverbot" der Quantenmechanik beantworten. Diese Regel sagt aus, daß *Orbitale derselben Symmetrie sich nicht kreuzen.* Wir können uns vorstellen, daß die Energie des einen Orbitals sich erhöht und die des anderen abfällt, während das Molekül sich zum Ring verbiegt. Es ist jedoch nicht so, daß die Energien der Orbitale bei einem bestimmten Winkel der Verdrehung den gleichen Wert annehmen und dann überkreuzen, so daß das ursprünglich energieärmere Orbital das energiereichere wird. Stattdessen bewegen sich die Energien der Orbitale wieder auseinander, wenn die Verdrehung weitergeht. Bevor die beiden Orbitale sich kreuzen können, fällt das anfänglich ansteigende Orbital in seiner Energie ab, während die Energie des vorher fallenden Orbitals anzusteigen beginnt. Dieser Effekt hat rein quantenmechanische Ursachen und erklärt sich aus der Art der Wechselwirkung der beiden Orbitale. Später werden wir erkennen müssen, daß das Kreuzungsverbot nur dann streng gilt, wenn die Verdrehung sehr langsam vor sich geht. Das Kreuzungsverbot gilt in guter Näherung für viele molekulare Bewegungen, die wir betrachten werden. Wird aber das Molekül plötzlich aus einer Form in eine andere gezerrt, bleibt nicht genügend Zeit für die Umordnungen der Elektronen, die nötig sind, damit das Kreuzungsverbot anwendbar ist. Im Augenblick nehmen wir allerdings an, daß die Regel streng gilt.

Weil Orbitale derselben Symmetrie sich nicht kreuzen können, wird jedes S-Orbital des Ausgangsmoleküls zu dem S-Orbital, das ihm energetisch am nächsten liegt, wenn das Molekül sich zum Ring geschlossen hat; jedes A-Orbital verhält sich ähnlich. (Nichts hindert S- und A-Orbitale daran, sich zu überkreuzen, denn sie haben unterschiedliche Symmetrien.) Jetzt endlich haben wir die nötige Information beisammen, um ein „Korrelationsdiagramm" zeichnen zu können. Dieses zeigt, wie die Orbitale des Butadiens in die Orbitale des Cyclobutens übergehen, während sich die endständigen Atome zu einem Ring verbiegen. Das Korrelationsdiagramm für den konrotatorischen Weg ist links in der Abbildung 8.10 zu sehen.

Wenden wir uns nun dem disrotatorischen Weg zu. Weil jetzt die Spiegelebene das Symmetrieelement des Moleküls ist, das während der Umwandlung der Reaktanten in die Produkte erhalten bleibt, verfolgen wir die Symmetrien der Orbitale beim Übergang des Moleküls in seine Ringform, indem wir uns auf ihre Eigenschaften in bezug auf diese Spiegelung konzentrieren. Die Molekülorbitale des Butadiens sind S, A, S und A; diejenigen des Cyclobutens

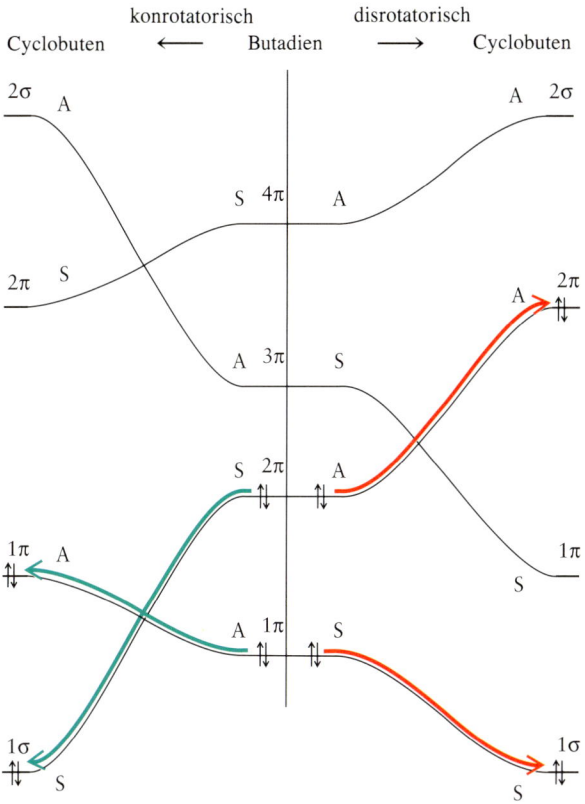

konrotatorisch ← Butadien → disrotatorisch

Cyclobuten   Butadien   Cyclobuten

8.10 Das Korrelationsdiagramm für die wechselseitige Überführung der Molekülorbitale des Butadiens und des Cyclobutens. Das Diagramm faßt zusammen, wie sich die Energien der Orbitale ändern, wenn das Molekül sich in seine Ringform verdreht.

entsprechend S, S, A und A. Das Kreuzungsverbot führt zu dem Korrelationsdiagramm auf der rechten Seite der Abbildung 8.10.

Jetzt können wir den Unterschied zwischen den beiden Reaktionswegen erkennen. In einer thermischen Reaktion (einer Reaktion, die durch Wärme ausgelöst wird), erwirbt ein Ausgangsmolekül die Überschußenergie, die es zum Umklappen in die neue Orientierung benötigt, durch Stöße mit dem umgebenden Medium oder mit anderen Molekülen in einem Gas. Obwohl Stöße energiereich sind, sind sie nicht *sehr* energiereich, und können einem Molekül nicht sehr viel Energie übertragen. Vor allem können sie ein Molekül im allgemeinen nicht in einen elektronisch angeregten Zustand anheben. Denn um Elektronen von einer Verteilung in eine andere zu bewegen, benötigt man große Energiemengen.

Zu Beginn der Reaktion sind die beiden π-Molekülorbitale mit der geringsten Energie im Butadien besetzt. Wir schreiben diese „Elektronenkonfiguration" oder Orbitalbesetzung als $1\pi^2 2\pi^2$, um herauszustellen, daß zwei Elektronen das 1π-Orbital und zwei das 2π-Orbital besetzen. Aus dem Korrelationsdiagramm erkennen wir, daß für den konrotatorischen Weg diese Konfiguration

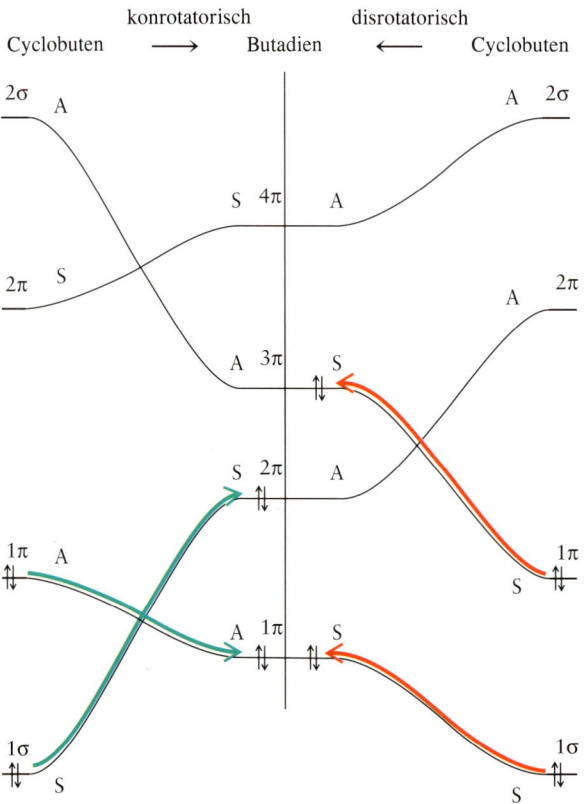

8.11 Nur wenn sich die Endgruppen im konrotatorischen Sinne drehen, geht der Grundzustand eines Cyclobutenmoleküls in den Grundzustand des Butadiens über (mit der Elektronenkonfiguration $1\pi^2 2\pi^2$); die grünen Linien verdeutlichen das. Der alternative disrotatorische Weg zur Ringöffnung führt in den elektronisch angeregten Zustand $1\pi^2 3\pi^2$ des Butadiens, wie es die roten Linien zeigen. Dieser Weg benötigt zu viel Energie und ist daher nicht möglich.

allmählich in die Konfiguration $1\sigma^2 1\pi^2$ des Produkts übergeht, bei der zwei Elektronen ein σ-Orbital und zwei Elektronen ein π-Orbital besetzen: Eine σ-Bindung hat eine π-Bindung ersetzt. Die Aktivierungsenergie für die Reaktion ist minimal. Andererseits wird auf dem disrotatorischen Weg die Elektronenkonfiguration zu $1\sigma^2 2\pi^2$ des Produkts. Obwohl wieder eine σ-Bindung eine π-Bindung ersetzt, wurden die beiden anderen Elektronen in ein Orbital höherer Energie angehoben, so daß sich das Produktmolekül in einem hochangeregten elektronischen Zustand befindet. Die beträchtliche Energie, die für diesen Prozeß notwendig ist, können Stöße nicht liefern. Also kann er unter thermischen Bedingungen nicht ablaufen. Wir müssen daraus schließen, daß beim thermisch angeregten Ringschluß des Butadiens das Produkt auf dem *kon*rotatorischen Weg entsteht. Gehen wir umgekehrt vom Grundzustand $1\sigma^2 1\pi^2$ des Cyclobutens aus, lesen das Korrelationsdiagramm rückwärts und verfolgen, wie sich dieser Zustand bei der Ringöffnung entwickelt, dann können wir schließen, daß bei einer thermisch angeregten Ringöffnung des Cyclobutens das Molekül sich ebenfalls im konrotatorischen Sinne verdreht.

Ob die Ringöffnung oder der Ringschluß konrotatorisch oder disrotatorisch ablaufen, hängt von der Anzahl Elektronen in den π-Orbitalen des Ausgangsstoffes ab. Nehmen wir zum Beispiel die analoge Reaktion:

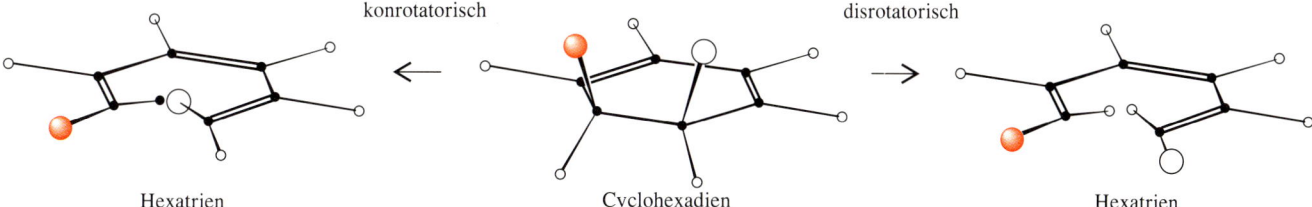

konrotatorisch   disrotatorisch

Hexatrien   Cyclohexadien   Hexatrien

Bei dieser Reaktion gibt es im Grundzustand des Moleküls sechs Elektronen, die drei π-Orbitale besetzen. Die gleiche Analyse wie zuvor führt zu dem Schluß, daß der thermisch mögliche Reaktionsweg über die *dis*rotatorische Ringöffnung verläuft, bei der sich die endständigen Gruppen in entgegengesetzte Richtungen drehen. Das Produkt wird also auf dem disrotatorischen Weg entstehen und die entsprechende Struktur aufweisen und nicht auf dem konrotatorischen Weg wie das Cyclobuten.

Man kann für thermisch angeregte elektrocyclische Reaktionen allgemein vorhersagen: Enthält das π-System 4, 6, ... Elektronen, dann läuft die Reaktion abwechselnd konrotatorisch, disrotatorisch, ... Diese Vorhersage ist eine der berühmten „Woodward-Hoffmann-Regeln". Sie helfen, einen großen Teil der organischen Chemie zu verstehen.

Cycloadditions-Reaktionen

Auf ähnliche Weise können wir erkunden, welchen Weg eine Cycloadditions-Reaktion einschlägt, wie auch hier die Symmetrie manche Routen behindert und andere begünstigt. Wir werden zwei gegensätzliche Beispiele von Cycloadditionen behandeln: die Vereinigung von zwei Molekülen, die „Dimerisierung" von Ethylen zu Cyclobutan,

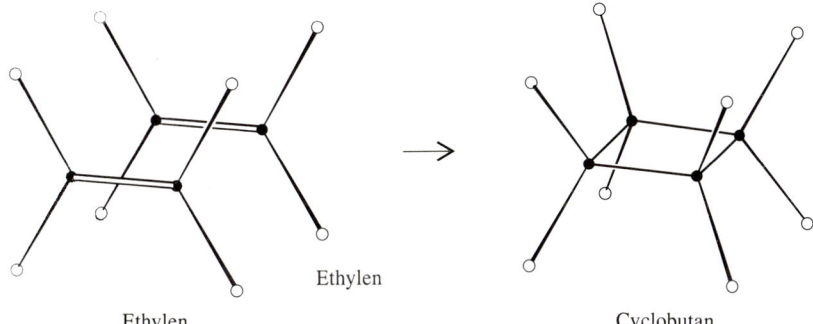

Ethylen   Ethylen   Cyclobutan

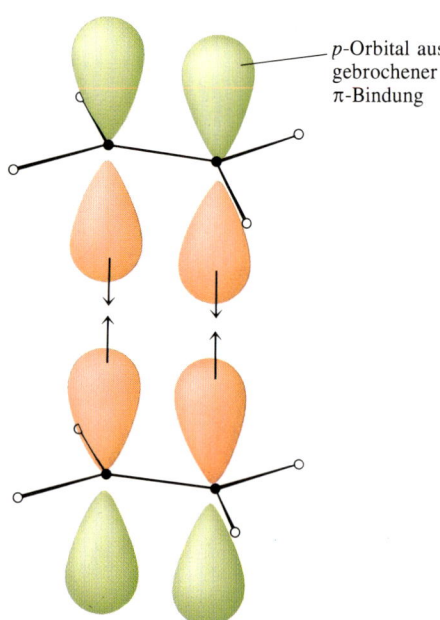

p-Orbital aus
gebrochener
π-Bindung

8.12 Wenn sich zwei Ethylenmoleküle frontal nähern, scheint im Prinzip nichts dagegen zu sprechen, daß die π-Bindungen sich öffnen und die Atomorbitale zu σ-Bindungen überlappen, die die beiden Moleküle in einem viergliedrigen Ring verbinden.

die unter thermischen Bedingungen sehr langsam verläuft, und die sehr viel schnellere Diels-Alder-Addition von Ethylen an Butadien, die wir zu Beginn des Kapitels erwähnt haben. Die Tatsache, daß die thermische Dimerisierung von Ethylen sehr viel langsamer abläuft als die thermisch eingeleitete Diels-Alder-Addition, ist von beträchtlicher kommerzieller Bedeutung. So kann Ethylen für unbeschränkte Zeit aufbewahrt werden, bis man es zur Synthese der Polymere einsetzen will, die so wichtig für das moderne Leben sind. Wäre die Dimerisierung schneller, könnte die Industrie keine Polymere wie Polyethylen, Polystyrol und Polyvinylchlorid produzieren.

Der Grund dafür, daß Ethylen nicht dimerisiert, wenn zwei Moleküle in einem erhitzten Behälter zusammenstoßen, liegt in den quantenmechanischen Konsequenzen der Symmetrie. Es ist die Symmetrie, die das Rohprodukt vor seiner Vernichtung bewahrt. Um verstehen zu können, warum das so ist, betrachten wir die frontale Annäherung von zwei Ethylenmolekülen, wie sie Abbildung 8.12 zeigt. Damit die Moleküle reagieren können, müssen die π-Komponenten der Kohlenstoff-Kohlenstoff-Doppelbindung gebrochen werden. Dadurch wird ein p-Orbital an jedem Kohlenstoffatom verfügbar. Wenn sich die zwei Moleküle nähern, steht jedes p-Orbital einem passenden anderen gegenüber, so daß es eine σ-Bindung mit dem anderen Molekül und auf diese Weise einen viergliedrigen Ring bilden kann.

So weit scheint es keinen Grund zu geben, warum die Dimerisierung nicht erfolgreich ablaufen sollte. Schauen wir uns jedoch die Symmetrie der Moleküle und die Farben der Orbitale, wenn sie sich einander nähern, genauer an. Die zwei Spiegelebenen, die wir in der Abbildung 8.13 sehen, sind bei der

8.13 Nähern sich zwei Ethylenmoleküle frontal (links), dann ist ihre Anordnung symmetrisch in bezug auf zwei senkrecht aufeinanderstehende Spiegelebenen. Ebenso verhält es sich mit ihrem Produkt, einem Cyclobutanmolekül (rechts). Die beiden Spiegelebenen bleiben auch während der Reaktion erhalten.

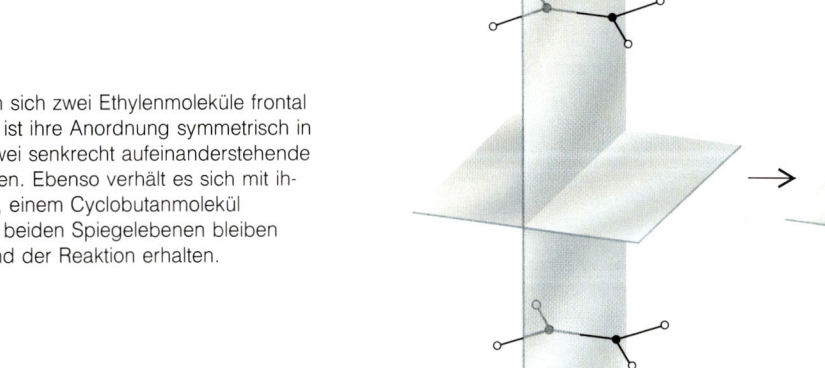

anfänglichen Begegnung, während der Reaktion und im Endprodukt vorhanden. Daraus ergibt sich, daß wir die Orbitale in bezug auf diese *beiden* Spiegelebenen klassifizieren können und daß wir das Korrelationsdiagramm konstruieren können, indem wir die S- oder A-Symmetrie der Orbitale in bezug auf *beide* Spiegelebenen berücksichtigen. In der Abbildung 8.14 illustrieren wir, wie zueinander passende π-Orbitale Paare bilden, wenn die beiden Ethy-

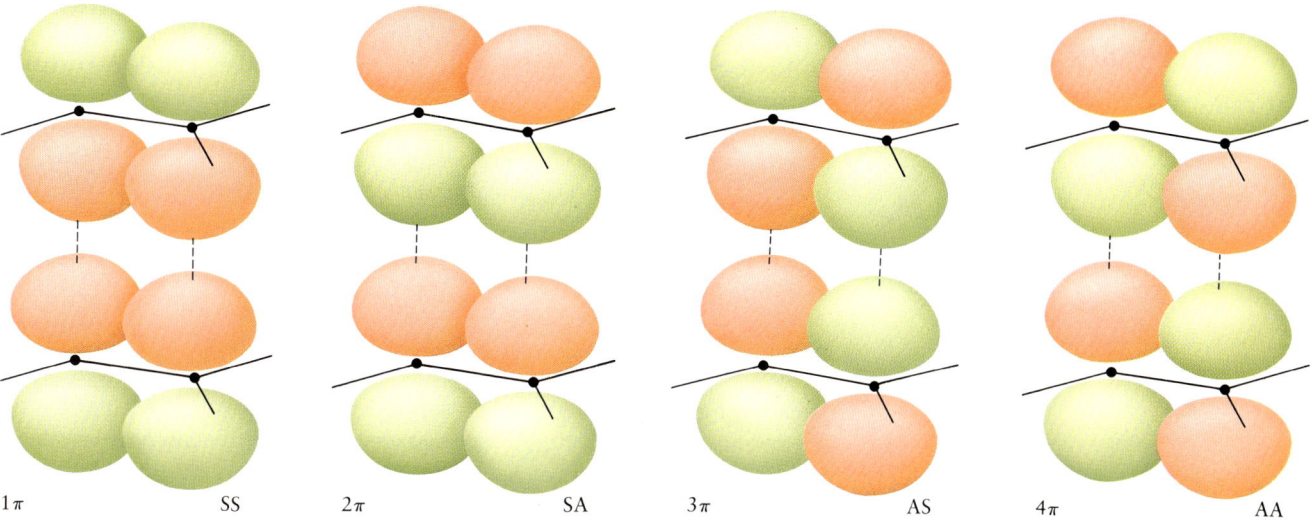

8.14 Die Symmetrien von Molekülorbital-Paaren in zwei Ethylenmolekülen, die sich frontal nähern, kann man in bezug auf die beiden Spiegelebenen klassifizieren, die in Abbildung 8.13 gezeigt wurden. So bedeutet zum Beispiel SA, daß das Orbital in bezug auf die senkrechte Spiegelebene symmetrisch und in bezug auf die waagerechte antisymmetrisch ist.

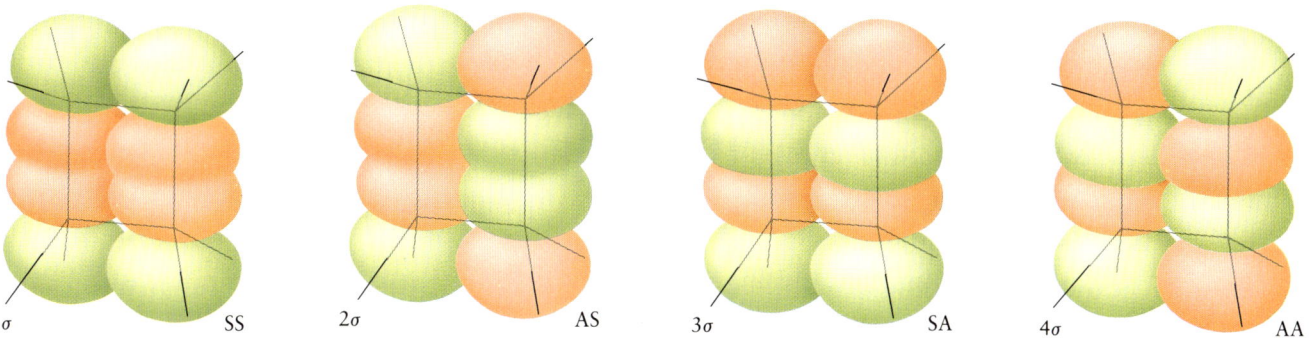

8.15 Die Klassifizierung der neuen σ-bindenden und σ-antibindenden Orbitale, die sich aus der Überlappung von π-Orbitalen bilden. Diese waren zuvor an der Bildung von π-Bindungen in den beiden Ethylenmolekülen beteiligt. (Wenn wir die relativen Energien der Molekülorbitale bestimmen, bemerken wir, daß es nur wenig Überlappung zwischen denjenigen Orbitalen gibt, die sich auf gegenüberliegenden Seiten des Ringes befinden: Am meisten überlappen sich Orbitale, die direkt aufeinander zeigen.)

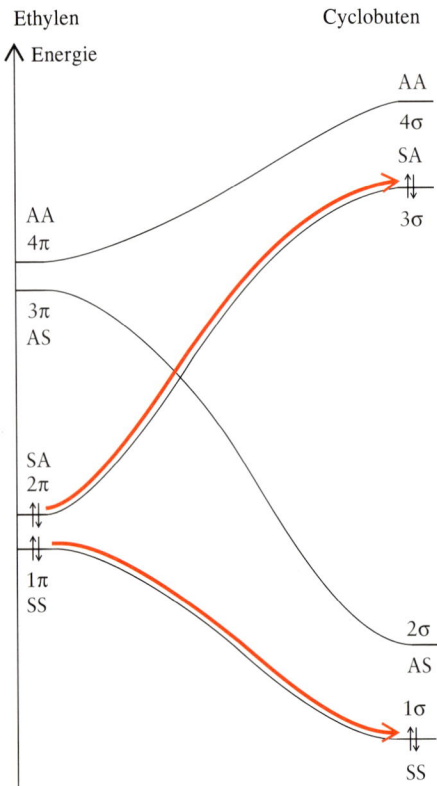

Ethylen   Cyclobuten

↑ Energie

AA
4σ

SA

AA   3σ
4π

3π
AS

SA
2π

1π
SS

2σ

AS

1σ

SS

8.16 Die Energieniveaus der π-Orbitale der beiden Ethylenmoleküle (links) und der σ-Orbitale, die sie im Cyclobutan bilden (rechts). Die Abbildung zeigt auch die Korrelation zwischen beiden.

8.17 Die Spiegelebene, die dem Ethylen und dem Butadien in einer Diels-Alder-Reaktion gemeinsam ist.

lenmoleküle sich nähern, und geben die Symmetriezuordnung für jedes Paar an. Die σ-Orbitale, die sich bei der Annäherung der Moleküle bilden können, kann man auch nach A oder S in bezug auf jede Spiegelebene einordnen, wie die Abbildung 8.15 verdeutlicht.

Um beurteilen zu können, ob die Reaktion möglich ist, müssen wir die Verhältnisse der Energien der Molekülorbitale zueinander kennen. Wie üblich kann man die relative Ordnung der Energien aus der Anzahl und Wichtigkeit der Knoten ableiten, die sich in den Orbitalen zwischen den Kernen befinden. Das Korrelationsdiagramm wird vollständig, wenn wir die Orbitale derselben Symmetrie verbinden, ohne dabei Linien zwischen Orbitalen derselben Symmetrie zu kreuzen. Aus dem Korrelationsdiagramm der Abbildung 8.16 wird deutlich, daß die Dimerisierungs-Reaktion schließlich zu einem Cyclobutanmolekül in einem elektronisch angeregten Zustand führt. Dieser Prozeß erfordert so viel Energie, daß es nicht genügt, die Reaktanten zu erhitzen und zu hoffen, daß die Ethylenmoleküle mit ausreichender Energie aufeinanderstoßen, um den Prozeß einzuleiten. Deshalb überlebt das Ethylen beliebig lange Zeit. Die Dimerisierung ist also durch die Symmetrie der Orbitale verboten, und die Selbständigkeit der Moleküle bleibt gewahrt.

Sehen wir uns jetzt an, warum die Diels-Alder-Addition von Ethylen an Butadien so viel leichter abläuft. Wieder betrachten wir die frontale Annäherung der beiden Moleküle, bei der – wie die Abbildung 8.17 zeigt – eine Spiegelebene erhalten bleibt. Im Verlauf der Reaktion bilden sich zwei neue σ-Bindungen auf Kosten von zwei π-Bindungen (und eine π-Bindung bewegt sich an einen neuen Platz).

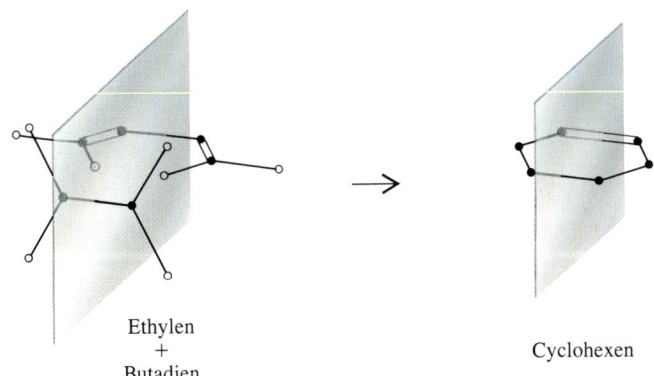

Ethylen + Butadien   Cyclohexen

Das Korrelationsdiagramm für die Additionsreaktion, das in Abbildung 8.18 dargestellt ist, kann man in der üblichen Weise aufstellen. Wir können die Entwicklung der bindenden Elektronenpaare in den drei untersten Orbitalen des Ausgangsmoleküls verfolgen, während die Reaktanten in die Produkte übergehen. Ganz offensichtlich gehen die Reaktanten aus dem Grundzustand

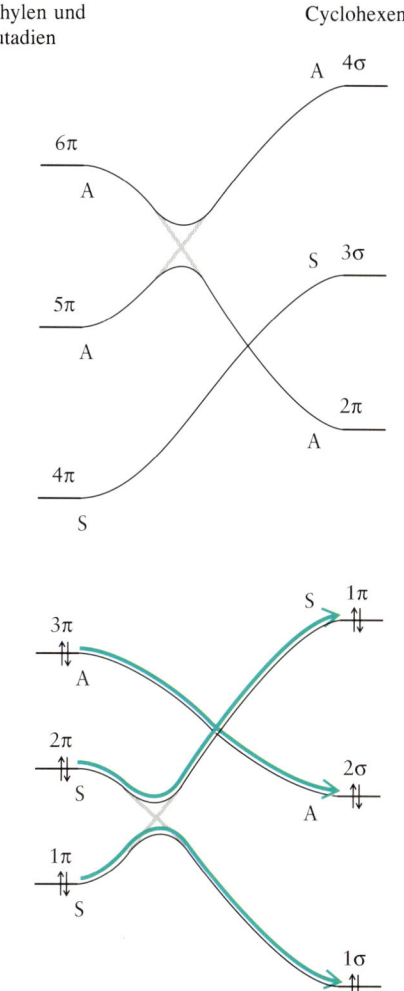

8.18 Das Korrelationsdiagramm für die Umwandlung der π-Orbitale von Ethylen und Butadien in die Orbitale des Cyclohexens in einer Diels-Alder-Reaktion. Beachten Sie, wie der $1\pi^2 2\pi^2 3\pi^2$-Grundzustand des Ausgangsmaterials zum $1\sigma^2 2\sigma^2 1\pi^2$-Grundzustand des Produkts wird.

der Elektronenkonfiguration in die Produkte über, die sich ebenfalls im Grundzustand der Elektronenkonfiguration befinden (in dem die drei Elektronenpaare die drei untersten Orbitale besetzen). Das Cyclohexenmolekül entsteht also in seinem elektronischen Grundzustand. Der fließende Übergang von den Reaktanten zu den Produkten beinhaltet keine Anregung von Elektronen. Man kann deshalb annehmen, daß seine Aktivierungsenergie ausreichend gering ist, um die Reaktion thermisch einleiten zu können. Diese Schlußfolgerung stimmt voll mit der gemessenen Reaktionsgeschwindigkeit der Diels-Alder-Reaktion überein; sie ist eine thermisch *erlaubte* Reaktion.

Photochemische oder thermische Reaktion?

Eine thermisch verbotene Reaktion kann möglich werden, wenn Elektronen durch die Absorption von Lichtphotonen in andere Orbitale angeregt werden. Solche Reaktionen laufen, wie man denken könnte, nicht nur deshalb ab, weil den Ausgangsstoffen mehr Energie zur Verfügung steht, nachdem sie die Energie absorbiert haben, die ein Photon mit sich trägt. Sondern sie laufen auch deshalb ab, weil sich durch die entsprechende Anwendung der eben diskutierten Symmetrieargumente neue Reaktionswege eröffnen. Licht macht diese Wege nicht nur dadurch begehbar, daß es mehr Energie zur Verfügung stellt, *sondern auch* weil es verbotene Wege erlaubt. Nach der Lichtabsorption besetzt ein Elektron ein anderes Orbital. Damit hat das Korrelationsdiagramm andere Konsequenzen, die neu eröffnete Reaktionswege beinhalten können. Wir können allmählich die feine Kontrolle würdigen, die man über die Materie auf der molekularen Ebene ausüben kann. Denn eine thermische Reaktion kann dazu führen, daß sich die Gruppen in die eine Richtung drehen, während eine photochemische Auslösung der Reaktion mit den gleichen Ausgangsmaterialien eine Drehung in die Gegenrichtung zur Folge haben und ein anderes Produkt ergeben kann.

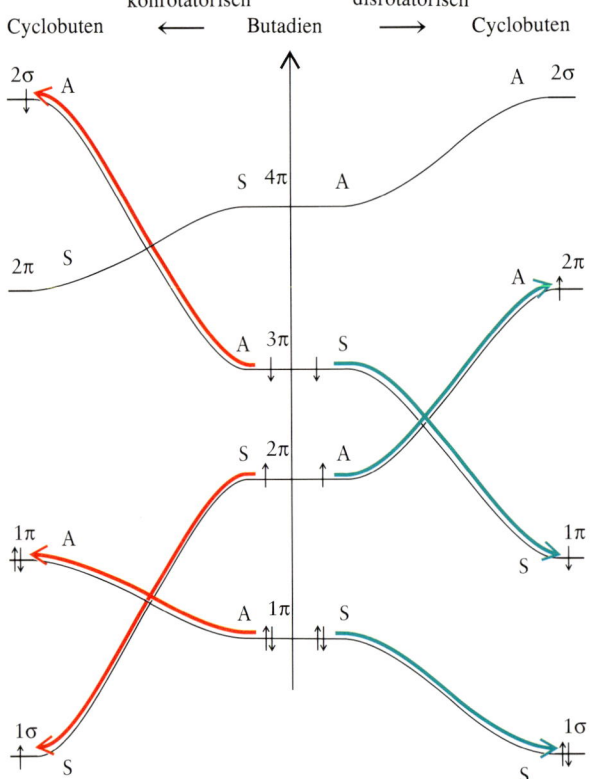

8.19 Das Korrelationsdiagramm für die photochemisch induzierte Umwandlung von Butadien in Cyclobuten. Die Absorption eines Photons hebt ein 2π-Elektron in ein 3π-Orbital an. Die konrotatorische Verdrehung des Moleküls führt zur Bildung des Produkts in einem hochangeregten Zustand und ist deshalb verboten.

Betrachten wir den photochemischen Ringschluß des Butadiens ab dem Zeitpunkt, an dem die Absorption eines Photons ein einzelnes Elektron aus dem 2π-Orbital in das 3π-Orbital angeregt hat. Verfolgen wir den disrotatorischen Weg (das Korrelationsdiagramm in der Abbildung 8.19 zeigt ihn), so finden wir, daß die angeregte Elektronenkonfiguration des Butadienmoleküls in eine angeregte Elektronenkonfiguration des Cyclobutenmoleküls übergeht. Diese besitzt eine Energie, die derjenigen des Ausgangsmoleküls ähnlich ist. Auf dem konrotatorischen Weg wächst die Energie beträchtlich an. Deshalb steht der photochemischen Reaktion im Gegensatz zur thermischen elektrocyclischen Reaktion der disrotatorische Weg offen, während der konrotatorische verschlossen bleibt.

Man weiß, daß der Ring sich photochemisch tatsächlich über den disrotatorischen Weg schließt. Dennoch gibt es (wie meistens bei photochemischen Reaktionen) einige Komplikationen: Cyclobuten entsteht in seinem elektronischen *Grund*zustand und nicht, wie nach unserer Diskussion erwartet, in einem angeregten Zustand. Um auch diese Unstimmigkeit aufzuklären, müssen wir auch noch die letzte Stufe zum Verständnis erklimmen.

Die Korrelation der Gesamtzustände

Das Problem bei den Orbitaldiagrammen liegt darin, daß sie sich auf einzelne *Orbitale* konzentrieren und nicht auf das kollektive Verhalten aller Elektronen des Moleküls, das letztlich den Verlauf der Reaktion bestimmt. Wir müssen uns bemühen, das gemeinsame Verhalten von vielen Elektronen zu beschreiben.

Stellen wir uns vor, daß in einem Molekül ein Elektron ein Orbital besetzt, das S ist in bezug auf eine Drehung oder eine Spiegelung, und ein anderes Elektron ein Orbital besetzt, das ebenfalls S ist. Dann ist die *Gesamt*wirkung der Drehung oder Spiegelung S. Sind beide besetzte Orbitale A, dann ist der *Gesamt*effekt ebenfalls S.

Wollen wir verstehen, warum das so ist, müssen wir uns daran erinnern, daß die Farben eines Orbitals für die Vorzeichen einer Welle stehen. Wenn beide Orbitale ihre Vorzeichen ändern, ist die Gesamtwirkung so, als ob keine Änderung des Vorzeichen stattgefunden hätte. Ein ähnliches Argument gilt, wenn ein Orbital S ist und das andere A. Aber jetzt ist die gemeinsame Einordnung A, weil ein Orbital sein Vorzeichen ändert, das andere jedoch nicht. Wir fassen diese Bemerkungen zu den Regeln zusammen:

$$S \times S = S \qquad A \times A = S \qquad S \times A = A$$

Die gleichen Regeln gelten, wenn mehr als zwei Elektronen vorhanden sind.

213

Gibt es zum Beispiel drei einfach besetzte A-Orbitale, dann ist die Einordnung nach der Gesamtsymmetrie:

$$A \times A \times A = A \times (A \times A) = A \times S = A$$

Sind alle Orbitale doppelt besetzt, dann multiplizieren sich gerade Anzahlen von S und A zu S für die Gesamtsymmetrie. Aus diesem Grund zeigen fast alle molekularen Grundzustände S-Symmetrie.

Damit wir erkennen, welche praktischen Auswirkungen diese Regeln haben, behandeln wir zuerst einige elektronisch angeregte Zustände von Butadien und Cyclobuten und bestimmen ihre Symmetrien in bezug auf den disrotatorischen Reaktionsweg. Weil der disrotatorische Weg eine einzige Spiegelebene erhält, klassifizieren wir die Orbitale in bezug auf diese Spiegelebene in A oder S. Der erste angeregte Zustand von Butadien besitzt die Konfiguration $1\pi^2 2\pi^1 3\pi^1$. Ein Elektron wurde aus dem 2π-Orbital (einem A-Orbital) in das 3π-Orbital (ein S-Orbital) angehoben. Seine Gesamtsymmetrie ist deshalb:

$$\underset{1\pi^2}{(S \times S)} \times \underset{2\pi^1}{A} \times \underset{3\pi^1}{S} = A$$

In der nächsthöheren Anregung von Butadien sind beide 2π-Elektronen in das 3π-Orbital angehoben, so daß seine Konfiguration $1\pi^2 3\pi^2$ lautet. Weil alle besetzten Orbitale S sind, ist die Gesamtsymmetrie des Zustands:

$$(S \times S) \times (S \times S) = S$$

Wir betrachten jetzt die Gesamtorbitalsymmetrien des Produktmoleküls Cyclobuten. Wir kennen die einzelnen Einordnungen der Orbitale in bezug auf die Spiegelebene, die erhalten bleibt, und können die Multiplikationsregeln benutzen, um die Gesamtsymmetrien für den Grundzustand ($1\sigma^2 1\pi^2$) und für die ersten beiden angeregten Zustände auszurechnen. Diese angeregten Zustände entstehen durch das Anheben von Elektronen aus dem 1π-Orbital in das 2π-Orbital zu der Konfiguration $1\sigma^2 1\pi^1 2\pi^1$ (ein Elektron angehoben) und, mit beträchtlich höherer Energie, $1\sigma^2 2\pi^2$ (beide Elektronen angehoben). Die Symmetrien der dabei entstehenden Zustände sind rechts in der Abbildung 8.20 aufgeführt.

Wir können eine erste Näherung des Korrelationsdiagramms für die Gesamtzustände zeichnen, wenn wir uns auf das Korrelationsdiagramm für Orbitale beziehen, das wir früher konstruiert haben (Abbildung 8.10). Dort haben wir gesehen, daß die Butadien-Orbitale 1π und 2π zu den Orbitalen 1σ und 2π des Cyclobutens werden. Daraus folgt, daß die Konfiguration $1\pi^2 2\pi^2$ S des Butadiens zur Konfiguration $1\sigma^2 2\pi^2$ S des Cyclobutens wird. Wir zeichnen eine Linie zwischen den beiden Zuständen. Alle anderen Näherungen erster Ordnung für die Linien des Korrelationsdiagramms können wir auf ähnliche Weise zeichnen, indem wir uns auf die Korrelationen der Orbitale aus der

214

früheren Zeichnung beziehen und die entsprechenden Verbindungslinien zeichnen.

Der springende Punkt ist: Es gibt *zwei* S-Zustände, die sich – auf dieser Stufe der Analyse – zu kreuzen scheinen. Ein Zustand beginnt im Grundzustand des Butadiens und endet im höchsten angeregten Zustand des Cyclobutens. Der andere beginnt im höchsten angeregten Zustand des Butadiens und endet im Grundzustand des Cyclobutens. Aber gerade so wie das Kreuzungsverbot ausschließt, daß sich zwei Orbitale derselben Symmetrie kreuzen, so verbietet es auch, daß sich *Zustände* derselben Symmetrie kreuzen. Bezieht man diese Regel mit ein, dann folgen die Korrelationen den schwarzen Linien in der Abbildung.

Jetzt wollen wir uns erst einmal orientieren. Das Korrelationsdiagramm zeigt, daß der Grundzustand des Butadiens (links unten) zum Grundzustand des Cyclobutens (rechts unten) wird. Das Korrelationsdiagramm zeigt aber auch, daß auf dem Reaktionsweg ein Peak von den Ausmaßen eines Mount Everest liegt. Die disrotatorische Verdrehung ist damit blockiert: Das Molekül muß, wenn es sich in der ersten Phase der Umwandlung verwindet, so viel antibindenden Charakter annehmen, bevor die Bewegung das Orbital in eines mit mehr bindendem Charakter verwandelt, daß das Molekül in seiner ursprünglichen Form eingeschlossen bleibt. Dasselbe gilt für die Ringöffnung: Versucht das Molekül in der anfänglichen Drehbewegung den Ring zu sprengen, muß es zu viel antibindenden Charakter annehmen, um die Öffnung durch einen Stoß möglich zu machen. Die Molekülsymmetrie blockiert den disrotatorischen Weg.

Wir wenden uns jetzt der photochemischen Reaktion zu und verfolgen, was mit dem Molekül geschieht, wenn ein Elektron in ein anderes Orbital befördert wird. In einem typischen photochemischen Prozeß hebt die Absorption eines Lichtphotons ein Elektron aus dem 2π-Orbital in ein 3π-Orbital an, und das Molekül lebt kurzzeitig in einem angeregten A-Zustand. In diesem Zustand reagiert die Elektronenverteilung höchst empfindlich auf selbst winzigste Einflüsse, und es fällt den Elektronen sehr leicht, ihre Positionen den Umständen anzupassen: Eine in der Quantenmechanik allgemein gültige Regel besagt, daß Zustände mit gleicher Energie leicht beeinflußbar sind und ohne weiteres ineinander übergehen können. So braucht sich nur ein Kern ein wenig zu schnell zu bewegen, so daß ein Elektron nicht mehr folgen kann, und schon kann die Verteilung der Elektronen in eine neue Anordnung hineinfallen. In unserem Fall genügt eine kleine Bewegung des Atomkerns zu dem Zeitpunkt, an dem die S- und A-Zustände die gleiche Energie besitzen, um das Molekül auf die S-Kurve zu setzen, auf der es dann nach dem Kreuzungspunkt zum Grundzustand des Cyclobutens hinabgleitet. Die Umwandlung verlief erfolgreich: Die photochemische Anregung hat zur Bildung eines Cyclobutenmoleküls auf einem disrotatorischen Weg geführt, auf dem Weg, der für Reaktionen verschlossen war, die über Stöße ablaufen. Jetzt haben Symmetrieüberlegungen einen Weg eröffnet, den sie zuvor blockiert hatten.

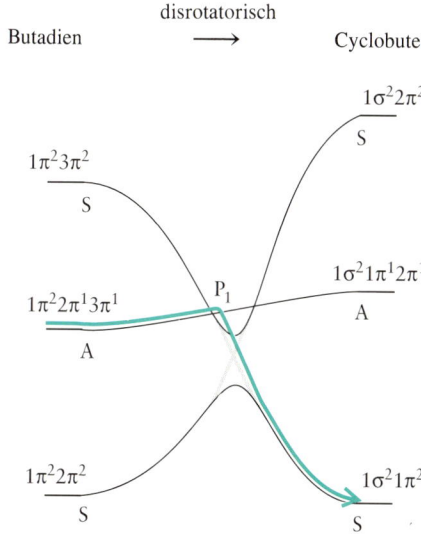

8.20 Das Korrelationsdiagramm der Gesamtzustände für die Umwandlung von Butadien in Cyclobuten für den Grundzustand und die beiden ersten angeregten Zustände des Butadienmoleküls.

215

Photochemische Blockierung

Wir haben gesehen, daß die Absorption eines Photons einen Reaktionsweg öffnen kann. Noch erstaunlicher mag sein, daß die Absorption eines Photons einen Weg auch blockieren kann, der zuvor zugänglich war. (Daraus erkennen wir, daß die Photonenabsorption dem Molekül nicht nur eine größere Energie verleiht.) Die Diels-Alder-Addition von Ethylen an Butadien ist ein Beispiel für eine Reaktion, die thermisch erlaubt, aber photochemisch verboten ist.

Wir können am Korrelationsdiagramm nachvollziehen, wie ein Photon eine ansonsten leicht mögliche Reaktion verhindern kann. Wie gewöhnlich benutzen wir das Korrelationsdiagramm der Einzelorbitale, um das Gerüst des Korrelationsdiagramms für die Gesamtzustände aufzubauen. Anschließend wenden wir das Kreuzungsverbot an und erhalten das Diagramm der Abbildung 8.21. An diesem Diagramm fällt sofort auf, daß keine Energiebarriere zwi-

Ethylen und Butadien

Cyclohexen

$1\sigma^2 2\sigma^1 1\pi^2 3\sigma^1$

A

$1\pi^2 2\pi^1 3\pi^2 5\pi^1$

A

$1\pi^2 2\pi^2 3\pi^1 4\pi^1$

A

$1\sigma^2 2\sigma^2 1\pi^2 2\pi^1$

A

8.21 Das Korrelationsdiagramm der Gesamtzustände für die Diels-Alder-Addition von Ethylen an Butadien. Der Übergang von Grundzustand zu Grundzustand kann leicht erfolgen, weil es keine Aktivierungsbarriere gibt (wenn wir die Änderungen des σ-Gerüstes vernachlässigen). Im Gegensatz dazu blockiert eine hohe Barriere die Reaktion eines elektronisch angeregten Zustands.

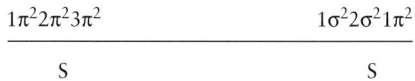

$1\pi^2 2\pi^2 3\pi^2$	$1\sigma^2 2\sigma^2 1\pi^2$
S	S

schen den beiden Grundzuständen existiert. Die Reaktion ist deshalb thermisch erlaubt. (Die geringfügige Aktivierungsenergie, die in der Praxis dennoch auftritt, entsteht durch die Anpassungen des σ-Gerüsts, wenn das Molekül sich in seine neue Form dreht.) Stellen wir uns vor, es trifft ein Photon auf die beiden Moleküle, die sich in dem Moment einander nähern, und regt ein Elektron aus einem 3π-Orbital in ein 4π-Orbital an; jetzt hat das Paar die Konfiguration $1\pi^2 2\pi^2 3\pi^1 4\pi^1$, befindet sich also insgesamt in einem A-Zustand. Gemäß der Korrelation der *Orbitale* würde diese Konfiguration in die hochangeregte Konfiguration $1\sigma^2 2\sigma^1 1\pi^2 3\sigma^1$ des Additionsprodukts übergehen. Kommen sich die Ethylen- und Butadienmoleküle jedoch nahe, steigt der A-Zustand in seiner Energie und nähert sich einem anderen A-Zustand, der sich aus einer noch höher angeregten Konfiguration ableitet, und dessen Energie sinkt, wenn die Moleküle sich einander nähern. Das Kreuzungsverbot verhindert ihre Überschneidung. Deshalb entwickelt sich stattdessen der energieärmere A-Zustand des Molekülpaares zum energieärmeren A-Zustand des Produkts. Der anfängliche Energieanstieg und der anschließende Energieabfall, die sich aus der Änderung der Elektronenverteilung ergeben, verursachen einen beträchtlichen Berg im Korrelationsdiagramm. Daraus folgt, daß der photochemisch eingeleitete Prozeß verboten ist, obwohl das Molekül mehr Energie besitzt als in seinem Grundzustand.

Wir haben das Kohlenstoffatom in diese pericyclischen Reaktionen begleitet und uns dabei weit von Faradays Interessen entfernt. Aber sobald das Kohlenstoffatom von der Kerze freigesetzt wird und in die Biosphäre übergeht, können ihm derartige Umwandlungen widerfahren. Was wir aus diesem Kapitel lernen sollten, ist nicht so sehr, daß das Kohlenstoffatom vielfältige Eigenschaften besitzt – das sollte inzwischen klar genug sein –, sondern daß wir die bequeme und vertraute Welt der klassischen Vorstellungen aufgeben müssen, wenn wir das Verhalten des Kohlenstoffes voll *verstehen* wollen, und zugestehen müssen, daß die Quantenmechanik die Umwandlungen regiert. Insbesondere kann durch den Einfluß der Quantenmechanik die Symmetrie eines Moleküls sein chemisches Schicksal bestimmen.

Licht und Leben

9

Ich habe hier auch einige Kerzen, die mir Mr. Pearsall geschickt hat. Sie sind mit Bildern verziert. Wenn sie brennen, sieht es so aus, als stünde die flammende Sonne über einem Strauß von Blumen.

MICHAEL FARADAY, Erste Vorlesung

9.1 Die grüne Vegetation nutzt die Energie der Sonnenstrahlung, um in der Photosynthese, einer komplizierten Folge von chemischen Reaktionen, Kohlenhydrate aufzubauen.

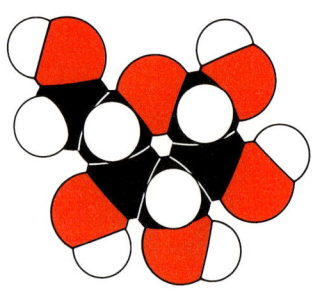

Glucose, $C_6H_{12}O_6$

Eine der großen Verwandlungen dieser Welt ist der Übergang des Kohlenstoffes von seiner anorganischen Existenz als Kohlendioxid in eine organische Form, nämlich Glucose. Dies geschieht in der Photosynthese: Mit ihr nutzen die grünen Pflanzen die Energie der Sonne, indem sie aus der Luft aufgenommenes Kohlendioxid in Kohlenhydrate umwandeln. Die Reaktionen der Photosynthese bilden so den Beginn der Nahrungskette – sie fangen die Sonnenenergie ein und halten sie in einer komplizierten Form der Materie fest, die im weiteren als grundlegender Brennstoff dient. Ohne die Reaktionen der Photosynthese wäre die Erde ein feuchter, warmer Felsen, bewohnt von primitiven Organismen, die jene Energielawine, die von der Sonne auf uns geschleudert wird, nur sehr ineffizient ausnutzen können. Durch die Reaktionen der Photosynthese wird unser Planet jedoch zu einem pulsierenden grünen Erdball, der von Leben überquillt. Dieses Leben stützt sich auf die Nahrungskette, die bei den Kohlenhydraten anfängt und sich gegenwärtig bis zu den Fleischfressern erstreckt. Mit der Photosynthese zieht die Sonne die Feder auf, die alle unsere Aktivitäten antreibt.

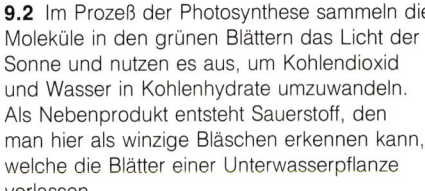

9.2 Im Prozeß der Photosynthese sammeln die Moleküle in den grünen Blättern das Licht der Sonne und nutzen es aus, um Kohlendioxid und Wasser in Kohlenhydrate umzuwandeln. Als Nebenprodukt entsteht Sauerstoff, den man hier als winzige Bläschen erkennen kann, welche die Blätter einer Unterwasserpflanze verlassen.

Faraday entriß letztlich durch die Photosynthese der Sonne Energie – wenn auch vorsichtiger als Prometheus. Die chemische Vorgeschichte seiner Kerze enthielt einen Schritt, in dem ein Kohlendioxidmolekül aus der Luft gegriffen und durch die Photosynthese in ein Kohlenhydratmolekül eingebaut wurde. Dieses ernährte später die Biene, die das Wachs erzeugte. Als Faraday seine

Kerze entzündete, setzte er Energie frei, die – vielleicht Jahre zuvor – als Sonnenstrahl eingefangen wurde und zwischenzeitlich in Molekülen gelagert war, die mit Hilfe der Photosynthese aufgebaut wurden.

Während manche chemischen Reaktionen durch Licht ausgelöst werden, gibt es andere, die Licht erzeugen. Einige tun dies sehr indirekt: zum Beispiel wenn die Verbrennung von Brennstoff in einem Kraftwerk oder die Redoxreaktion in einer Batterie Elektrizität liefern, die schließlich eine Lampe brennen läßt. Andere strahlen Licht ab, weil sie exotherm ablaufen. Das ist der Fall, wenn Kerzenwachs verbrennt und Atome oder Moleküle und ihre Fragmente in einen angeregten Zustand versetzt, wie es auch beim Feuerwerk geschieht. Wieder andere Reaktionen jedoch – die wir in diesem Kapitel genauer behandeln werden – erzeugen Licht in einem direkten Prozeß: der Chemilumineszenz.

Die Photosynthese stellt die Vollendung der Vorgänge dar, die wir bisher betrachtet haben. Bis jetzt haben wir nur einfache molekulare Ereignisse vorgestellt und uns auf die einzelnen Schritte konzentriert, die zu den Reaktionen beitragen können. Nun kommen wir an den Punkt, wo wir die Details verlassen und die umfassenden Konsequenzen ihrer einzelnen Beiträge untersuchen. Dafür dient das komplizierte Wechselspiel der Reaktionen in der Photosynthese als Beispiel. In diesem abschließenden Kapitel sind die einzelnen Noten der chemischen Reaktionen noch immer wichtig, aber wir treten ein Stück zurück und hören auf die ganze Symphonie der Umwandlung.

9.3 Der Röhrenpilz *Pulverboletus ravenelii* ist chemilumineszent. Er glüht im Dunkeln, weil lichterzeugende Reaktionen ablaufen.

Die chemische Erzeugung von Licht

Die Natur stolperte über die Chemilumineszenz lange bevor ein Chemiker die Erde betrat, denn dieser Vorgang ist verantwortlich für das Blinken und Glimmen von Leuchtkäfern, Glühwürmchen, Quallen und verfaulenden Fischen. Einige Bakterien leuchten durch die Chemilumineszenz, wie auch der Pilz *Clitocybe illudens*, im Englischen treffend „Jack-o-lantern" (Jack mit der Laterne) genannt.

Die Natur und die Chemiker zaubern mit dem gleichen Trick Licht aus einer Reaktion hervor: Sie lassen die Produkte in einem energetisch angeregten Zustand entstehen, der anschließend seine Überschußenergie als Strahlung anstatt als Wärme abgibt. Daß nicht die ganze Welt erstrahlt, liegt in dem Wettbewerb zwischen der Strahlung und der Wärme als Form der Energieabgabe. Die Produkte der meisten Reaktionen stehen in so engem Kontakt mit ihrer Umgebung, daß jede Anregung in Form von Wärmebewegung schnell auf die Nachbarmoleküle übertragen wird. Es gibt allerdings Reaktionen, bei denen der Kontakt so schwach ist, daß der angeregte Zustand lange genug besteht, um – in einem relativ langsamen Vorgang – ein Photon entstehen zu lassen.

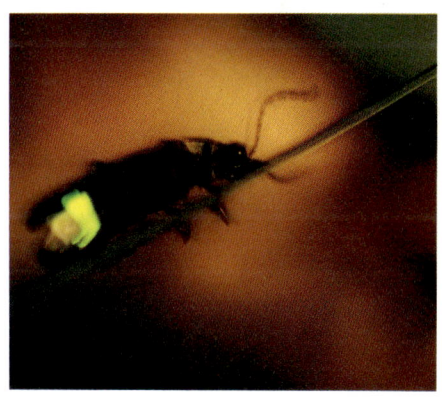

9.4 Leuchtkäfer sind Vertreter der Familie Lampyridae. Auch ihre Larven leuchten, vielleicht als Warnung an Räuber, daß sie giftig sind. Erwachsene Leuchtkäfer blinken, wenn sie einen Geschlechtspartner suchen. Manche von ihnen sind Fleischfresser: Sie ahmen die Leuchtsignale anderer Arten nach, um sie als Beute anzulocken.

221

Zu den natürlichen, aber nichtbiologischen Quellen „kalten" Lichtes gehört das Nordlicht (siehe Abbildung 6.10). Diese Leuchterscheinung beruht darauf, daß energiereiche Partikel von der Sonne — vor allem Elektronen und Photonen — in Stoßprozessen Stickstoff- und Sauerstoffmoleküle hoch oben in der Stratosphäre ionisieren. Die Luft ist dort so dünn, daß Moleküle nur selten zusammenstoßen und die angeregten Moleküle genug Zeit haben, Photonen zu bilden. In einem typischen Prozeß ionisiert ein Elektron durch Stoß ein Stickstoffmolekül (N_2):

$$N_2 + e^{-}* \rightarrow N_2^{+}* + 2e^{-}$$

Der Stern kennzeichnet ein energiereiches Teilchen. Das N_2^{+}-Ion kann ein weniger energiereiches Elektron einfangen und einen elektronisch angeregten Zustand des neutralen Moleküls bilden. Dieser kann seine Energie als ultraviolette Strahlung und als violettes und blaues Licht abstrahlen. Im anderen Falle kann ein Elektronenstoß einen Sauerstoff energetisch anregen:

$$O + e^{-}* \rightarrow O* + e^{-}$$

Das angeregte Atom kann Licht von weißlich-grüner oder karmesinroter Farbe aussenden. Ähnliche Reaktionen wie diejenigen, die das Nordlicht erzeugen, laufen in einem kleineren Maßstab hier auf der Erde ab, wenn man einen elektrischen Schalter umlegt und bei dem Schließen der Kontakte ein Funke überspringt. Der grüne Blitz, den man dabei manchmal sehen kann, geht von ionisierten O-Atomen aus, die bei der Spaltung von O_2-Molekülen entstehen.

Einen Typ der Chemilumineszenz nennt man Biolumineszenz, weil er von lebenden Organismen erzeugt wird. An der Biolumineszenz ist normalerweise ein Molekül beteiligt, das Licht aussendet (Luciferin), sowie ein Enzym (Luciferase). Auch wenn die Luciferine der einzelnen Spezies sich unterscheiden, können wir als typischen Vertreter das Leuchtkäferluciferin betrachten. Unter der Einwirkung von Luciferase, Sauerstoff und dem universellen lokalen Energiespeicher ATP (Adenosintriphosphat) verliert das Luciferinmolekül eine OH-Gruppe und geht in den elektronisch angeregten Zustand des unten abgebildeten Moleküls über. Dieses Molekül sendet ein grünes Photon aus, das wir als das Glimmen des Leuchtkäfers wahrnehmen.

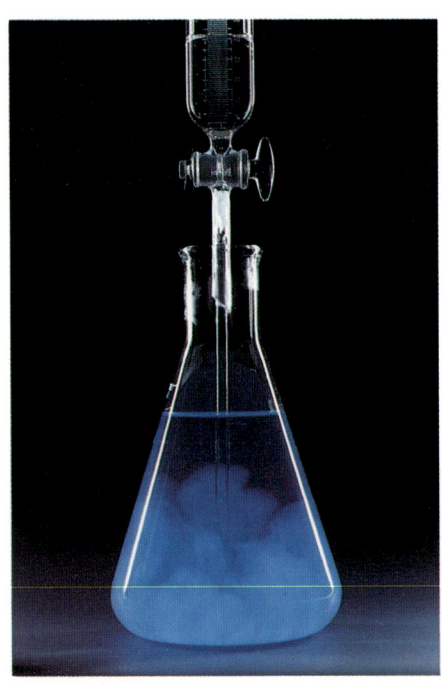

9.5 Bei der Chemilumineszenz-Reaktion zwischen Luminol und Wasserstoffperoxid entsteht ein Produkt in einem angeregten Zustand. Es strahlt seine überschüssige Energie als blaues Photon ab. Dadurch erzeugt die Reaktion ein intensiv blaues Licht.

Photinus-Luciferin

die chemilumineszente Form des Luciferins

Die Biolumineszenz wandelt mit hohem Wirkungsgrad chemische Energie in Strahlung um. In manchen Spezies geht nur ein Prozent der Energie als Wärme verloren. Bei der Chemilumineszenz, die man im Labor erzeugt, erreicht man nur einen geringeren Umwandlungsfaktor. Aber trotzdem sind die Prozesse recht effizient. Eine typische Labordemonstration der Chemilumineszenz beruht auf der Reaktion der Verbindung Luminol mit Wasserstoffperoxid (H_2O_2) in Gegenwart eines Katalysators ($[Fe(CN)_6{}^{3-}]$), der am Elektronentransfer teilnehmen kann. Diese Reaktion erzeugt ein Ion in einem elektronisch angeregten Zustand.

Luminol   die chemilumineszente Form des Luminols

Die Leuchtstäbe, die man manchmal zum reinen Vergnügen oder auch zur Beleuchtung in Notfällen benutzt, arbeiten mit Reaktionen, die im Prinzip ähnlich ablaufen wie die eben beschriebenen. Sie schalten jedoch einen zusätzlichen Schritt ein. Normalerweise bestehen diese Leuchtstäbe aus einem äußeren Plastikzylinder, der eine Lösung eines fluoreszierenden Moleküls und eines Esters der Oxalsäure (HOOC—COOH) enthält. In dem Leuchtstab selbst befindet sich ein weiterer Zylinder, in dem sich Wasserstoffperoxid und ein Katalysator befinden. Zerbricht man den inneren Zylinder, so reagiert das Wasserstoffperoxid mit dem Oxalsäureester zu einem cyclischen Produkt:

Der stark gespannte viergliedrige Ring überträgt seine Energie auf das fluoreszierende Molekül. Dieses wird bei dem Vorgang elektronisch angeregt und gibt seine Überschußenergie als ein Photon ab. Das fluoreszierende Molekül kann ganz verschieden aussehen, unter anderem wie das Molekül (a), das blau fluoresziert, oder (b), das orange fluoresziert.

(a)

(b)

Die chemische Erzeugung von kohärentem Licht

Die Lichtquellen, die wir bisher betrachtet haben, senden ihre Photonen zufällig in alle Richtungen aus, ähnlich dem Licht einer weißglühenden Lampe. Aber die Chemiker wissen inzwischen, wie sie die Energie aus chemischen Reaktionen als einen Lichtstrahl „kohärenter" Strahlung gewinnen können.

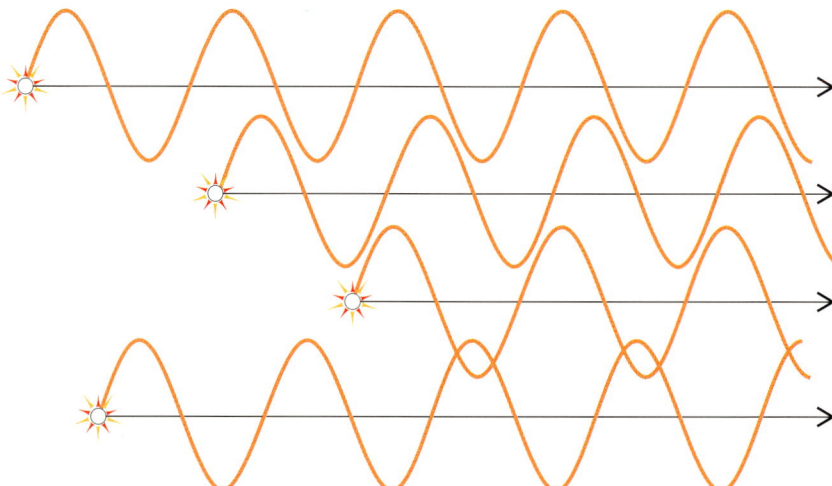

chaotische Strahlung aus einer konventionellen Quelle

9.6 Herkömmliche Lichtquellen senden eine Strahlung aus, deren Wellen untereinander keine Phasenbeziehung besitzen. Die Wellen, die eine kohärente Quelle (wie etwa ein Laser) abstrahlt, schwingen im „Gleichschritt".

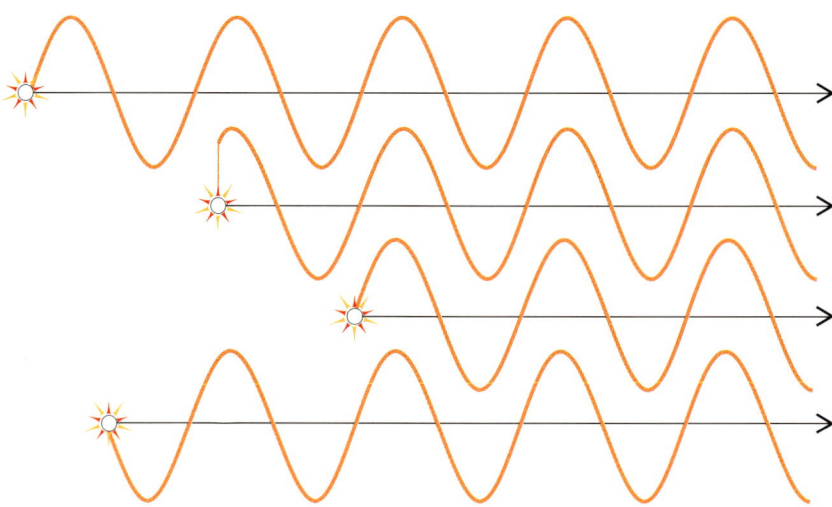

kohärente Strahlung aus einer kohärenten Quelle

Die Wellen, die von verschiedenen Molekülen ausgehen, schwingen bei dieser Art von Strahlung alle im gleichen Takt und nicht willkürlich zeitlich versetzt. Die Reaktion, die wir jetzt beschreiben, bildet die Grundlage für den „chemischen Laser". Was auch immer von dem Spektakel der Strategischen Verteidigungsinitiative (SDI) übrigbleiben wird, diese Reaktion gehört dazu.

Zwei Dinge sind für die Wirkungsweise eines chemischen Lasers wichtig. Zum einen ist eine Chemilumineszenzreaktion nötig, die Photonen liefert.

Zum zweiten müssen die Photonen in einem Schwall von Strahlung entstehen und dürfen nicht zu beliebigen Zeiten aus dem Reaktionsgefäß in alle Richtungen austreten (wie beim Leuchtkäfer oder einem Leuchtstab). Um diese Bedingungen zu erfüllen, muß man den Behälter, in dem das Licht entsteht, geeignet gestalten. Soweit ich weiß, gibt es keine natürliche, biologische Version des Lasers. Die Organe, in denen Biolumineszenz auftritt, ähneln jedoch in anderer Hinsicht physikalischen Instrumenten: In manchen Spezies liegt das Organ hinter einer winzigen Linse und ist mit reflektierendem Material ausgekleidet, was es zu einem kleinen Suchscheinwerfer macht. Es ist möglicherweise nur eine Frage der Zeit, wann eine Spezies einen sehr kleinen natürlichen Laser entwickelt, den sie zur Partnerwerbung, zur Signalgebung oder zur Verteidigung einsetzt.

Der Fluorwasserstofflaser ist der am weitesten entwickelte chemische Laser. Im entscheidenden Schritt der Chemilumineszenzreaktion vereinigen sich Wasserstoff- und Fluoratome zu Fluorwasserstoffmolekülen, die sehr stark schwingen:

$$H + F \rightarrow HF^*$$

Die Wasserstoff- und Fluoratome kann man auf verschiedenen Wegen erzeugen. Zum einen man kann ganz einfach Wasserstoff- und Fluorgas mischen und sich auf die Radikalreaktion verlassen, die dabei einsetzt. Man kann aber auch in einem Gas wie Schwefelhexafluorid (SF_6), das aus fluorreichen Molekülen besteht, eine elektrische Entladung zünden.

Die zu Schwingungen angeregten HF-Moleküle pumpt man rasch in den Hohlraum des Lasers, dessen Wände verspiegelt sind. Hier trifft ein starker Photonenstrom auf die Moleküle. Er veranlaßt jedes Molekül, seine Schwingungsenergie als ein Photon abzugeben. Diese Photonen machen die Strahlung im Hohlraum aus, die im Infrarotbereich des Spektrums liegt. Die HF-Moleküle schwingen nun nicht mehr und müssen abgepumpt werden, damit sie keine Photonen absorbieren. Ein großer Teil der Strahlung kann als intensiver Strahl austreten, während ein kleiner Teil im Hohlraum eingeschlossen bleibt und den neu ankommenden HF*-Molekülen hilft, ihre überschüssige Energie abzugeben. Solange man also Wasserstoff- und Fluoratome nachliefert, erzeugt die Reaktion einen Strahl kohärenter Strahlung.

Photosynthese

Mit Hilfe der Energie, die ein Photon mit sich trägt, treibt das Licht jene Reaktion an, die von allen chemischen Reaktionen auf der Erde am weitesten verbreitet ist. Die Photosynthese läuft in gewaltigen Maßstäben ab. Jedes Jahr setzt sie einhundert Billionen Kilogramm Kohlenstoff aus der Luft in Kohlenhydrate um. Dadurch werden jedes Jahr etwa 10^{18} Kilojoule Energie gespeichert, was ungefähr dem dreißigfachen Weltenergieverbrauch entspricht. Joseph Priestley, ein Geistlicher der englischen Presbyterianer – der Entdecker des Sauerstoffes und Erfinder des Sodawassers –, entdeckte als erster (im Jahre 1771), daß grüne Pflanzen Kohlendioxid aufnehmen können. Priestley erkannte noch einen weiteren entscheidenden Beitrag, den diese Reaktion zu unserer Umwelt leistet: Er identifizierte den Sauerstoff als ein Nebenprodukt der Photosynthese und bemerkte, daß eine Pflanze »Luft wiederherstellen konnte, die durch das Abbrennen von Kerzen verdorben worden war«. Heute erkennen wir die weltweite Bedeutung der Photosynthese für die Reinigung unserer Atmosphäre von den Verschmutzungen, die wir in sie eintragen – nachdem wir über das bloße Abbrennen von Kerzen weit hinausgekommen sind.

Aber die Photosynthese war nicht von Anfang an die Methode, mit der die Sonnenenergie aufgefangen wurde. Als die Organismen zur Photosynthese fanden, hatte dies eine größere Auswirkung auf die Umwelt als irgendeiner der im Vergleich unbedeutenden Eingriffe der Menschheit heute. Bevor die Photosynthese einsetzte, gab es nur wenig Sauerstoff in der Atmosphäre. Was vorhanden war, war aus der Erdkruste entwichen und aus der Einwirkung der Sonneneinstrahlung auf den Wasserdampf entstanden, den die Vulkane herausschleuderten. Sobald aber die Photosynthese begann, entstand mit ihr plötzlich das Nebenprodukt Sauerstoff in großen Mengen.

Fast der gesamte Sauerstoff unserer Atmosphäre ist der (aus der Sicht der damals vorherrschenden Lebensformen) umweltverschmutzende Abfall der biologischen Kraftwerke der grünen Vegetation. Die große Sauerstoffanreiche-

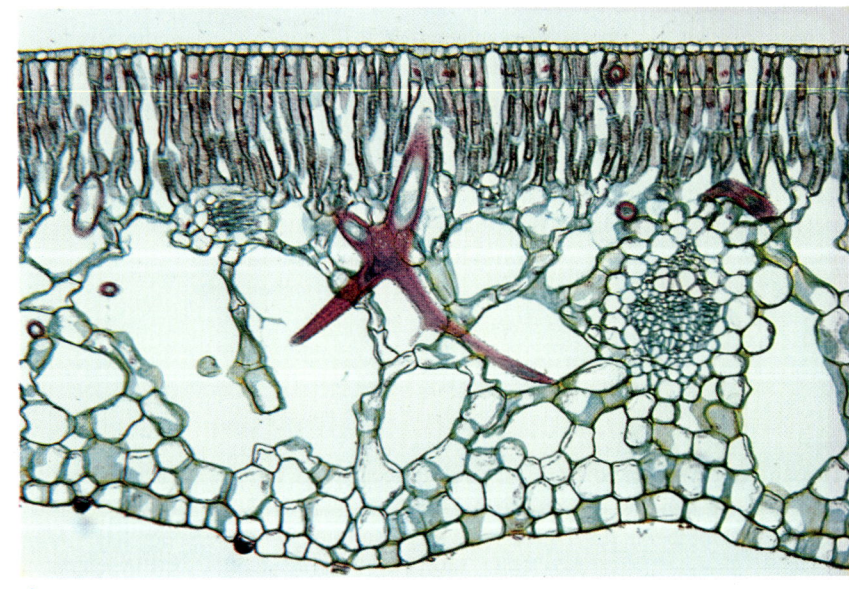

9.7 Ein Querschnitt durch ein Blatt einer Wasserlilie (*Nymphaea odorata*). Das Blatt besitzt nur an der Oberseite Öffnungen zur Atmosphäre (Spaltöffnungen oder Stomata). Die vertikalen Zellen, die unter der Oberhaut (Epidermis) liegen, bilden das Palisadenparenchym, die Zellen darunter das Schwammparenchym.

rung in der Atmosphäre machte es möglich, daß das Leben mobil werden konnte – so entstanden die Tiere. Weil Tiere jagen und gejagt werden, müssen sie sofort und geschickt auf Vorfälle reagieren können – und so entwickelte sich die Intelligenz. Aufgrund der Photosynthese wird unser Leben nicht nur erhalten, sondern wir können auch unseren Ursprung auf das Einsetzen dieser Reaktion zurückverfolgen.

Um die Vorgänge besser verstehen zu können, die mit der Photosynthese einhergehen, wünsche ich mir, daß Sie mich auf der Suche nach unseren Reaktionen (in Gedanken) zu einem Blatt und dann in ein Blatt hinein begleiten. Nähern wir uns dem Blatt von oben, so treffen wir zunächst auf die Oberhaut oder Epidermis mit ihrer wächsernen Cuticula, die eine unkontrollierte Verdunstung von Wasser verhindert. Anschließend dringen wir in das Mesophyll ein, der zentralen Zellstruktur eines Blattes und betreten dort – umgeben von Zellen – einen der unzähligen großen interzellulären Räume (wo der lebenswichtige Luftsauerstoff für diese Fabrik bereitgestellt wird). In der dunkelgrünen Dämmerung können wir zwei Sorten von Zellen ausmachen: Manche sehen säulenförmig aus, andere unregelmäßig. Biologen nennen die ersteren Palisadenparenchymzellen und die letzteren Schwammparenchymzellen. (Die Parenchymzellen sind der häufigste Zelltyp der Pflanzen.) Die Palisadenparenchymzellen finden sich in großer Zahl auf der Blattoberseite und enthalten die Mehrzahl der Chloroplasten. In diesen läuft die Photosynthese ab. Wir können vielleicht gerade noch einen flüchtigen Blick auf die Außenwelt durch die Spaltöffnungen oder Stomata des Blattes werfen, denn durch diese Öffnungen erfolgt der Gasaustausch mit der Atmosphäre. Man findet sie ganz besonders zahlreich bei Pflanzen, die trockene Regionen bewohnen. Diese Pflanzen können dadurch in den kurzen Perioden, in denen Wasser verfügbar ist und somit die Photosynthese ablaufen kann, sehr schnell Gas mit der Umgebung austauschen.

Unsere Reaktion findet in einem Chloroplasten statt. Das ist eine wurstförmige Organelle, die Thylakoide enthält, flache, sackartige Gebilde, in denen sich die Photosynthese abspielt. (Thylakoid leitet sich von dem griechischen

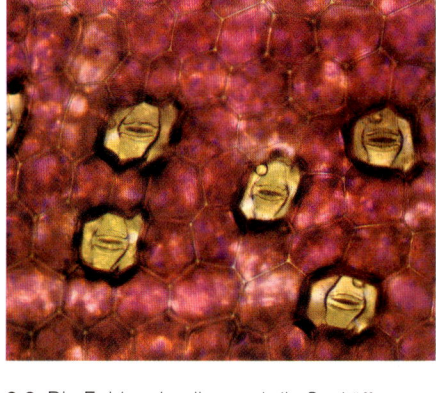

9.8 Die Epidermiszellen und die Spaltöffnungen (mit Schließ- und Nebenzellen) einer „Rose von Jericho", einer Wüstenpflanze, die nahezu völlige Austrocknung überlebt. Über die Spaltöffnungen (Stomata) tauschen Pflanzen Gase mit der Atmosphäre aus. (Die zufällige Verteilung der Stomata auf dem Blatt ist typisch für zweikeimblättrige Pflanzen. Die Stomata der einkeimblättrigen Pflanzen sind regelmäßiger angeordnet.)

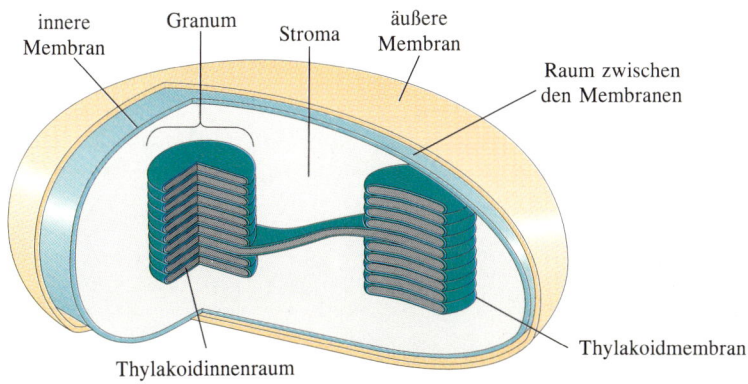

innere Membran — Granum — Stroma — äußere Membran — Raum zwischen den Membranen — Thylakoidinnenraum — Thylakoidmembran

9.9 Ein Querschnitt durch das Blatt einer Schlangenpflanze (*Sansevieria zeylanica*). Die Chloroplasten sind als kleine, runde, grüne Organellen zu sehen. In ihnen befindet sich der photosynthetische Apparat der Pflanze.

Wort für „sackartig" ab.) Die genauen Orte, an denen die ersten lichtabhängigen Schritte der Photosynthesereaktionen ablaufen, sind die winzigen Partikelchen, mit denen die Thylakoidmembran übersät ist. Der Aufbau der Kohlenhydrate aus Kohlendioxid, bei dem der Kohlenstoff seinen beglückenden Übergang in die belebte Welt vollzieht, findet in dem Medium statt, das die Thylakoide umgibt und das man Stroma nennt (nach dem griechischen Wort für „ausgebreitet"). In der Thylakoidmembran sitzen die Dynamos; sie treiben die Reaktionen an, die im Stroma ablaufen.

Wenn wir uns der Thylakoidmembran noch mehr nähern, erkennen wir, daß die winzigen Punkte, die über ihre Oberfläche verstreut sind, hochgeordnete Komplexe von Molekülen darstellen. Zwei der wichtigsten Typen dieser Komplexe nennt man Photosysteme. Die Photosysteme ähneln Miniaturfabriken, in denen die Energie des auftreffenden Lichtes in Materie eingefangen wird. Sie enthalten Hunderte von Chlorophyllmolekülen, die als primäre Lichtempfänger dienen. Aber sie enthalten auch viele andere Teilchen: Diese helfen mit, die aufgenommene Energie in eine Form zu überführen, mit deren Hilfe Kohlendioxid in Kohlenhydrate umgewandelt werden kann.

Chlorophyll ist grün: Darum erscheint die gesunde Vegetation grün, und wir stehen in unserer Vorstellung deshalb im grünen Dämmerlicht. In das Photosystem sind jedoch auch andere Moleküle eingebaut, die in anderen Farbtönen schimmern. Unter ihnen befinden sich die weniger empfindlichen gelben, orangefarbenen und roten Carotinmoleküle, die auch dann weiterbestehen, wenn das Blatt langsam stirbt. Sie geben den Blättern im Herbst ihre Farben. Während die Blätter leben, überdeckt das stark absorbierende Chlorophyll diese Farben. Die Carotinmoleküle helfen beim Einsammeln der Energie mit und schützen das Blatt vor einer Schädigung durch ein Übermaß an Strahlung in der Mittagszeit.

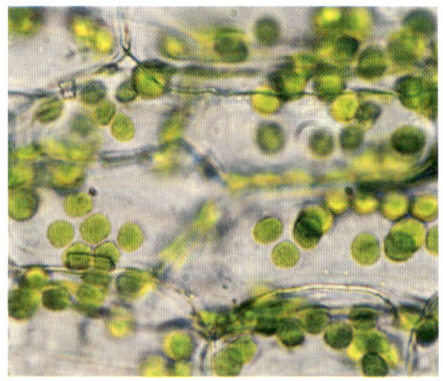

9.10 Die Reaktionen der Photosynthese spielen sich auf der Oberfläche der Thylakoide ab. Die Thylakoide sind untereinander verbunden und zu Zylindern übereinandergestapelt, die man Grana nennt.

9.11 Wenn ein Blatt abstirbt, zersetzen sich die Chlorophyllmoleküle schneller als die anderen Pigmente. Die Farben dieser Pigmente — typischerweise gelb, orange und rot — werden dann nicht länger überdeckt.

So also baut sich ein Blatt in der Regel auf: Von den molekularen Einheiten, die sich in seinen Chloroplasten befinden und für seine Funktion verantwortlich sind, bis zu der biologischen Einheit, die sich im Wind bewegt. Jetzt müssen wir uns ansehen, wie das alles funktioniert.

Die Reaktionen in einem Blatt

Das Verhältnis von Kohlenstoff-, Wasserstoff- und Sauerstoffatomen in einem Kohlenhydratmolekül beträgt normalerweise 1:2:1. Diese Zusammensetzung kann man durch die chemische Formel CH_2O beschreiben. Diese Kombination der chemischen Formeln für Kohlenstoff und Wasser führt zu dem Namen „Kohlen-Wasser-Stoff", denn die Formel läßt ein „Hydrat" des Kohlenstoffes vermuten. Kohlenhydrate setzen sich aber in Wirklichkeit in komplizierter Weise aus Kohlenstoff-, Wasserstoff- und Sauerstoffatomen zusammen. Ihre Formeln sind nur, wie so oft, zufällig Vielfache von CH_2O. Das Kohlenhydrat, das wir stellvertretend für alle behandeln, ist die Glucose ($C_6H_{12}O_6$), die wir schon am Anfang abgebildet haben. Die beiden Hauptprodukte, die bei der Photosynthese entstehen, sind die Cellulose (als Baustoff) und die Stärke (als Nahrungsmittel). Man kann sich vorstellen, daß bei der Cellulose die Glucosemoleküle Ketten und bei der Stärke Büschel bilden. Der Einfachheit halber werden wir die Kohlenhydrate oft als $[CH_2O]$ schreiben und ihre strukturelle Komplexität nicht ausführlich darstellen.

Das Kohlendioxid unterliegt im Stroma eines Chloroplasten der Gesamtreaktion:

$$CO_2 + H_2O \rightarrow [CH_2O] + O_2$$

Auf den ersten Blick scheint es, als ob bei der Reaktion ein Kohlenstoffatom aus einem Kohlendioxidmolekül herausgelöst, dadurch ein Sauerstoffmolekül freigesetzt und das Kohlenstoffatom mit Wasser zum Kohlenhydrat verbunden würde. Obwohl man diese Interpretation lange Zeit für richtig hielt, beobachtete man in den dreißiger Jahren des 20. Jahrhunderts gewisse Umstände, die vermuten ließen, daß dies nicht dem Verlauf der Gesamtreaktion entspricht. Bestimmte Bakterien (die Schwefelpurpurbakterien) wachsen mit dem Schwefelanalogen des Wassers, dem Schwefelwasserstoff (H_2S). Als Nebenprodukt ihrer Photosyntheseaktivität entsteht Schwefel:

$$CO_2 + 2H_2S \rightarrow [CH_2O] + H_2O + 2S$$

Der Feststoff Schwefel sammelt sich in Form von Kügelchen in ihren Zellen und entweicht nicht einfach als Gas, wie es beim Sauerstoff der Fall ist. Durch diese Akkumulation entstanden gewaltige Lagerstätten elementaren Schwefels in verschiedenen Teilen der Welt. Bei dieser Reaktion sieht man

9.12 Diese Schwefelablagerungen, die man in Kanada abbaut, entstanden durch Bakterien, die Schwefelwasserstoff (H_2S) statt Wasser (H_2O) als Quelle für Wasserstoffatome und Elektronen benutzten. Im Gegensatz zum Sauerstoff ist Schwefel ein Feststoff, der sich nicht einfach in der Atmosphäre verteilt, sondern unter Gesteinsformationen eingeschlossen bleibt.

eindeutig, daß das Kohlenstoffatom seine Sauerstoffatome nicht abgegeben hat, die es mit in die Zelle gebracht hat: Der Schwefel stammt aus dem Schwefelwasserstoff. Der Doktorand C. B. von Niel an der Stanford University, der diese Analogie erkannte, zog den kühnen Schluß, daß die photosynthetische Aktivität der Schwefelpurpurbakterien nach dem gleichen Muster abläuft wie die aerobe Photosynthese und daß deshalb *der Sauerstoff aus dem Wasser stammt*:

$$CO_2 + 2H_2O \rightarrow [CH_2O] + H_2O + O_2$$

Diese Schlußfolgerung bestätigte man später, indem man Wassermoleküle einsetzte, die ein schwereres Isotop des Sauerstoffes, Sauerstoff-18, enthielten. Verfolgte man dieses Isotop, so fand man, daß es sich zuerst im Wasser und nach der Reaktion im Gas befand. Wir sehen jetzt, daß bei der Photosynthesereaktion zwei Wasserstoffatome von einem Wassermolekül entfernt werden und Sauerstoff freigesetzt wird. Dieser Teilschritt des gesamten Reaktionskomplexes, der die Photosynthese ausmacht, nennt man die „Wasserspaltungs-Reaktion". Der Sauerstoff, den wir einatmen und den Faradays Flamme benötigte, war einst ein Bestandteil des Wassers, wie wir schon im ersten Kapitel erwähnten. Aber jetzt können wir verstehen, daß er entsteht, wenn das Wasser seiner Wasserstoffatome beraubt wird. In der Photosynthese dient das Wasser als Wasserstoffquelle, nicht jedoch als Sauerstoffquelle.

Als die Organismen zufällig die Wasserspaltung entdeckten, führte dies zu einer außergewöhnlich umwälzenden Evolution. Bis dahin hatten sich photosynthetische Bakterien, die keinen Sauerstoff produzierten, organische Säuren und einfache anorganische Verbindungen gegriffen, weil sie Wasserstoffatome enthielten (und wie wir sehen werden auch Elektronen, die unverzichtbar für die Photosynthese sind). Aber diese Verbindungen sind selten. Deshalb gab es wenige Nischen, die Leben ermöglichten. Aber plötzlich kam, vor ungefähr drei Milliarden Jahren, ein Organismus auf das Wasser als Quelle für Wasserstoff und Elektronen. Dieser Organismus war der Kolumbus der Natur, denn sein Horizont war plötzlich uneingeschränkt. Er mußte nicht länger nahe an der Küste des Lebens segeln, wo ein Substrat in knapper Menge vorhanden war: Jetzt konnte das Leben jeden Winkel der Erde besiedeln.

Für diesen abenteuerlichen Opportunismus mußte jedoch zweifach bezahlt werden. Zum einen setzte eine außergewöhnliche Welle weltweiter Umweltverschmutzung ein: Die Fruchtbarkeit der jetzt gut gedeihenden neuen Organismen verwandelte die Atmosphäre, denn die Lebewesen erzeugten riesige Mengen des tödlichen Gases Sauerstoff aus dem Wasser, das sie spalteten. Wir können den Zeitpunkt der gewaltigen Zunahme an Sauerstoff angeben, denn die Erde begann zu rosten. Viele unserer Oxiderze stammen aus dieser Ära. Den anderen Preis bezahlten die Organismen selbst: Die Zersetzungsprodukte des Wassers – die Zwischenprodukte, die auf dem Weg zur Sauerstoffbildung entstehen – sind sehr gefährlich. Wenn sie mit den anderen Substanzen der Zelle reagieren können, sind sie in der Lage, die Zelle zu töten.

Reaktionen, die Licht einfangen

Nachdem wir erkannt haben, daß die Reaktion im Chloroplasten in zwei
Schritten abläuft, können wir damit beginnen, die Einzelheiten aufzuklären.
Im ersten Schritt wird Sonnenenergie gesammelt. Im zweiten Schritt dient
diese Energie dann zur Umwandlung von Kohlendioxid in Kohlenhydrate ein.
Die Lichtsammelreaktionen laufen in einem der Photosysteme in der Thylakoidmembran ab; die Bildung der Kohlenhydrate findet im umgebenden Stroma
statt.

Chlorophyllmoleküle dienen als Antennen, die auf das auftreffende Licht reagieren. Jedes Photosystem enthält Hunderte von Chlorophyllmolekülen, die
wie eine Anordnung astronomischer Teleskope den Lichtsammelkomplex
(LHC, von *light-harvesting complex*) des Photosystems aufbauen. Ein Chlorophyllmolekül besteht aus einem Ring, an dem ein langer Kohlenwasserstoff-
schwanz hängt. In seinem Zentrum sitzt ein Magnesiumatom. Die Elektronen
des Chlorophylls sind sehr beweglich. Die Absorption eines Photons kann
leicht eines von ihnen in einen angeregten Zustand anheben. Ein Chlorophyllmolekül läßt sich durch ein Photon roten oder blauen Lichtes anregen. Das
Molekül absorbiert jedoch nicht das grüne Licht, das im Sonnenlicht enthalten
ist, sondern reflektiert es oder läßt es durch. Dadurch entsteht die grüne Farbe der Vegetation auf der Erde. Es gibt zwei wichtige Typen von Chlorophyll: das Chlorophyll *a* und das Chlorophyll *b*. Sie unterscheiden sich nur in
einer einzigen Gruppe am Ring und haben dadurch etwas unterschiedliche
Absorptionseigenschaften. Die beiden Sorten von Molekülen reagieren gemeinsam auf ein größeres Spektrum des einfallenden Lichtes als es eine alleine könnte, das heißt, sie sammeln gemeinsam mehr Energie. Vermutlich steht
es der natürlichen Evolution (und der gentechnischen Veränderung von Lebewesen, dem *genetic engineering*) noch offen, neue Arten von Chlorophyll zu
entwickeln, die die Lücke im Absorptionsspektrum schließen und dadurch
noch mehr Sonnenenergie einsammeln. (Die Carotinmoleküle übernehmen zu
einem gewissen Grade diese Funktion. Der Preis, den man auf dem Gebiet
der Ästhetik zahlen müßte, bestünde in der Tatsache, daß dann die Vegetation
schwarz erschiene, weil sie alles Licht absorbieren würde.)

Schon im Augenblick der Anregung steht die Pflanze vor ihrem ersten Problem: Ein elektronisch angeregtes Chlorophyllmolekül möchte seine Energie
sofort als Fluoreszenz abgeben. Um die Fluoreszenz zu vermeiden, leitet das

9.13 Die Abbildung zeigt das Chlorophyll *a*-Molekül. Es enthält einen Porphyrin-Ring, in
dessen Zentrum sich ein einzelnes Magnesiumatom (Mg) befindet. In diesem Ring spielt
sich der Vorgang ab, bei dem das Licht eingefangen wird: Ein Elektron, das in einem Zustand bestimmter Energie über den Ring verteilt ist, wird in einem energetisch höheren Zustand angehoben. Der lange Kohlenwasserstoffrest des Moleküls läßt die Charakteristik der
Lichtabsorption unbeeinflußt. Er hilft lediglich, das Molekül in den Kohlenwasserstoffmem-
branen des Chloroplasten zu verankern. Chlorophyll *b* unterscheidet sich nur durch die Anwesenheit einer —CHO-Gruppe anstelle des —CH₃-Restes oben rechts im Molekül. Diese
Gruppe verändert etwas die Absorptionseigenschaften des Porphyrin-Ringes.

231

Photosystem die Anregung auf ein leicht modifiziertes Chlorophyllmolekül weiter, das eine etwas geringere Anregungsenergie besitzt als die Antennenmoleküle. Dieses Molekül befindet sich im „Reaktionszentrum" des Photosystems. Die Anregungsenergie der Moleküle im Reaktionszentrum liegt etwas niedriger als diejenige der Antennenmoleküle. Ist die Überschußenergie einmal als Wärme abgegeben, wird die Anregungsenergie im Reaktionszentrum wie ein Ball im Loch eines Billiardtisches eingefangen. In Wirklichkeit gibt es zwei Typen von Photosystemen: Man nennt sie P1 und P2. Das modifizierte Chlorophyllmolekül heißt P700 im Photosystem 1 und P680 im Photosystem 2. P steht dabei für Pigment und die Zahlen 700 und 680 geben die Wellenlänge des Lichtes (in Nanometern) an, das die Moleküle am stärksten absorbieren.

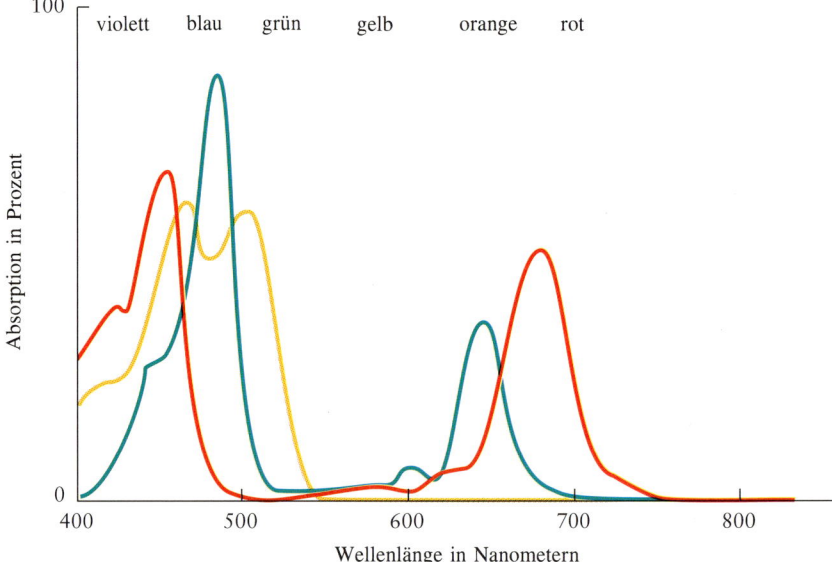

9.14 Die Absorptionsspektren von Chlorophyll a (rote Kurve) und Chlorophyll b (blaugrüne Kurve) sowie einiger Carotinoide (gelbe Kurve), die sich ebenfalls im Chloroplasten finden.

Die Anregung befindet sich jetzt an einem Ort, von dem aus sie in geeigneter Weise weitergeleitet werden kann. Wir werden hier das Photosystem 2 betrachten, aber Ähnliches gilt auch für das Photosystem 1, zumindest in den Anfangsschritten. Die Anregung droht noch immer nutzlos als Fluoreszenz verloren zu gehen. Es muß also schnell etwas geschehen. Um Fluoreszenz zu verhindern, muß die Anregungsenergie in eine andere Form überführt werden. Zu diesem Zweck tritt ein dramatisches Ereignis ein, das sich als der springende Punkt der Photosynthese und somit des Lebens erweisen wird: Ein Elektron macht sich auf den Weg. Die Energie, die durch die Anregung eines P680-Moleküls gespeichert wird, kann man mit einer gespannten Feder vergleichen, die ein Elektron auf ein Nachbarmolekül katapultiert, wenn sie sich plötzlich entspannt. Das Empfängermolekül heißt Pheophytin (oder Phäophytin); es sieht einem Chlorophyllmolekül sehr ähnlich (denn die Natur arbeitet ökonomisch, aber auch mit großem Feingefühl), ihm fehlt jedoch das Magnesiumatom des Chlorophylls. Jetzt enthält das Reaktionszentrum ein negativ geladenes Pheophytinmolekül (negativ wegen des zusätzlichen Elektrons) und ein positiv geladenes P680-Chlorophyllmolekül (positiv, weil es ein Elektron verloren hat). Auf dieser Stufe ist die Lichtenergie in die Energie umgewandelt, die in der räumlichen Trennung von positiven und negativen Ladungen steckt.

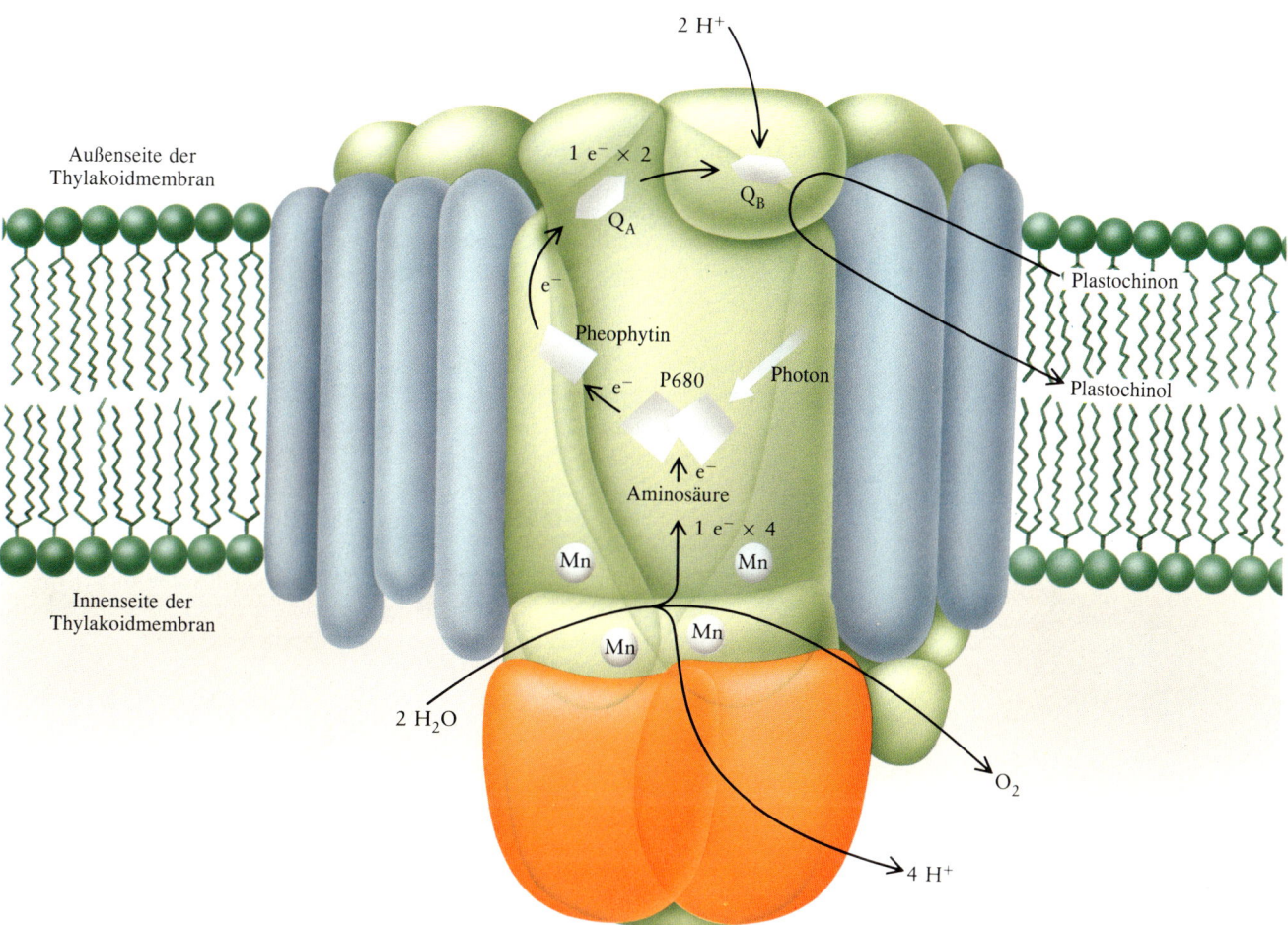

Es besteht immer noch ein hohes Risiko, daß das Elektron zum P680 zurückkehrt. Würde das Elektron zu seinem Ursprungsort zurückspringen, könnte die Energie als Strahlung oder Wärme verlorengehen. Das Photosystem löst dieses Problem dadurch, daß es die Ladungen noch weiter voneinander trennt, so daß sie sich nicht länger beeinflussen können. An dieser Stelle des Reaktionsablaufs wirken die Reaktionen des Photosystems wie der Aufzugsmechanismus einer Pendeluhr: Sie hieven das Elektron an die äußere Oberflä-

9.15 Das Photosystem 2 ist ein Komplex von Molekülen in der Thylakoidmembran der Chloroplasten. Die Aufgabe des Photosystems 2 besteht darin, Licht einzufangen und Sauerstoff aus Wasser freizusetzen.

che der Thylakoidmembran und senken die positive Ladung hinunter zur inneren Oberfläche.

Das Photosystem bewerkstelligt die Bewegung des Elektrons zur äußeren Oberfläche in zwei Schritten. Zuerst geht das Elektron vom Pheophytinmolekül auf ein benachbartes Molekül Q_A (ein Plastochinon) über. Das entstehende Ion reicht das Elektron sofort, wie eine heiße Kartoffel, an ein anderes Plastochinonmolekül Q_B weiter. Das Plastochinon schnappt sich ein Wasserstoffion von der umgebenden Flüssigkeit und wartet ab, bis Q_A ihm ein zweites Elektron übergibt, nachdem ein weiteres Photon durch das Photosystem absorbiert wurde. Erst wenn sich das Plastochinonmolekül ein zweites Wasserstoffion aus seiner Umgebung geschnappt hat, kann es sich als Plastochinol von seinem Bindungsort lösen und durch das Photosystem bewegen.

Das Plastochinolmolekül dient den Elektronen, die vom Reaktionszentrum abgegeben wurden, als Floß. Es treibt mit seiner wertvollen Fracht aus dem Photosystem 2 heraus in die Thylakoidmembran. Über diese Fracht hören wir gleich mehr.

Im Photosystem bleibt noch das P680-Ion zurück. Dieses Ion muß neutralisiert werden und bewirkt dadurch eine chemische Umwandlung. Zuerst gilt es, die Lücke aufzufüllen, die durch die Entfernung des Elektrons entstand, als sich das Ion bildete. Denn es ist wichtig für das Reaktionszentrum, sobald wie möglich wieder auf die Ankunft eines weiteren Photons reagieren zu können. Im ersten Schritt wird ein Elektron von einer bestimmten Aminosäure eines benachbarten Proteinmoleküls übertragen. Im zweiten Schritt ersetzt die eigentliche Elektronenquelle der Pflanze – ein Wassermolekül – dieses Elektron. In diesem letzten Schritt muß das System nicht weniger als *vier* Elektronen (e^-) von den Wassermolekülen entfernen, um die Reaktion

$$2\,H_2O - 4\,e^- \rightarrow 4\,H^+ + O_2$$

zustande zu bringen. An dieser Stelle wird das Wasser gespalten und der Sauerstoff freigesetzt. In der Tat ist diese Reaktion die Quelle unserer Atmosphäre.

Wie wir schon erwähnt haben, ist die Spaltung von Wasser ein gefährliches Unterfangen, denn die Zwischenprodukte können tödlich wirken. Zwischenprodukte treten auf, weil jede Absorption eines Photons ein einziges P680-Ion erzeugt. Jedes Photon kann also nur bewirken, daß lediglich ein einziges Elektron aus einem Wassermolekül entfernt wird. Das bedeutet wiederum, daß die Wasserspaltung nicht mit einem einzigen Schlag der chemischen Axt erfolgen kann. Die Zelle hat dieses Problem dadurch bewältigt, daß sie auf ein Enzym gestoßen ist, das das Element Mangan (Mn) enthält. Wegen der elektronischen Struktur seiner Atome kann dieses Element eine Anzahl von Elektronen abgeben und läßt in bestimmten Zuständen recht lockere geometrische Strukturen zu. Das aktive Zentrum des Proteinmoleküls, das die Wasser-

Plastochinon

9.16 Im aktiven Zentrum eines Photosystems werden Wassermoleküle gespalten. Es besteht aus dem abgebildeten Würfel von Manganatomen (Mn) und Sauerstoffatomen (O). Die Atome besetzen abwechselnd die Würfelecken. Diese regelmäßige Struktur bildet das Herz des photosynthetischen Apparats: Hier entsteht auch der Großteil des atmosphärischen Sauerstoffes.

spaltung durchführt, besteht aus vier Manganatomen, die in den nichtbenachbarten Ecken eines Würfels sitzen; vier Sauerstoffatome besetzen die übrigen Ecken. In dieser kleinen Anordnung, einem chemischen Motor, läuft die Reaktion ab, die Wassermoleküle ansaugt und Sauerstoffmoleküle ausstößt — letztlich die Grundlage unserer Atmung.

Die Abfolge von Ereignissen, die behutsam zwei Wassermoleküle ihrer Wasserstoffatome entkleidet, nennt man die „Uhr der Wasserspaltung", denn sie vollendet in fünf großen Schritten jeweils einen Umlauf; bei vieren dieser Schritte wird ein Elektron aus dem aktiven Zentrum des Enzyms entfernt, weil im Photosystem ein P680-Ion entstanden ist. Der erste Schritt zieht ein Elektron von einem der Manganatome ab; gleichzeitig wird ein Wasserstoffion (H^+) freigesetzt. Der neue, oxidierte Zustand des Manganatoms ist einigermaßen stabil und bleibt bis zur nächsten Elektronenanforderung durch ein neu entstandenes P680-Ion bestehen. Der zweite Schritt, eine weitere Oxidation, entfernt ein zweites Elektron von einem Manganatom des aktiven Zen-

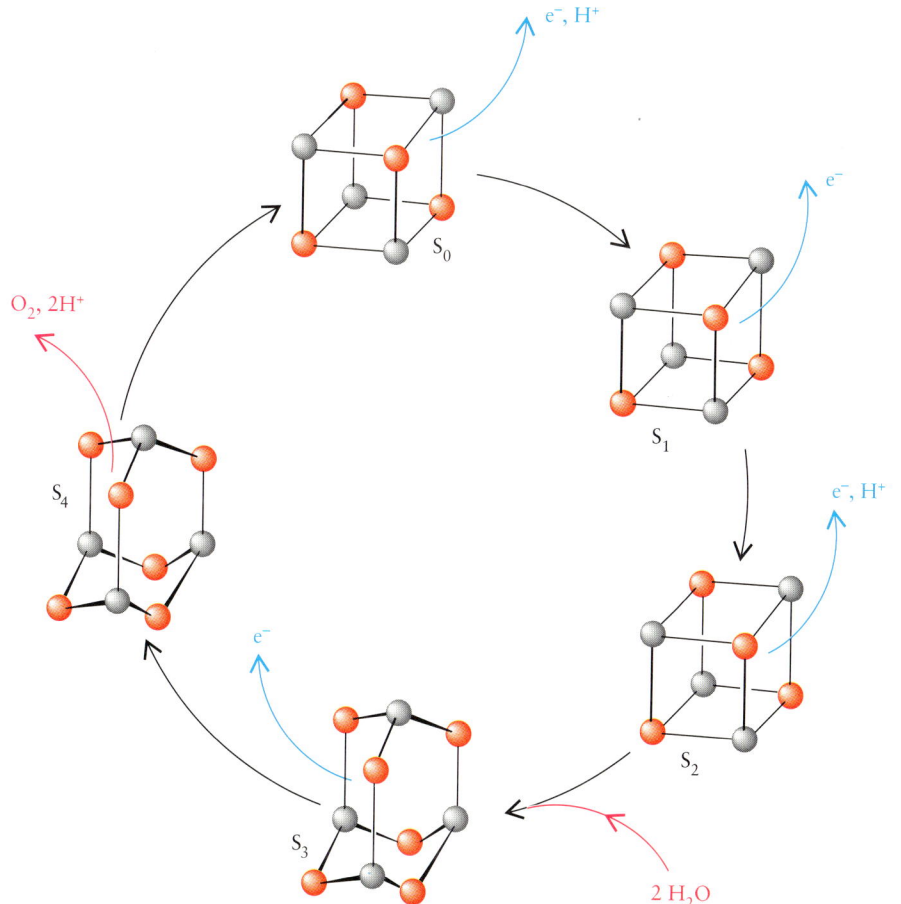

9.17 Die Mangankomplexe, an denen die Reaktion der Wasserspaltung abläuft, und die wichtigsten Schritte der „Uhr der Wasserspaltung".

235

trums. Der nächste Schritt der Uhr ist komplizierter: Ein weiteres Elektron wird durch ein neu gebildetes P680-Ion abgezogen, und wieder geht ein Wasserstoffion verloren; aber zusätzlich zu diesen beiden Verlusten trudeln zwei Wassermoleküle aus der umgebenden Flüssigkeit ein. Ihre beiden Sauerstoffatome dienen dazu, zwei neue Mn—O—Mn-Brücken auszubilden. Das aktive Zentrum besteht jetzt aus denselben vier Manganionen, doch diese bilden nun einen Käfig zusammen mit *sechs* Sauerstoffatomen.

Im nächsten Schritt der Uhr wird ein weiteres Elektron aus dem aktiven Zentrum entfernt (man vermutet, daß es aus einer Aminosäure stammt, die dicht bei dem Käfig aus Manganatomen liegt). Dieser Schritt schafft einen hochgespannten Käfig aus Mangan- und Sauerstoffatomen. Man nimmt an, daß im abschließenden Schritt der Käfig zu seiner ursprünglichen kubischen Form zusammenfällt und dabei ein Sauerstoffmolekül (und zwei weitere Wasserstoffionen) ausstößt. Diese Schritte der Uhr und das Zusammenfallen des Käfigs bewirken insgesamt, daß zwei Wassermoleküle vier Elektronen und ihre beiden Sauerstoffatome als ein Sauerstoffmolekül verlieren und vier Wasserstoffionen in den Thylakoidinnenraum abgeben. In der Summe haben die vier bei diesem Prozeß abgezogenen Elektronen jene vier Elektronen ersetzt, die auf zwei Plastochinolflößen durch die Membran reisen. Jetzt sind die Ladungen am weitesten voneinander entfernt: Die Elektronen befinden sich auf den Flößen in der Membran und die von Wassermolekülen abgetrennten Wasserstoffionen im Thylakoidinnenraum.

Eines der Flöße, das mit seinen beiden Passagieren durch die Membran schwimmt, begegnet einer Reihe weiterer Teilchen. Wir werden diese komplizierten Vorgänge nicht im Einzelnen verfolgen. Wir sagen lediglich, daß bei einer dieser Begegnungen die beiden Elektronen das Floß verlassen und über eine Kette von Molekülen zum Photosystem 1 gelangen. Die beiden Wasserstoffionen, die ebenfalls auf dem Floß mitreisten, werden in den Thylakoidinnenraum geschubst. So erhöhen sie die Acidität des Mediums innerhalb der Membran noch mehr.

An diesem Punkt können wir die Gesamtwirkung der Absorption von vier Photonen durch das Photosystem 2 überblicken. Zwei Wassermoleküle wurden gespalten. Ein Sauerstoffmolekül entstand. Die Acidität im Thylakoid erhöhte sich durch sechs Wasserstoffionen (vier aus der Wasserspaltung und zwei durch den Transport auf dem Floß aus dem Stroma). Vier Elektronen gingen auf das Photosystem 1 über. Das Photosystem 2 befindet sich wieder in seinem Originalzustand und ist bereit weiterzuarbeiten.

Inzwischen hat der Lichtsammelkomplex des Photosystems 1 ebenfalls ein Photon eingefangen. Die dadurch verursachte Anregung ist von Chlorophyllmolekül zu Chlorophyllmolekül gerutscht, bis sie in einem P700-Chlorophyllmolekül im Reaktionszentrum dieses Photosystems festsitzt. Dieses Molekül muß ebenfalls seine Energie loswerden, bevor es sie als Fluoreszenzstrahlung verliert. Es reicht seine heiße Kartoffel auf genau dieselbe Weise weiter wie das Photosystem 2: Es wirft ein Elektron hinaus. Während jedoch im P680-Ion die aufwendige Wasserspaltungsreaktion das fehlende Elektron ersetzte, bekommt das P700-Ion sein Elektron vom Photosystem 2 geliefert. Jetzt sehen wir als Gesamtreaktion die Wasserspaltung und die Übertragung eines Elektrons auf das Pheophytinmolekül im Photosystem 1.

Dieses Elektron ist nicht dazu bestimmt, auf einem Plastochinolfloß durch den erbsengrünen See zu schwimmen. Statt dessen besteht seine Aufgabe darin, auf ein bestimmtes Molekül – das Coenzym Nicotinamid-adenin-diphosphat (NADP) – überzugehen und es in eine andere Form umzuwandeln, die man als NADPH bezeichnet. Ein Coenzym ist ein Molekül, das – selbst kein Enzym – einem Enzym hilft, seine Aufgabe auszuführen. Viele Vitamine sind Coenzyme oder Teile von Coenzymen. Nicotinamid, ein Teil des NADP-Moleküls, ist das Vitamin Niacin.

Der einzige Teil der Geschichte, den wir noch erzählen müssen, betrifft die Rolle der erhöhten Acidität im Thylakoidinnenraum. Sie werden sich noch daran erinnern, daß die Reaktion der Wasserspaltung vier Wasserstoffionen von zwei Wassermolekülen im Thylakoid abstreift. Außerdem verbraucht die Bildung von NADPH aus NADP Wasserstoffionen im Stroma und senkt die Acidität des Mediums an diesem Ort. Insgesamt entsteht ein Speicher voll Wasserstoffionen, die darauf drängen, wie ein Wasserfall aus dem Thylakoid herauszustürzen. Ihre Konzentration im Thylakoid ist etwa zehntausendmal größer als im Stroma. Die Wasserstoffionen fließen durch kleine Proteinkomplexe aus, die sich über die Thylakoidmembran hinweg erstrecken. Diese Einheiten wirken wie chemische Wasserkraftwerke. Mit der Energie, die beim Konzentrationsausgleich frei wird, bauen sie Adenosintriphosphat (ATP) aus Adenosindiphosphat (ADP) auf. Wie wir weiter oben bereits gesehen haben, dient das Molekül ATP in biologischen Zellen als schnell verfügbarer Energievorrat. Es gibt seine Energie ab, wenn es sich in ADP zurückverwandelt. Weil ATP in Zellen vorhanden ist, muß die Nahrung Phosphor enthalten. Aus diesem Grund produziert die chemische Industrie Phosphate, die in Biosystemen als Dünger eingesetzt werden. Der Strom der Wasserstoffionen, die im Thylakoid infolge der Photonenabsorption gespeichert wurden, dient letztlich dazu, die erschöpften ADP-Moleküle wieder aufzuladen.

Bevor wir fortfahren, sollten wir zusammenfassen, was die Abfolge der Ereignisse bisher erreicht hat. Das energieliefernde ATP-Molekül ist aus ADP wiederhergestellt worden. Damit gibt es im Stroma eine Energiequelle für Enzyme, so daß sie ihre Aufgaben erfüllen können. Außerdem steht durch die Arbeit des Photosystems 1 ein Vorrat an NADPH bereit, dem Coenzym, das gewisse Enzyme benötigen, um funktionieren zu können. Das Stroma ist für seine Arbeit gerüstet.

Die Dunkelreaktionen

9.18 Melvin Calvin (geb. 1911).

Das Stroma ist für seine spezielle Aufgabe, den Aufbau von Kohlenhydraten aus Kohlendioxid, gut ausgestattet: Das Kohlendioxid liegt vor; die Energie, die zur Verknüpfung der Kohlenstoffatome nötig sein wird, ist vorhanden; und auch die Enzyme und ihre Cofaktoren stehen bereit, ihre Aufgaben auszuführen. Wir wenden uns jetzt vom Thylakoid ab und dem Stroma zu, um die Natur der „Dunkelreaktionen", die Kohlendioxid in Kohlenhydrate umwandeln, kennenzulernen. Die Dunkelreaktionen laufen nicht im Dunkeln ab (sie werden vom ATP und NADH angetrieben, welche das einfallende Licht erzeugt), aber sie benötigen das Licht nicht direkt.

Die Reaktionsfolge, die im Stroma abläuft, entdeckten Melvin Calvin und seine Kollegen von der University of California in Berkeley in ihrer Arbeit, die sie 1945 begannen und die 1961 im Nobelpreis gipfelte. Im ersten Schritt des „Calvin-Zyklus" wird das Kohlendioxidmolekül mit dem Kohlenstoffatom, das in die Welt der organischen Chemie eintreten soll, an ein Molekül mit fünf Kohlenstoffatomen angehängt, das Ribulose-1,5-bisphosphat (RuBP):

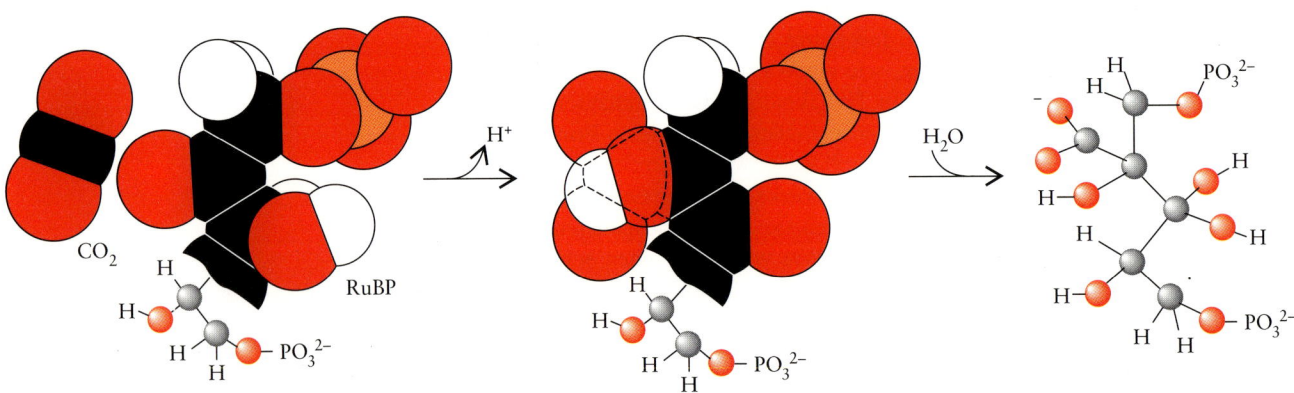

Das Enzym, das diese Verknüpfung zustande bringt, nennt man „Rubisco" (systematischer: Ribulose-1,5-bisphosphat-Carboxylase). Es kommt in großer Menge in den Chloroplasten vor, wo es etwa ein Sechstel des Gesamtproteingehalts ausmacht. Weil es unzählige Chloroplasten gibt, ist Rubisco wahrscheinlich das häufigste Protein der Welt.

Sobald sich das Molekül aus sechs Kohlenstoffatomen gebildet hat, zerschneidet ein anderes Protein es sofort in zwei Ionen aus jeweils drei Kohlenstoffatomen:

3-Phosphoglycerat

Jetzt setzt eine komplizierte Folge von Umlagerungen ein. Die Abbildung 9.19 faßt sie zusammen. Insgesamt geschieht folgendes: Aus jeweils sechs CO_2-Molekülen, die durch Verknüpfung mit sechs RuBP-Molekülen in den Zyklus eingeschleust werden, entstehen zwölf C_3-Ionen. Zehn von diesen bilden wieder sechs RuBP-Moleküle, so daß der Zyklus weiterlaufen kann. Die restlichen beiden C_3-Ionen verbinden sich zu einem C_6-Molekül, der Glucose,

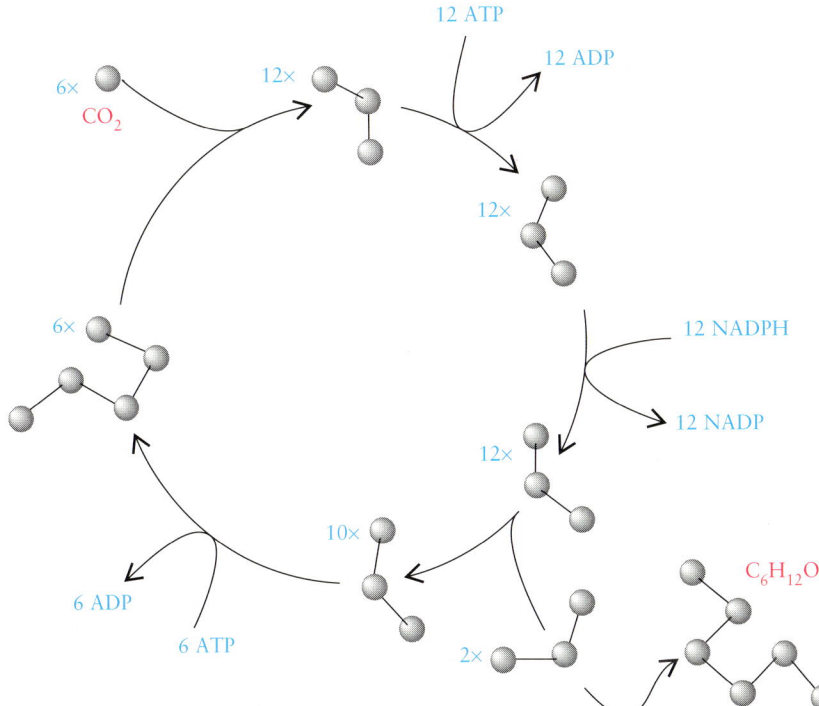

12 ATP

12 ADP

6× CO_2

12×

12×

12 NADPH

12 NADP

6×

12×

10×

$C_6H_{12}O_6$

6 ADP

2×

6 ATP

9.19 Der Calvin-Zyklus. ATP- und NADPH-Moleküle, die unter Lichteinwirkung entstanden sind, treiben den Zyklus an. Bei jedem Umlauf wird ein CO_2-Molekül eingeschleust. Die Abbildung zeigt die Ergebnisse von sechs aufeinanderfolgenden Umläufen. Die sechs Umläufe nehmen sechs CO_2-Moleküle auf und verknüpfen sie mit sechs RuBP-Molekülen (RuBP ist eine C_5-Verbindung). Dabei entstehen zwölf Moleküle einer C_3-Verbindung (3-Phosphoglycerat). Diese zwölf Moleküle werden zuerst in zwölf Moleküle Diphosphoglycerat und anschließend in zwölf Moleküle einer anderen C_3-Verbindung (Glycerinaldehyd-3-phoshat) umgewandelt. Zehn dieser Moleküle verbinden sich zu sechs RuBP-Molekülen. Insgesamt entstehen auf diese Weise zwei C_3-Moleküle, die sich zu einem C_6-Zuckermolekül verbinden.

die als Nettogewinn der Transaktion entsteht. Kohlendioxid wurde zu einem Kohlenhydrat; ATP und NADH, die im Thylakoid gebildet werden, treiben den Zyklus an.

Es stellt sich jedoch heraus, daß der Natur im Calvin-Zyklus anscheinend ein Konstruktionsfehler unterlaufen ist, als sie übereilt Rubisco als Enzym eingebaut hat. Der Fehler entstand dadurch, daß Rubisco früh in der Geschichte der Photosynthese entwickelt wurde, als Kohlendioxid im Überfluß in der Atmosphäre vorhanden war und es kaum Sauerstoff gab. Konkret zeigt sich der Fehler darin, daß Rubisco auch eine Reaktion katalysiert, die mit der Verknüpfung von Kohlendioxid mit RuBP konkurriert. Die Konkurrenzreaktion verknüpft Sauerstoff anstatt Kohlendioxid mit RuBP und produziert ein C_3-Molekül und ein C_2-Molekül:

Diese Reaktion ist heute besonders wichtig, da der Sauerstoff in so großer Menge vorhanden ist. Eine Reihe von Reaktionen versucht den Schaden zu reparieren, indem sie zwei der C_2-Moleküle in ein C_3-Molekül und ein C_1-Molekül umwandeln. Aber dieses C_1-Molekül ist wieder Kohlendioxid! Weil Rubisco Sauerstoff in Kohlendioxid überführt, vereitelt es die Arbeit des ganzen ausgefeilten Netzwerkes von Reaktionen. Es bewirkt genau das Gegenteil dessen, was die Chloroplasten erreichen wollen. Diesen unerwünschten Weg bezeichnet man als „Photorespiration". Er ist das Analogon der Atmung bei Tieren (aber ohne die nützliche Produktion von ATP, die bei der tierischen Atmung erfolgt). Die Photorespiration kann unter normalen Bedingungen bis zur Hälfte des Kohlenstoffes, der in der Photosynthese fixiert wurde, wieder zu Kohlendioxid verbrennen. Vor allem für tropische Pflanzen erwächst daraus ein schwerwiegendes Problem, weil die Geschwindigkeit der Photorespiration mit steigender Temperatur schneller ansteigt als die der Kohlenstoff-Fixierung. Deshalb kann in heißen Zonen die Nettogeschwindigkeit der Photosynthese klein werden.

Diesen ernsthaften Fehler kann man vielleicht durch gentechnische Manipulation beheben. Würde man die Photorespiration erfolgreich unterdrücken, könnte die gentechnisch veränderte Pflanze das Kohlendioxid deutlich effizienter verwerten. So würde sich auch in gemäßigten Klimazonen die Ernte vergrößern. Derartige Versuche laufen zur Zeit. Die Natur hat ihren Fehler selbst erkannt und mit der Evolution eines alternativen Weges experimentiert. Er ist unter dem Namen C_4-Weg oder auch als Hatch-Slack-Weg bekannt, nach dem australischen Pflanzenphysiologen M. D. Hatch und C. R. Slack, die ihn erforscht haben. Die C_4-Pflanzen verknüpfen das Kohlendioxidmolekül mit einem C_3-Molekül, wodurch ein C_4-Zwischenprodukt entsteht. Dieses C_4-Zwischenprodukt bildet sich außerhalb der Chloroplasten im Mesophyll des Blattes und zersetzt sich in der Nähe der Chloroplasten wieder in Kohlendioxid. Dieses Kohlendioxid geht in den Calvin-Zyklus ein. Der C_4-Zyklus beansprucht die Energieproduktion der beteiligten Zellen stärker: Während C_3-Pflanzen drei ATP-Moleküle benötigen, um ein Kohlendioxidmolekül zu fixieren, benötigt eine C_4-Pflanze vier. Der C_4-Weg bietet den Vorteil, daß die Photorespiration in diesen Pflanzen fast gar nicht stattfindet. Denn der C_4-Weg erhöht sehr stark die Kohlendioxidkonzentration in den Bereichen, in denen der Calvin-Zyklus abläuft, so daß die Reaktion der Kohlenstoff-Fixierung überwiegt. Letztlich schafft der C_4-Weg eine Mikroumgebung innerhalb des Blattes, die der an Kohlendioxid reichen Umgebung ähnelt, in der Rubisco sich ursprünglich entwickelte. Alles in allem kann der Prozeß effizienter sein, obwohl er mehr ATP beansprucht.

Weil dieser Mechanismus mehr Kohlendioxid zur Verfügung stellt, hilft er der Pflanze auch, das Sonnenlicht besser auszunutzen. In tropischen Regionen begrenzt der Nachschub an Kohlendioxid die Geschwindigkeit der Photosynthese. Der C_4-Mechanismus aber pumpt den schmalen Vorrat genau an den Ort, an dem ihn die Pflanze braucht. So kann der C_4-Weg einen beträchtlichen Beitrag liefern, denn bei C_4-Gräsern wie Mais und Zuckerrohr läuft die Photosynthese insgesamt zwei- bis dreimal so schnell ab wie bei den C_3-Gräsern Roggen, Hafer und Reis. Die Rolle des C_4-Weges wird auch bei Rasenflächen offensichtlich: In kälteren Klimaten besteht Rasen aus C_3-Gräsern wie zum Beispiel den Straußgräsern. In der Sommerhitze jedoch können C_4-Gräser wie die Bluthirse mit ihren breiteren und helleren Blättern die dunkleren und feineren C_3-Gräser überwuchern, weil der wirkungsvollere C_4-Weg dem Calvin-Zyklus Kohlendioxid zuliefert.

Mit dieser Darstellung haben wir die komplizierten Vorgänge nur gestreift, die sich in einem sonnenbeschienenen Blatt abspielen. Aber alle diese Vorgänge – vor allem auch der fruchtbare Übergang des Kohlendioxids in die Biosphäre – sind Ketten chemischer Reaktionen. Bei seinen Demonstrationsversuchen mit den Kerzen nutzte Faraday die Ergebnisse der Photosynthese: Sowohl mit dem Wachs der Kerzen als auch mit dem Sauerstoff, der die Flamme unterhielt. Er beteiligte sich auch an dem großen Kreislauf der Natur. Denn als er die Flammen entzündete, setzte er die Kohlenstoffatome frei, die im Wachs ruhten, und gab ihnen die Chance, ins Leben zurückzukehren.

Nachwort

Faraday entzündete seine Kerze in der Mitte des 19. Jahrhunderts im trüben London und öffnete seiner jungen Zuhörerschaft die Augen für das damalige Verständnis der Zusammensetzung und Umwandlung von Materie. Der Inhalt seiner Vorlesungen vermittelte einen Überblick über den Stand der Chemie zu seiner Zeit: einer Wissenschaft, die gerade begonnen hatte, Konzepte zu entwickeln, aber noch viele der Vorstellungen nicht kannte, denen wir heute überragende Bedeutung beimessen. Man kannte das Atom, aber nicht das Elektron. Man kannte die Mechanik, aber nicht die Quantenmechanik. Damals richtete die Chemie ihr Augenmerk darauf, mit den Umwandlungen, die Substanzen eingehen können, vertraut zu werden. Die Erklärung dieser Veränderungen lag noch Jahrzehnte in der Zukunft.

Wenn wir heute eine Kerze anzünden, können wir uns vorstellen, wie die Atome herumwirbeln, die Elektronen sich verschieben und welche Rolle die Quantenmechanik spielt, die zwar in Formeln niedergelegt, aber noch immer nur ansatzweise verstanden ist. In diesen eineinhalb Jahrhunderten seit Faraday haben wir verstehen gelernt, wie die Materie im Inneren, wenn nicht sogar im Innersten, funktioniert. Wir haben unsere Aufmerksamkeit von der Substanzumwandlung auf das Verständnis dieser Umwandlung auf atomarer und subatomarer Ebene verlagert.

Die Chemiker haben gelernt, die Umwandlungen so gut zu verstehen, daß sie die Materie besser beherrschen als jemals zuvor. Heute können sie komplizierte Moleküle aus Hunderten von Atomen aufbauen, die in einer Filigranarbeit von Bindungen miteinander verknüpft sind. Sie können gewissermaßen auf dem Reißbrett einen Katalysator entwickeln und damit schnell und ökonomisch eine Umwandlung zustande bringen, die zu einem gänzlich neuen Stofftyp führen kann, zum Beispiel einem Polymer oder einem Arzneimittel. Und sie sind auch in der Lage, Einblick in die Arbeit lebender Zellen zu nehmen und nicht nur den Mechanismus der Photosynthese zu erkennen, sondern auch den vieler anderer Prozesse, die die Photosynthese ermöglicht und die das Leben verkümmern ließen, würden sie nicht ablaufen.

Was wird die Zukunft bringen? Was wird ein Chemiker, der sich in 150 Jahren über eine Kerze Gedanken macht, einem Auditorium erzählen? Was wird die Chemie nach einem weiteren Stundenschlag der Weltenuhr erreicht haben? Im Augenblick sind wir so blind wie Faraday, hätte er sich zu seiner Zeit diese Frage gestellt. Obwohl der folgende Gedanke einer Herausforderung des Schicksals gleichkommen könnte, halte ich es für möglich, daß die Chemie in der Landschaft ihrer Vorstellungen inzwischen ein Niveau erreicht hat, von dem aus eine Vorhersage eher Erfolg verspricht, als dies in Faradays Tagen der Fall war. Denn damals waren das Handwerkszeug der Wissenschaft und seine Verwendung noch nicht entdeckt. Die Chemie hat jetzt ihr Material – nichts weiter als Atome und Elektronen – und ihre Spielregeln – im wesentlichen die Quantenmechanik – beisammen. Es mögen uns einige technische Überraschungen (und unzählige große Errungenschaften) noch bevorstehen, und es mag deshalb gefährlich sein, durch das Teleskop der Spekulation in die Zukunft zu schauen, aber blamabel wird es nicht sein.

In eineinhalb Jahrhunderten – Faradays Stern wird dann nur noch schwach aus weiter Entfernung leuchten – wird man vermutlich von beachtlichen Errungenschaften lesen, aber nicht von einer Revolution. Ziemlich sicher wird der Computer zur Grundlage der Diskussion und zum Werkzeug für Handhabung und Entdeckung werden. Ein Chemiker wird nicht mehr am Labortisch arbeiten müssen, um eine komplizierte Struktur herzustellen. Er wird sie statt dessen auf dem Bildschirm entwickeln und es dem Computer und seinen automatischen Synthesemaschinen überlassen, das Molekül zusammenzubauen. Die Entscheidung, welche Moleküle synthetisiert werden, wird dem Chemiker ebenfalls weitgehend abgenommen werden: Denn der Computer selbst wird die Verbindungen auf ihre pharmakologische Wirksamkeit, ihre Farbe, ihre Struktur, ihre Zugfestigkeit oder jede andere Eigenschaft sichten, die gefordert ist. Nur die idealen oder nahezu idealen Moleküle werden hergestellt werden. Für Moleküle, die zu kompliziert sind, als daß man sie auf diese Weise synthetisieren könnte (wie es heute schon manchmal der Fall ist), wird man auf die gentechnisch maßgeschneiderten Bakterien zurückgreifen. Sie werden unsere künftigen Reaktionsgefäße sein. Mit einiger Sicherheit wird man viele chemische Reaktionen in lebenden Zellen ausführen. Der menschliche (computergesteuerte) Chemiker wird den Verbindungen den letzten Schliff geben. Der Unterschied zwischen anorganisch und organisch wird schließlich nicht mehr bestehen. Die Chemiker werden mit Hilfe von Bakterien auch komplizierte Atomanordnungen aufbauen, die aus anderen Atomen als Kohlenstoff bestehen. Vielleicht wird im letzten Syntheseschritt der organische Teil des biologischen Produkts verbrannt, so daß nur das Gerüst anorganischer Atome zurückbleibt.

Man wird auch die chemischen Reaktionen noch viel genauer verstehen. Aber dieses Verständnis wird höchstwahrscheinlich nur unser heutiges Wissen ausdehnen. Bereits jetzt erscheint bei einer Auflösung von einer Femtosekunde (10^{-15} Sekunden) fast jede Bewegung der Atomkerne erstarrt. Chemie findet nicht mehr statt. Wir werden bald die Einzelschritte in Abständen von Femtosekunden abbilden und die Rolle des Lösungsmittels so gut wie die des reagierenden Stoffes verstehen können. Indem man die Schrödinger-Gleichung löst und die Ergebnisse graphisch darstellt, wird man diese Vorgänge auch simulieren können. Dann werden wir vielleicht nur noch schwer unterscheiden können, ob wir ein Experiment oder eine Simulation vor uns haben. Denn die Berechnungen werden sehr genau werden, weil sie sich auf eine stetig wachsende, weltweit vernetzte Rechnerleistung stützen.

Noch vermögen wir nicht zu verfolgen, wie einzelne Elektronen sich bewegen. Aber in Zukunft werden wir wohl die Fähigkeit entwickeln, zu beobachten (oder zu berechnen und anschließend bildlich darzustellen), wie Elektronenverteilungen vor- und zurückfluten, wenn sich Reaktanten einander durch ein Lösungsmittel hindurch nähern – und schließlich die Bewegungen von Elektronen zu beobachten, die die Reaktion selbst ausmachen. Wenn wir all dies tun können, werden wir die Chemie des Wandels wirklich verstehen.

Literatur

1. Die Flamme entzünden

Faradays Vorlesungen wurden zuerst veröffentlicht in:
Faraday, M. *A Course of Six Lectures on the Chemical History of the Candle*. London (Royal Institution of Great Britain) 1861.

Der Titel der deutschen Übersetzung lautet:
Faraday, M. *Naturgeschichte einer Kerze*. Bad Salzdetfurth (Franzbecker) 1979.

2. Die Arena der Reaktionen

Diejenigen Konzepte der Quantenmechanik, die für die Chemie wichtig sind, werden auf anschauliche und nichtmathematische Weise erklärt in:
Atkins, P. W. *Quanta: A Handbook of Concepts*. 2. Aufl. Oxford (Oxford University Press) 1991.

3. Die Macht der kleinsten Änderung

Eine Einführung in die chemischen Reaktionen gibt:
Atkins, P. W. *General Chemistry*. New York (Scientific American Books) 1989.

Ein entsprechendes Werk in deutscher Sprache ist:
Brown, T. L.; LeMay, H. E. *Chemie*. Weinheim (VCH) 1988.

4. Beiträge zum Chaos

Eine nichtmathematische Darstellung der Entropie und des zweiten Hauptsatzes der Thermodynamik findet sich in:
Atkins, P. W. *Wärme und Bewegung*. Heidelberg (Spektrum der Wissenschaft) 1986.

Eine mehr quantitative Behandlung bietet:
Atkins, P. W. *Physikalische Chemie*. 2. Aufl. Weinheim (VCH) 1987.

5. Die Hürde auf dem Weg

Die Temperaturabhängigkeit chemischer Reaktionen beschreibt:
Laidler, K. J. *Chemical Kinetics*. 3. Aufl. New York (Harper and Row) 1987.

Der Zusammenhang zwischen den Zusammenstößen der Moleküle und den Reaktionsmechanismen ist beschrieben in:
Murell, J. N.; Bosanac, S. D. *Indroduction to the Theory of Atomic and Molecular Collisions*. Chichester (Wiley) 1989.
Salem, L. *Electrons in Chemical Reactions*. New York (Wiley) 1982.

Einen Überblick über den quantenmechanischen Tunneleffekt in der Chemie gibt:
Bell, R. P. *The Tunnel Effect in Chemistry*. London (Chapman and Hall) 1980.

Der folgende einführende Artikel beschreibt die Untersuchungen im Femtosekundenbereich:
Zewail, A. H. *Der Augenblick der Molekülbildung*. In: *Spektrum der Wissenschaft* 2 (1991) S. 100.

6. Konzentration, Oszillation und die Entstehung von Form

Die chemische Kinetik ist im oben zitierten Buch von Laidler behandelt. Die Darstellung der oszillierenden Reaktionen stützt sich auf den Übersichtartikel:

Field, R. J.; Schneider, F. W. *Oscillating Chemical Reactions and Nonlinear Dynamics*. In: *J. Chem. Educ.* 66 (1989) S. 195.

Die gleiche Ausgabe dieser Zeitschrift enthält mehrere Artikel, die Oszillationen und Chaos diskutieren.

Einen Überblick über chemische Oszillationen und Chaos bieten:
Gray, P.; Scott, S. K. *Chemical Oscillations and Instabilities*. Oxford (Oxford University Press) 1990.

7. Die Reise der Verwandlung

Die beiden folgenden Bücher sind hervorragende Begleiter auf dem Gebiet der Mechanismen organischer Reaktionen. Das erste hat mehr einführenden Charakter, das zweite ist ein anerkanntes Lehrbuch:
Sykes, P. *Reaktionsmechanismen der Organischen Chemie*. 9. Aufl. Weinheim (VCH) 1988.
Lowry, T. H.; Richardson, K. S. *Mechanismen und Theorie in der Organischen Chemie*. Weinheim (VCH) 1980.

Obwohl das vorliegende Buch sich nicht mit den Reaktionsmechanismen anorganischer Verbindungen beschäftigt hat (sie sind noch nicht so gut erforscht wie die Mechanismen organischer Reaktionen), sollen hier zwei Einführungen angegeben werden:
Basolo, F.; Pearson, R. G. *Mechanisms of Inorganic Reactions*. New York (Wiley) 1967.
Katakis, K.; Gordon, G. *Inorganic Reaction Mechanisms*. New York (Wiley) 1987.

8. Symmetrie und Schicksal

Die oben zitierten Bücher über Mechanismen organischer Reaktionen beschreiben auch die Erhaltung der Orbitalsymmetrie; trotzdem sollte hingewiesen werden auf:
Woodward, R. B.; Hoffmann, R. *Die Erhaltung der Orbitalsymmetrie*. Weinheim (VCH) 1970.
Gilchrist, T. L.; Storr, R. C. *Organic Reactions and Orbital Symmetry*. 2. Aufl. Cambridge (Cambridge University Press) 1979.
Simons, J. *Energetic Principles of Chemical Reactions*. Boston (Jones and Bartlett) 1983.

9. Licht und Leben

Eine ausgezeichnete Darstellung der Photosynthese gibt:
Stryer, L. *Biochemie*. Heidelberg (Spektrum Akademischer Verlag) 1990.

Der folgende einführende Artikel über die Reaktion der Wasserspaltung enthält weitere Literaturhinweise:
Govindjee; Coleman, W. J. *Wie Pflanzen Sauerstoff produzieren*. In: *Spektrum der Wissenschaft* 4 (1990) S. 92.

Zur Entstehung von Licht bei chemischen Reaktionen siehe:
Wayne, R. P. *Principles and Applications of Photochemistry*. Oxford (Oxford University Press) 1988.

Bildnachweise

Zeichnungen von Tomo Narashima und Fineline.
1.1 J. B. Diederich/Woodfin Camp & Assoc.
1.2 The Director of the Royal Institution.
1.3 The Science Museum, London.
1.4 Chip Clark.
1.5 Nishiinoue/Orion Press/Sipa Press.
1.6 Randall M. Feenstra, IBM Thomas J. Watson Research Center, Yorktown Heights, N. Y.
1.7 Computergraphik der Struktur der Thymidylat synthase von *L. casei* aus Hardy et al. *Science* 235 (1987) S. 448–455 (Arbeiten im Labor von Robert M. Stroud); Erstellung der Graphik durch Julie Newdoll mit dem Programm MIDAS + des UCSF Computer Graphics Laboratory.
1.8 Chip Clark.
1.9 The Science Museum, London.
1.10 Camille Vickers, Consolidated Natural Gas.
1.11 Runk/Schoenberger/Grant Heilman Photography.
1.12 Michelle Vignes.
1.13 IBM Research Division/Almaden Research Center.
2.1 David Malin, Anglo-Australien Observatory.
2.9 Chip Clark.
2.10 Chip Clark.
2.13 University Archivist, The Bancroft Library, U. of California, Berkeley.
2.17 Pacific Gas and Electric.
3.1 Chris Pellant.
3.2 Peter Arnold, Inc.
3.3 Kungliga Vetenskapsakademien.
3.4 Ken Karp.
3.5 Det Kongelige Bibliothek.
3.6 University Chemistry Laboratory, University of Cambridge.
3.7 Aalborg Portland Betonforskningslaboratorium, Karlslunde.
3.8 Chip Clark.
3.9 Chip Clark.
3.12 Peter Kresan.
3.15 (links) Woods Hole Oceanographic Institution.
(rechts) J. B: Diederich/Woodfin Camp & Assoc.
3.16 (links) Ken Karp.
(rechts) Joe Viesti/Viesti & Assoc.
3.17 Arianespace, Inc.
3.18 Chip Clark.
4.1 ONERA.
4.2 Yale University Archives.
4.3 The Metropolitan Museum of Art, Ford Motor Company Collection, Geschenk der Ford Motor Company und John C. Waddell, 1987. (1987.1100.32).
4.5 Chip Clark.
4.7 Manley-Prim Photography.
4.12 Chevron Corporation.
4.14 Ken Karp.
4.15 The Director of the Royal Institution.
4.17 Burndy Library.
4.18 The Director of the Royal Institution.
4.19 Ken Karp.
4.21 Alexander McPherson.
5.1 Chip Clark.
5.2 Kenneth Lorenzen.
5.7 Deutsches Museum, München.
5.10 George Hall/Woodfin Camp & Assoc.
5.11 Chip Clark.
5.12 Catalytic Systems Division, Johnson Matthey.
5.19 Nach Karplus, M.; Porter, R. N.; Sharma, R. D. *J. Chem. Phys.* 43 (1965) S. 3258.
5.20 Nach Brumer, P.; Karplus, M. *Faraday Disc. Chem. Soc.* 55 (1973) S. 80.
5.21 Ahmed H. Zewail, California Institute of Technology.
5.22 nach Zewail, H. *Science* 242 (1988) S. 1645. © 1988 AAAS.
6.1 Larry Brownstein/Rainbow.
6.2 Ken Karp.
6.6 (links) Bruno Barbey/Magnum.
(rechts) Chip Clark.
6.10 Dr. Syun Akasofu, Geophysucal Institute, University of Alaska.
6.12 Fritz Goro.
6.20 Ken Karp.
6.21 Aus Roux, J. C.; Simoyi, R.; Swinney, H. *Physica* 8D (1983) S. 257.
6.22 Ken Lucas/Planet Earth Pictures.
6.23 Aus Murray, J. D. *Mathematical Biology*, Springer-Verlag 1989.
7.1 Gary Braash/Woodfin Camp & Assoc.
7.4 Ken Karp.
7.10 Mula and Haramaty/Phototake.
7.14 IBM Research Division/Almaden Research Center.
8.1 Kenneth Lorenzen.
8.2 Harvard University Archives.
8.3 Roald Hoffmann.
9.1 Ric Ergenbright Photography.
9.2 Runk/Schoenberger/Grant Heilman Photography.
9.3 Steve Solum/Bruce Coleman Inc.
9.4 Gregory K. Scott/Photo Researchers.
9.5 Chip Clark.
9.7 Ray F. Evert.
9.8 Grant Heilman/Grant Heilman Photography.
9.10 Runk/Schoenberger/Grant Heilman Photography.
9.11 Gary Meszaros.
9.12 Chevron Corporation.
9.13 Nach Govindjee; Coleman, W. J. *How plants make oxygen*. In: *Scientific American* 262 (1990) S. 50–58. © Scientific American, 1990. Alle Rechte vorbehalten.
9.18 University Archivist, The Bancroft Library, University of California, Berkeley.

Index

SPEKTRUM

BIBLIOTHEK

Archäologie

Sabloff
Die Maya
208 Seiten
ISBN 3-89330-814-8

Astronomie

Friedmann
Die Sonne
224 Seiten
ISBN 3-922508-83-9

Lederman / Schramm
Vom Quark zum Kosmos
240 Seiten
ISBN 3-89330-812-1

Morrison / Morrison
ZEHN HOCH
168 Seiten
ISBN 3-922508-65-0

Biologie

Hobson
Schlaf
216 Seiten
ISBN 3-89330-811-3

Hubel
Auge und Gehirn
240 Seiten
ISBN 3-922508-92-8

Lewontin
Menschen
200 Seiten
ISBN 3-922508-80-4

Simpson
Fossilien
264 Seiten
ISBN 3-922508-62-6

Snyder
Chemie der Psyche
224 Seiten
ISBN 3-922508-86-3

Stanley
Krisen der Evolution
248 Seiten
ISBN 3-922508-89-8

Chemie

Atkins
Moleküle
200 Seiten
ISBN 3-922508-90-1

Dressler / Potter
Katalysatoren des Lebens
264 Seiten
ISBN 3-86025-027-2

Siever
Sand
256 Seiten
ISBN 3-922508-95-2

Geologie

Menard
Inseln
224 Seiten
ISBN 3-922508-85-5

Mathematik

Banchoff
Dimensionen
208 Seiten
ISBN 3-89330-817-2

COMAP
Mathematik in der Praxis
296 Seiten
ISBN 3-89330-697-8

Medizin

Levine
Viren
256 Seiten
ISBN 3-86025-073-6

van den Tweel
Immunologie
288 Seiten
ISBN 3-89330-810-5

Physik

Layzer
Das Universum
264 Seiten
ISBN 3-922508-81-2

Pierce
Klang
232 Seiten
ISBN 3-922508-72-3

Pierce / Noll
Signale
256 Seiten
ISBN 3-86025-042-6

Schwinger
Einsteins Erbe
232 Seiten
ISBN 3-922508-84-7

Wheeler
Gravitation und Raumzeit
264 Seiten
ISBN 3-86025-066-3

Psychologie

Kauke
Spielintelligenz
200 Seiten
ISBN 3-89330-666-8

Rock
Wahrnehmung
232 Seiten
ISBN 3-922508-71-5

Spektrum
AKADEMISCHER VERLAG

ERGEBNISSE AUS HUNDERT JAHREN VIRUSFORSCHUNG

Was sind Viren? Wie sehen sie aus? Wie lösen diese ungebetenen Gäste Krankheiten aus? Mit welchen Mitteln werden sie vom Immunsystem des Wirtes bekämpft? Warum töten manche Viren ihre Wirtszellen? Wie wirken antivirale Medikamente und Impfstoffe?

Viren – die kleinsten und einfachsten Lebensformen – sind ganz abhängig von höheren Organismen: außerhalb von Zellen können sie sich nicht vermehren. Doch sie haben ein verblüffendes Arsenal von raffinierten Strategien entwickelt, um dieses Manko auszugleichen. Sie machen sich den Stoffwechsel ihrer Wirtszellen untertan, übernehmen die Kontrolle über deren Proteinsyntheseapparat, reißen Genstücke an sich und nehmen sie mit oder bringen manchmal ihre Wirte um. Sie sind wahre Überlebenskünstler, und die Konsequenzen viraler Infektionen für den Menschen werden uns durch die derzeitige AIDS-Epidemie wieder einmal allzu deutlich ins Gedächtnis gerufen.

„Es war nicht möglich und auch nicht erwünscht, die Viren von den Virologen zu trennen, von der Art, wie Wissenschaftler zu ihren Ideen kommen, wie sie sie überprüfen, anwenden und neue Versuche durchführen." Arnold J. Levine gewährt dem Leser einen spannenden Rückblick auf hundert Jahre Virusforschung. Sein reich bebildertes Buch vermittelt den aktuellen Kenntnisstand der Wissenschaft, die sich mit den kleinsten und einfachsten Lebensformen beschäftigt. Viele Beispiele verdeutlichen, welche raffinierten Tricks Viren anwenden, um ihre Wirtszellen zu entern, in ihnen zu überleben und sich zu vermehren.

Arnold J. Levine
Viren
1992, 256 Seiten
DM 68,– / sfr 62,–
ISBN 3-86025-073-6

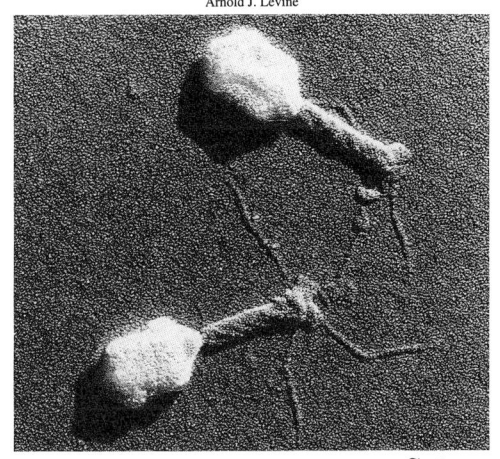

VIREN

Diebe, Mörder und Piraten

Arnold J. Levine

Spektrum
AKADEMISCHER VERLAG

Vangerowstraße 20 · 6900 Heidelberg

Originaltitel: Atoms, electrons, and change
Aus dem Englischen übersetzt von Eberhard Kiefer

Amerikanische Erstausgabe bei
Scientific American Library, A Division of HPHLP, New York
(W. H. Freeman, New York und Oxford)
© 1991 P. W. Atkins

Die Deutsche Bibliothek – CIP-Einheitsaufnahme

Atkins, Peter W.:
Chemie des Wandels : Atome, Elektronen, Reaktionen / [Peter W. Atkins].
Aus dem Engl. übers. von Eberhard Kiefer. –
Heidelberg ; Berlin ; Oxford : Spektrum Akad. Verl., 1993
  (Spektrum-Bibliothek ; Bd. 37)
  Einheitssacht.: Atoms, electrons, and change ‹dt.›
  ISBN 3-86025-052-3
NE: HST; GT

© 1993 Spektrum Akademischer Verlag GmbH, Heidelberg · Berlin · Oxford

Lektorat: Frank Wigger
Redaktion: Peter Ripplinger, Paul Michels
Produktion und Buchgestaltung: Karin Kern

Gesamtherstellung: Klambt-Druck GmbH, Speyer

Spektrum Akademischer Verlag Heidelberg · Berlin · Oxford

Gedruckt auf umweltfreundlichem Papier